建构筑物整体移位技术与工程应用

徐至钧　主编
徐祥兴、徐磊铭　等　编著

中国质检出版社
中国标准出版社
北　京

图书在版编目(CIP)数据

建构筑物整体移位技术与工程应用/徐至钧主编.—北京:中国标准出版社,2013.8
ISBN 978-7-5066-7158-3

Ⅰ.①建… Ⅱ.①徐… Ⅲ.①建筑物—整体搬迁-研究 Ⅳ.①TU746.4

中国版本图书馆CIP数据核字(2013)第100541号

中国质检出版社
中国标准出版社 出版发行
北京市朝阳区和平里西街甲2号(100013)
北京市西城区三里河北街16号(100045)
网址:www.spc.net.cn
总编室:(010)64275323 发行中心:(010)51780235
读者服务部:(010)68523946
中国标准出版社秦皇岛印刷厂印刷
各地新华书店经销

*

开本 787×1092 1/16 印张 12.25 字数 270 千字
2013年8月第一版 2013年8月第一次印刷

*

定价 38.00 元

前　言

建构筑物整体迁移是指在保证房屋整体性和可用性不变的前提下，将其从原址移位到新址，它包括纵向、横向移动，转向或者移动又转向。建构筑物的整体移位，是一项技术要求较高，具有一定风险性的工程，要求通过移位和转动，不仅使移位后的建筑物能满足城市规划和市政方面的要求，而且对建筑物的结构不能造成损坏，应当尽量给予补强和加固，同时要降低工程的造价。

随着城乡建设的发展和城市整体规划的要求，高速公路的开通，地铁工程施工，水、电系统的扩容等，许多原有建筑物（包括有保留价值的文物建筑和近代优秀建筑、古建筑等）往往面临两种命运；一是拆除或异地重建，二是移走。拆除容易，但异地重建既费时，又会造成资产的严重损失。而通过建筑物移位却省时、省力又省钱，对于有继续使用价值的建筑物，尤其是有保存价值的文物建筑和近代优秀建筑、古建筑等，通过建筑物的移位（包括平移、转向、升降等）或综合移位，它的主要意义有以下几点：

（1）通过对建筑物的移位，以适应新的城市规划和使用要求。

（2）通过对建筑物的移位所发生的费用，只占拆除重建的1/4～1/3，大大节省了工程造价。

（3）保护有价值的文物建筑和近代优秀建筑、古建筑及文化遗产。

（4）移位工程的工期短，而拆除和新建工程至少一年或二年时间。

（5）拆除建筑会产生大量建筑垃圾，一拆一建会对环境造成污染，移位工程符合绿色低碳要求。

（6）建筑物移位时，楼内居民或办公人员可不搬出，只是在移位的短暂时间内做些暂时的安置，比拆建节省了大批的临时安置费用。

建筑行业是国民经济的重要支柱产业，占GDP的17%左右，我国自改革开放以来，进行了大规模的工程建设，据统计，我国已建成使用的各类建筑物已超450亿平方米，这些建筑是我国的一笔巨大财富，是20多年改革开放的重大成果。

然而，和其他行业一样，由于各类建构筑物的建筑年限不同，不少建筑进入中、老年期，有的因建筑物本身先天不足，存在一些工程质量问题；有的建筑因人们的生活、生产活动，而产生破损及其加固处理问题；有的因后天管理不善或遭受不同的自然灾害而损伤；有的为适应新的使用要求，需进行改造加固等。实践证明，建筑的设计、施工及长期使用管理是一项十分复杂的生产技术活动，是一个系统工程。既然建构筑物的质量问题和破损问题在所难免，那么，对建构筑物的破损事故分析及处理便成为必然。

根据初步分析统计，建构筑物约50%需要分期分批进行加固和维修，其中约20%又亟待鉴定和加固。有鉴于此，在21世纪对建构筑物加固改造的任务繁重。作为工程技术人员，不仅应高度重视新建工程的设计、施工，使工程质量问题减小到最低限度，还应高度重视已建工程的质量追踪，重视对建构筑物的破损事故分析及其加固处理工作，有的因城市规划要求进行移位搬迁，以保证建构筑物的正常使用，使其发挥应有的社会、经济效益。

本书根据最近颁布的中国工程建设标准化协会标准 CECS 225：2007《建筑物移位纠倾增层改造技术规范》的指导意见和精神编写，共分八章：第一章概述，第二章国外建构筑物整体移位技术，第三章整体移位工程，第四章移位工程设计与计算，第五章移位工程施工，第六章移位工程的监测与验收，第七章建构筑物整体移位技术与工程应用，第八章移位工程总经济效益及社会效益。本书有理论、有分析、有工程实例，具有很强的实用性、针对性，内容完整，便于分析比较应用。本书可供相关专业的工程技术人员及科研单位、大专院校的相关学科师生工作与学习参考。

本书由徐至钧教授级高级工程师主编，徐祥兴、徐磊铭等编著，另外张鑫、张勇、付细泉、林婷、肖长生、温文、陈静、韩新涛、曾庆良等同志参加了部分编写工作。

但由于编者水平所限，本书仍会有不少缺漏之处，热诚期望广大读者批评、指正。

编　　者

2013 年 3 月于深圳

目 录

第一章　概　　述

一、建筑物移位与加固改造的内容和涵义

建筑物加固改造是这一学科总的名称，其包含内容广泛，具体可进一步分类如下。

1. 建构筑物的移位工程

根据城市建设规划的要求，对于妨碍交通和影响城市功能的临街建筑物进行移位处理，也包括对各类古建筑进行移位处理；构筑物移位；在各类工业建筑中，随着生产规模的扩大，各类设备容器及构架的移位。采用SQD型松卡式千斤顶将超高、超大、超重的塔器和框架进行整体液压连续平移。

2. 建构筑物的纠倾工程

由于各种原因有的建筑物在建设或使用过程中发生不均匀沉降，造成建筑的倾斜，其中也包括烟囱纠倾、高层建筑纠倾和古建筑纠倾等，常用纠倾方法有迫降法、顶升法、预留法、浸水纠倾法等，人们不断尝试采用合适的方法对倾斜的建构筑物进行纠倾扶正，但由于建构筑物倾斜原因的复杂性，场地条件的复杂性，纠倾方法和加固措施也不同，从而促进了这门纠倾技术的发展。

3. 增层改造与托换工程

增层改造是一项利多弊少的工作，由于不占用更多的土地，可以在原有建筑物上加层，扩大了使用面积，投资也少，所以现在不少单位乐于采用增层改造的方法。增层改造包括直接增层、外套增层、室内增层、地下增层等方法，当被增层建筑物基础不能满足上部结构的荷重时，将基础加固进行托换桩体或托换承台，将托换结构与上部结构进行托换连接。

4. 结构加固改造工程

结构加固是一项量大面广的工作，建筑物年久失修，建筑的移位、纠倾、增层、改造都需要进行建筑物的结构加固，以及自然或人为灾害而损坏的建筑物加固处理，如地震、泥石流、飓风、火灾、洪水等灾害造成建筑物损坏，进行抢修与加固。加固范围一般分建筑物的整体性加固、结构构件的加固，既有建筑物的裂缝修补等，加固结构的结构形式包括钢筋混凝土结构加固、钢结构加固和砌体结构的加固等，常用的加固方法有增大原结构的截面，外包钢加固、预应力加固、改变原受力体系加固、原构件外部粘贴碳纤维布加固及水泥灌浆或喷射修补加固等，结构加固内容广泛，加固

方法多种多样。

5. 地基基础加固与地基处理工程

既有建筑物的地基基础根据它的外观反应大致可归纳为上部建筑物的墙体开裂，建筑物下沉过大，基础的断裂或拱起，地基滑动，地基液化，湿陷等。地基基础加固包括地基处理和既有建筑物地基基础的加固两大类。地基处理是为了提高地基承载力，改善其土的变形性质或渗透性质而采取的人工处理地基的方法，如强夯法和强夯置换法，排水固结法（又称预压法），振冲法，石灰桩、土桩灰土桩法，深层搅拌法和高压喷射注浆法、灌浆法和化学处理，水泥粉煤灰碎石桩以及冻土地基采用热桩技术处理地基等。既有建筑物的地基基础加固常用方法有加大基础底面积，采用微型桩、注浆加固地基等，总之要因地制宜按地基土的性质、土层构造的特点，采用不同的地基基础加固。

6. 建构筑物的沉降控制

由于地下水位变化或其他因素，引起建构筑物的过量沉降以及地基基础发生严重损坏时的沉降控制与加固处理。城市的地面沉降是一种新的灾害，我国有确切资料显示地面沉降的城市已有 50 余座，绝大部分集中在沿海地区及长江三角洲地区，造成过量沉降的主要原因是地下水的过量开采。另一类建构筑物造成过量沉降的是因其建在软土地基上，由于软土地基的地基强度低，地基强度的破坏，相对地基变形是一种突发性事件，破坏前的先兆十分短促，对人类的生命财产造成很大威胁。为此对建构筑物的沉降控制、预防和处治应该做到有章可循、有法可治、有措施可防。

除上述 6 个方面内容外，建筑物的加固改造还包括建构筑物的防火、防爆、防腐蚀以及特殊工程事故的分析及处理等。本书主要介绍上述 1 中的建构筑物的移位工程。

二、建筑学科的发展概况

建筑物的加固改造在建筑领域中是一门新兴学科，国外的发展较早，一般在 20 世纪 50 年代。前苏联于 1976 年出版了《建筑工程事故及其发生原因与预防方法》一书，书中详细记录了 1954 年～1973 年间在建筑工程中发生的一些事故实例，其中包括筒仓、烟囱、水塔、屋盖、骨架建筑、大板建筑、管道、储罐、砖石结构、桥跨结构等，其中也介绍了几起英国、美国、澳大利亚的一些工程事故。

我国自改革开放以来，进行大规模的工程建设，对建筑物的加固改造是从 20 世纪 70 年代开始的，20 世纪 80 年代才出版和发表了一些建筑物加固改造的论文和书籍。

据 1986 年 12 月国家统计局和建设部对我国的 28 省、市、自治区（对香港、澳门、台湾、西藏未进行普查）323 个城市 5 000 个镇进行普查，我国城镇房屋状况和居住水平如下。

(1) 房屋状况，28 省、市、自治区城镇普查范围内共有房屋建筑面积 46.76 亿 m^2，占 60%；县、镇房屋 18.43 亿 m^2，占 40%。

(2) 居住状况，普查范围内的住户共有 3 977 万户，1 亿 54 万人，住宅使用面积 15 亿 m^2，户均 37.94 m^2，人均 6.36 m^2。其中市区的居住水平要比县镇低，为6.1 m^2，县镇为6.84 m^2。

1980年末，在我国两百多个设市的城市中，还有危险住房约3 000万m^2，占住宅总面积的7‰，其中北京市有200万m^2，上海市有54万m^2。在工业建筑中危房约有1 300万m^2，占工业建筑的3%。

目前我国已建成的各类建构筑物已达400多亿m^2，而每年还以5亿多m^2的规模发展。在已有建筑物中有很大部分是20世纪50年代和60年代建成的，这些建筑物已分别进入了“中年”和“老年”期，需要进行维修和加固。据有关部门统计，在我国现有的50亿m^2的建筑物中，约有50%需分期分批地进行鉴定加固处理，其中约有10亿m^2建筑物亟待加固、维修。当前在全国范围内建筑物的加固改造工程数量之多、工程量之大，也是世界上少有的。另外改革开放以后，建设的大批建筑物中有不少建筑物因工程质量、管理不善及自然灾害的损坏等原因也需大量维修和加固。

为迎接北京奥运会、上海世博会，我国又开展了大规模的城乡建设，对一些重要酒店、体育运动设施、公共建筑物也进行了大量的改扩建和加固。如北京饭店二期工程、五洲大酒店的改造加固工程、北京奥林匹克体育场的改造工程、北京民族饭店的改造工程以及北京展览馆的改造工程等。全国各地都有这类大型既有建筑物的加固改造工程。

面对上述形势，为配合我国建筑物改造加固技术的发展，建筑物移位、纠倾、增层改造与基础托换、结构加固、地基处理与基础加固、沉降控制以及建筑物爆破拆除与深基坑支护事故的处理等工程实践大量涌现，并大大推动了建筑学科的发展。

三、目前已批准使用的加固改造技术标准、规范、规程

建筑学科按照建筑物加固改造的发展，各部门从1990年起至今已制定颁布了一系列建筑物加固改造技术标准，见表1-1。从表1-1可见，1990年颁布了《混凝土结构加固技术规范》；1993年颁布了《民用房屋修缮工程施工规程》；1996年颁布了《砖混结构房屋加层技术规范》及《钢结构加固技术规范》，1999年颁布了《危险房屋鉴定标准》，2000年颁布了《既有建筑地基基础加固技术规范》等，这些规范的颁布执行，对建筑物加固改造工作的提高与发展起到了指导性的作用，特别是CECS 225：2007《建筑物移位纠倾增层改造技术规范》是对建筑物移位加固有重要的指导作用，也是建筑物加固改造工程质量的根本保证。

表1-1 建筑物加固改造技术标准一览表

序号	标准名称	标准号	颁布日期
1	砖混结构房屋加层技术规范	CECS 78：1996	1996年
2	钢结构加固技术规范	CECS 77：1996	1996年
3	民用房屋修缮工程施工规程	CJJ/T 53—1993	1993年
4	既有建筑地基基础加固技术规范	JGJ 123—2000	2000年
5	危险房屋鉴定标准	JGJ 125—1999	1999年

续表 1-1

序号	标准名称	标准号	颁布日期
6	建筑抗震加固技术规程	JGJ 116—1998	1998 年
7	铁路房屋增层和纠倾技术规范	TB 10114—1997	1997 年
8	混凝土结构加固技术规范	CECS 25：1990	1990 年
9	混凝土结构后锚固技术规程	JGJ 145—2004	2004 年
10	建筑物移位纠倾增层改造技术规范	CECS 225：2007	2008 年

四、学术交流社会团体与技术交流活动简介

1990 年经民政部社团司批准成立了中国老教授协会，成立了房屋增层改造专业委员会、中国建筑标准化协会的建筑检验与加固专业委员会等。在北京交通大学唐业清教授的主持和推动下，通过学术团体的活动，组织了全国从事这一行业的工程技术人员与专家，积极开展了学术交流活动，也大大推动了我国建筑物改造加固、移位、纠倾、地基处理与加固、沉降控制、建筑物增层与基础托换等方面工程技术的发展。在中国老教授协会房屋增层改造专业委员会的主持下，从 1990 年起至今已召开全国性建筑物增层改造学术研讨会七届（见表 1-2），收集到有关基础论文约 700 多篇，并出版了大会的论文集。这些活动对推动建筑学科的发展起到了很大的积极作用。

表 1-2　建筑物增层改造历届学术研讨会

会届	日期	地点	备　　注
第一届	1990 年 1 月	北京	召开房屋增层纠偏学术研讨会
第二届	1992 年 10 月	郑州	召开建筑物增层改造学术研讨会
第三届	1994 年 5 月	武汉	召开建筑物增层改造学术研讨会
第四届	1996 年 10 月	济南	召开建筑物与病害处理学术研讨会
第五届	1999 年	—	未能召开会议，出版了第五届学术研讨会论文集，以论文交流代替了开会
—	2002 年 10 月	北京	召开京津地区建筑物改造与病害处理学术交流座谈会
第六届	2004 年 10 月	大连	召开建筑物改造与病害处理学术研讨会
第七届	2006 年 6 月	上海	召开建筑物改造与病害处理学术研讨会

此外，中国标准化协会建筑物检验与加固专业委员会，隔 1 年～2 年也召开一次建筑物检验加固学术研讨会并出版大会论文集。这些活动对推动我国在建筑物检验、鉴定、加固、改造与病害处理技术学科领域的进步都起到很大的作用。

五、在新形势下建筑物加固改造专业公司不断涌现

随着建筑物增层改造、移位、纠倾、地基处理与地基加固工程的大量出现，各地纷纷成立了专业技术公司，并保质保量地完成了一批难度较大的加固改造和移位工程，据全国不完全统计，建筑物加固改造公司约有100多家。建设部专门批准了一些技术实力较强，具有从事特种工程资质的专业技术工程公司，可以从事建筑物和构筑物加固改造与移位、纠倾工程。

各专业工程公司，通过市场竞争，大力推进了建筑学科相关行业的技术进步，显著地提高了建筑物加固改造的工程质量，完善了工程的预算定额，降低了工程的造价，锻炼和培养了一批从事本学科的技术队伍，为本学科的发展注入了新的动力。

六、《建筑物移位纠倾增层改造技术规范》的编制与出版

根据中国工程建设标准化协会［2003］建标字第27号文《关于印发中国工程建设标准化协会2003年第二批标准编制修订项目计划的通知》要求，批准了《建筑物移位纠倾增层改造技术规范》的立项，以此开始编制这项新规范的工作。

这项规范的编制工作，由北京交通大学为主编单位，并会同国内24所高校、科研、设计、工程等单位的30多位从事建筑学科的专家参加编制，从2002年11月开始，经过近四年时间的努力，于2006年底完成征求意见稿、送审稿的规范编制、审查和报批，并于2008年正式出版与执行。

新规范的内容包括10章、附录5项及条文说明等，具体如下。

1总则；2术语和符号；3基本规定；4检测与鉴定；5移位工程；6纠倾工程；7增层工程；8结构改造；9地基基础加固；10质量检测与验收；附录A、附录B、附录C、附录D、附录E共5项及条文说明。

CECS 225：2007《建筑物移位纠倾增层改造技术规范》在我国是第一部在建筑物加固改造方面的新规范，对这门新学科的建设和发展有着重要意义，是新学科进步的重要标志，并有着深远的意义。

七、本世纪的工作重点

人类的生存依赖于地球，而土地的资源是一个不可再生的资源。人们不断地挖掘和开发现有资源，进行既有建筑物的增层、移位、纠倾、改造加固工作，以满足生产和生活的多种需求，这将是本世纪更加热门的课题之一。

基于既有建筑物的加固改造设计理论的研究是一项有重要意义的课题，它的研究与发展有待国内工程界和同行专家的共同努力。目前需要研究开发的项目有：

（1）建立合理的结构受力体系的理论设计框架；

（2）落实新规范在实施中的经验和问题；

（3）建立合理的可以反映结构移位工程中的各类性能指标；

（4）加强纠倾作业工作中的科学技术含量和指导要点；

（5）编制建筑物加固改造工程中的各种施工工法建设；

（6）建立完善和准确的量测系统；

（7）提高各类应用设备的精度和质量；

（8）建立各类重大工程的信息化数据和经验总结。

总之，任重道远，发展前景无限广阔，要靠本学科的同行专家和工程技术人员踏实苦干，团结合作、取长补短，共同提高，在21世纪的工作重点攻关中作出新贡献。

八、今后的目标和展望

近20年来，我国建筑行业中的建筑加固与改造移位工程和其他行业一样，突飞猛进，取得了辉煌的成就，形势喜人。在这个时期内，我国进行了无数的建构筑物加固改造，移位、纠倾和地基加固、托换等工程，规模越来越大，复杂性也越来越高，这是有目共睹的。经过较长时期的使用，也证明了经过加固改造移位的工程项目质量是好的，成绩应该肯定。但不能满足于现状而停滞不前，为了今后的加固改造建设工程有更好的质量和更高水平，还要不断努力，精益求精，具有更合理和更经济的加固特色。这就必须用推陈和创新来解决，技术的不断发展就是靠推陈出新。作为一名加固改造的工程技术人员，有责任承担起这个任务。

九、几点建议

（1）当务之急是培养人才，建筑物加固改造移位是一门新兴学科，当前在各类专业大学中有“工民建”专业，但没有“加固改造”专业，有的大学虽设有选修课，但没有专修课，因而在人才市场上寥寥无几。建议应在大学中设“加固改造”专业，以满足现阶段急需应用的人才。

（2）应该抓紧组织现有的技术专家、教授着手编写有关建筑物加固改造方面的专业理论书籍，以适应当前在加固工程中的需要及教学工作中的需要。

（3）各科学研究机构和各建筑工程大学内，应设有“加固改造”研究室（科研所），专门从事建筑物加固改造的研究，以便积累研究成果，提高专业水平。

（4）建设部应设立专门的机构，从主管部门抓这项工作，组织推动建筑物改造加固事业的发展。

（5）由专业部门牵头，创办一份“建筑物加固改造”的专业杂志，定期出版刊物，交流在建筑物加固改造方面的经验。

（6）组织各类专家，专门讨论加固改造方面的重大方案，经过方案的论证和比选，经过加固改造工程实施，延长建筑物的使用寿命，节约建设资金，对国家社会财富将起到有力的保护。

第二章　国外建构筑物整体移位技术

建筑物的整体迁移是指在保持房屋整体性和可用性不变的前提下，将其从原址移到新址，它包括纵向、横向移动，转向或者移动加转向。建筑物的整体平移，是一项技术要求较高，具有一定风险性的工程，要求通过平移和转动，不仅使移位后的建筑物能满足规划和市政方面的要求，而且对建筑物的结构还不能造成损坏，应当尽量给予补强和加固，同时要降低工程造价。

建筑物的整体平移技术在国外应用的较早，尤其在欧美国家应用较多，他们对于有继续使用价值或有文物价值的建筑物都很珍爱，因此，不惜重金，运用整体平移技术，将其转移到合适位置，予以重新利用和保护。

本章介绍了几个有代表性的国外建筑物整体平移工程，希望能对我国平移技术的发展起到一定的借鉴作用。

一、建筑物整体平移技术在国外的发展

1. 世界上较早的建筑物整体迁移工程是位于新西兰新普利茅斯市的一所1层农宅，采用蒸汽机车作为牵引装置见图2-1。

图2-1　新西兰农舍迁移

2. 现代整体平移技术始于20世纪初。1901年美国依阿华大学科学馆平移工程有较详细的技术记录。由于校园扩建，将重约6 000 t高3层的科学馆进行了整体平移，而且在移动的过程中，为了绕过另一栋楼，采用了转向技术，将其旋转了45°。这座楼至今仍在使用，已经历了百年的考验（见图2-2）。

在之后一百多年的时间里，许多国家都有过移位工程的实例。

3. 1983年在英国兰开夏郡Warrington市一座历史悠久的学校建筑进行了整体平

移，建筑物托换顶起时使用了专用的托换装置，并用环氧树脂技术对建筑物进行了加固，在建筑物基础下建了一个钢筋混凝土水平框架，又在该框架下建造了另一个框架与筏形基础连为整体，并用卷扬机和钢丝绳做牵引装置，其采用的牵引装置和平移方法与国内的许多整体平移工程相似（见图 2-3）。

图 2-2　美国依阿华大学科学馆平移图

图 2-3　英国学校建筑移位

4. 1998 年，美国的一所豪华别墅建筑面积约 1 100 m^2，要从波卡罗顿长途跋涉 100 多英里到皮斯城。建筑物进行顶升托换时用了 64 个 150 kN 千斤顶。这项移位工程的特殊之处在于，这座别墅在行进中必须经过一条运河。在这段路程上采用了一艘特殊的船体作为运输工具，可以通过调节船中的水量，来保证该建筑物从陆地到船上和从船上到陆地的平稳性（见图 2-4）。

5. 1999 年 1 月 25 日，美国明尼苏达州 Minneapolis 市 Shubert 剧院（见图 2-5）进行了平移，平移采用的平板拖车自身具有动力装置，在平移现场外观却看不到牵引设备，令人惊叹不已的是，整个工程用了 70 台移动平板拖车，其中 20 台为自带动力。该剧院位于市中心，交通压力很大，因此平移前制定了详细的行走路线。

5. 1999 年 6 月位于美国卡罗莱纳州 Hatteras 角海岸的一座灯塔为了免于不断的海岸侵蚀，当局决定将其移至 488 m（1 600 ft）外的地方，由于地形的原因，移动的轨迹达 884 m（2 900 ft）。这座灯塔高 61 m，重达 4 400 t。和以往的移位工程相比，这项工程无论从设计上还是从施工上都达到了很高的水平，见图 2-6。

6. 1999 年 9 月 16 日～19 日，丹麦哥本哈根飞机场由于扩建要将候机厅从机场一端移至另一端。经过 4 个月的准备工作，在 4 天之内移动了 2 500 m。为了保证移动的速度，采用了多种规格的自推动多轮平板拖车，在车上安装了自动化模块和计算机控制设备，借此来自动调节 X 或 Y 方向的同步移动以及补偿 Z 方向不同路面之间的沉降差，而且能够自动确定旋转中心，见图 2-7。

图 2-4　美国豪华别墅移位

图 2-5　美国 Shubert 剧院平移

图 2-6　美国海岸灯塔移位

图 2-7　丹麦机场候机厅移位

二、国外的平移设备

早期的平移工程使用千斤顶（螺旋、液压）牵引较多，有的工程也用卷扬机做牵引设备，在河道和海上使用船的工程也有若干例。目前使用最多的一种移动设备是多轮平板拖车（如图 2-8 所示），一般由汽车或挖掘机等做牵引。最近又出现了一种自身可提供动力的多轮平板拖车，并在多个工程中应用取得了理想的效果。

三、国外的托换装置

在国外，对建筑物进行平移时一般将其顶起进行托换，然后置入平移设备，托换时放入纵横向钢梁或木梁，对一些受力复杂的结构使用了专用的托换装置（见图 2-9），并获得了专利。

图 2-8　移位多轮平板拖车

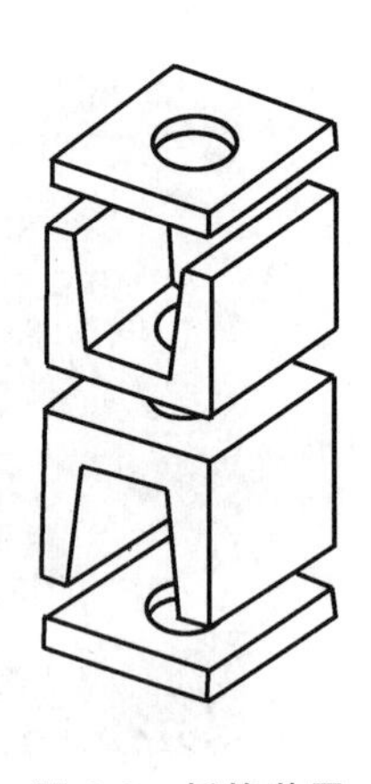

图 2-9　托换装置

四、移位工程的技术发展与现实意义

1. 发展趋势

国外建筑物移位技术虽然起步较早，但完成的工程实例并不多。这可能与其城市规划，城市建设理论比较先进、比较成熟有关，同时与其文化背景亦有关。而我国的移位技术虽然起步较晚，但发展迅猛，这与我国的特殊国情有关。

国内外建筑物移位技术的发展趋势有以下几个方面：

（1）建筑物移位由多层建筑向高层发展：最初的建筑物移位通常是 5～6 层以下，现在已达到 10～15 层。

（2）结构形式由简单向复杂发展。

（3）小体量向大体量发展。

（4）移动轨迹由简单的直线移位向折线（转向）、曲线、组合移位发展。

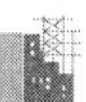

（5）移位控制由人工向半自动化、全自动化发展。

（6）移位轨道由一次性的向可拆解组装式发展。

（7）服务领域由城市建设向多领域发展：如矿山工程、桥梁工程、隧道工程等。

2. 现实意义

该项技术之所以在我国得到迅猛发展，主要原因是它适合我国的基本国情，概括说来它有以下五个方面的积极意义。

（1）良好的社会效益：可避免因拆迁而产生的社会矛盾，保持社会安全，不扰乱人们正常的生活、工作秩序。

（2）显著的经济效益：通常一幢6层下以的建筑物移位，其移位费用大约占拆除重建费用的1/4～1/3，如果是较大体量的高层建筑，其经济效益更为显著。

（3）保护环境：避免因拆除而产生的建筑垃圾。

（4）节约资源：因为避免了拆除重建，所以节约了大量建材资源和能源，符合我国可持续发展和科学发展观的基本国策。

（5）保护古建筑、文物：通过移位技术，既解决了古建筑或文物与现代城市规划的矛盾，又保护了古建筑、文物，包括古树、名木等。

第三章　整体移位工程

在旧城市改造建设过程中，常常因新的规划红线要求，对旧有建筑物进行整体移位搬迁改造。

对于具有移位价值和条件的建筑物、保护性建筑、古建筑等，应通过可行性论证，优先采用移位保护方案，避免拆除破坏。通过大量的工程实践，建筑物移位的费用约为拆除重建的20%～35%，工期约2～3个月，避免产生建筑垃圾和对环境造成污染，并可缓解因拆迁造成的矛盾，因此，建筑物移位具有显著的经济、社会和环保效益。

建构筑物移位的基本原理就是在建构筑物基础的顶部或底部设置托换结构，在地基上设置行走轨道，利用托换结构来承担建筑物的上部荷载。然后在托换结构下将建筑物的上部结构与原基础分离，在水平牵引力或顶升力的作用下，使建筑物通过设置在托换结构上的托换梁沿底盘梁相对移动，见图3-1，因此建筑物平移工程的设计，包括托换结构的设计、基础与下轨道的设计、牵引系统的设计及建筑物到位后的连接设计四方面的内容。

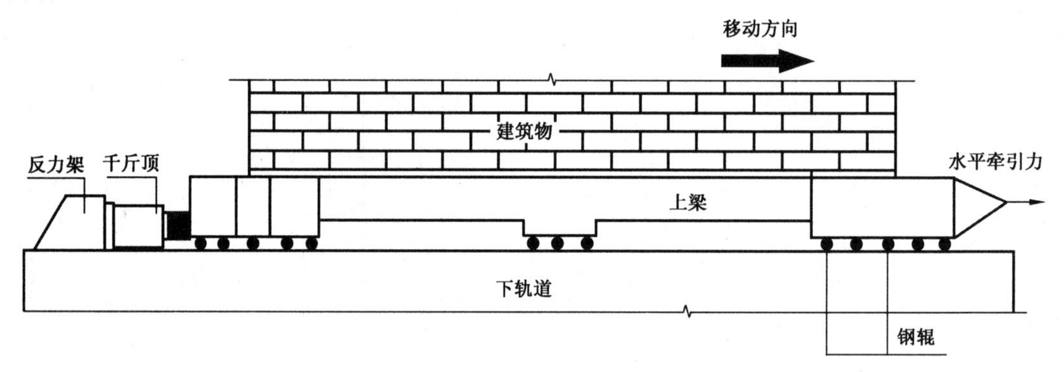

图3-1　建筑物移位示意图

对于建筑物的平移设计，为确保建筑物平移时结构的安全性，在进行设计前，必须首先对建筑物进行检测鉴定和复核验算，确保原建筑物能满足结构的各项功能要求；若不能满足，需采取措施进行修补加固后再进行平移。

一、建构筑物整体移位工程分类

移位是指通过一定的工程技术手段，在保持建（构）筑物整体性的条件下，改变建（构）筑物的空间位置，包括平移、爬升、升降、旋转、转向等单项移位或组合移位（见图3-2），其他分类形式见表3-1。

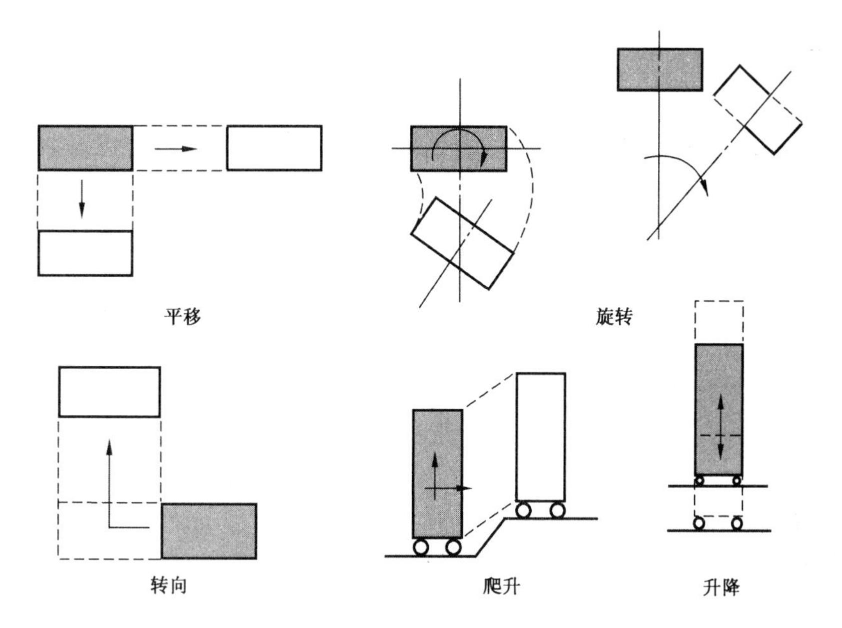

图 3-2　建筑物移位示意图

表 3-1　建筑物移位工程分类

序号	移位方式	说　　明
1	基础处置方式	1）切断原基础移位； 2）连同原基础一起移位
2	移位分离体名称	1）上、下轨道结构体系； 2）托盘、底盘结构体系
3	移位装置种类	1）滚动式：实心钢滚轴，钢管混凝土滚轴； 2）滑移动：下轨道为钢轨，上轨道为钢板或槽钢； 3）轮动式：上轨道两侧设转轮，下轨道为钢板或混凝土； 4）组合式：滚动与滑移结合方式，取两者的优点结合
4	结构处理方式	1）整体式移位； 2）断开分体式移位
5	移位方式	1）平移式移位（直线移位，转动移位）； 2）升降式移位； 3）组合式移位
6	移位施力方式	1）千斤顶推顶式（中间设活动支座）； 2）千斤顶牵拉式； 3）推拉结合式
7	托盘形式	1）十字交叉梁格结构体系； 2）拱形结构体系； 3）梁板结合结构体系

续表 3-1

序号	移位方式	说　明
8	移位施力设备控制方式	1）手动调控千斤顶施力式； 2）数控千斤顶施力式
9	偏移控制方式	1）有侧限调控偏移式； 2）无侧限调控偏移式
10	监控方式	1）结构及外观状态监观方式； 2）A＋结构构件内埋设测力计、应变仪器监控方式

目前移位主要有三种方式：

（1）滚动式：适用于一般建（构）筑物的移位。

（2）滑动式：适用于荷载较大的建（构）筑物移位。

（3）轮动式：适用于长距离荷重较小的建筑物移位。

二、移位工程应遵守的规定

根据 CECS 225：2007《建筑物移位纠倾增层改造技术规范》的要求，移位工程应遵守以下事项：

（1）移位工程设计前，应搜集既有建筑物的设计、竣工、地勘报告及邻近建筑物、地下管线等有关资料。

（2）经检测鉴定后，建筑物的结构状态和场地条件满足移位要求时，方可进行移位工程施工。

（3）对移位路线和新基础场地应进行勘察。

（4）移位工程应由具有相应特种专业工程资质的单位承担设计和施工。

（5）在移位工程施工全过程中，应对建筑物的状态、裂缝、沉降等进行监测。

此外移位工程设计时应考虑建筑物平移中的不均匀沉降，特别是新旧基础的差异沉降，并应考虑新址基础的沉降值。

三、移位工程施工前的计算

1. 荷载计算

（1）荷载取值。建筑物移位的设计荷载包括恒荷载、活荷载、风荷载、及建筑物移动过程中的水平荷载，当风预报大于 6 级或有地震预报时，应该停止移位作业。

恒荷载、活荷载取值按现行 GB 50009—2012《建筑结构荷载规范》采用或按实际荷载取值。风荷载在设计建筑物新址时按新建建筑物取值，建筑物移动过程中按 10 年一遇取值。在设计建筑物新址的基础时应考虑地震作用。

（2）荷载组合。设计建筑物新址基础时按新建建筑物荷载组合；移动过程中应用的

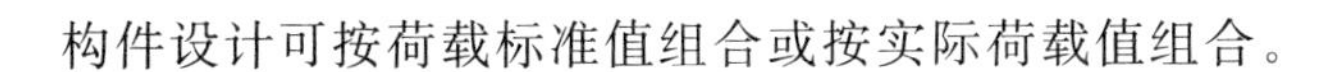

构件设计可按荷载标准值组合或按实际荷载值组合。

2. 托盘结构体系的要求

托盘结构体系应考虑上部结构移位时水平或竖向荷载的分布和传递，应进行强度、刚度和稳定性的综合设计，尚应考虑移位的特殊构造。

3. 底盘结构体系的要求

底盘结构体系（包括底盘梁或板及其基础）的受力分析，应考虑建筑物移位时荷载的最不利位置和组合的作用。底盘结构体系的设计除应进行强度、刚度与沉降的计算外，尚应考虑移位的特殊构造要求。

移位过程中的底盘结构体系可按施工阶段进行设计；就位后的地基基础按新建建筑物基础设计。

4. 施力系统的设计

移位过程的施力方式有牵引、顶推及组合三种：牵引式宜用于荷载较小的建筑物的水平移位或爬升；顶推式广泛用于各种建筑的水平移位及竖向移位；必要时两者并用。

（1）水平移位设计时，应计算每条托盘梁底的竖向荷载，由式（3-1）计算移位阻力。

$$T_i = k\mu W_i \tag{3-1}$$

式中：T_i——托盘梁 i 的水平移位阻力，kN；

k——经验系数，由试验或施工经验确定，取值 1.2～3.0；

μ——摩擦系数：滚动摩擦系数取 0.05，滑动摩擦系数根据实际材料确定；

W_i——第 i 个托盘梁底的竖向荷载，kN。

式（3-1）中 k 值与施工中对滚（滑）动装置的制作与维护程度有关，初次施工时宜取较大值。建筑物竖向移位时，千斤顶应留有足够的安全储备，不要超过额定数字的 80%。滚动式移动系统的摩擦系数的确定，根据现场实测数据，建筑物初始启动时摩擦系数为 1/10～1/6，启动后摩擦系数为 1/20～1/10。

施力设备的额定荷载能力应大于每条托盘梁的水平移位阻力 T_i。施力作用点的位置应尽量靠近托盘梁底面。

（2）竖向移位设计时，计算竖向荷载后，合理布置升降点，使每点的作用荷载在施力设备的额定工作荷载范围内，并留有 1.5～2.0 的安全储备。

5. 移位设计

移位设计包括水平移位、升降移位和组合移位。

（1）水平移位设计：水平移位时，托盘结构体系除考虑上部结构荷载外，还应考虑水平牵引力的影响；转动移位时，托盘结构体系应考虑转动扭矩的影响。根据转动角度的大小，采用先移动后转动或沿曲线底盘结构体系移动的方案。

托盘和底盘结构体系应同时设计施力系统。

（2）升降移位设计：通过托盘和底盘组成一对上下结构的受力体系，受力体系中间采用千斤顶及临时支垫点装置。千斤顶平面布置如图 3-3 所示。

托盘结构体系应通过托换形成，当基础梁埋深较大时，可在基础梁上增设钢筋混凝土千斤顶底盘结构。托盘结构体系、千斤顶、底盘结构体系构成稳定的结构（见图 3-4）。

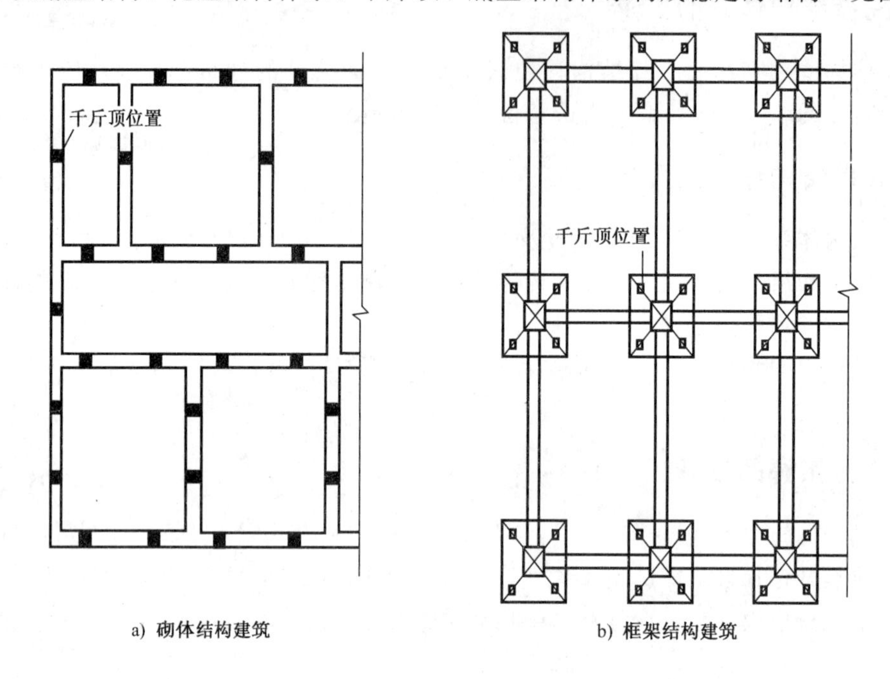

a）砌体结构建筑　　b）框架结构建筑

图 3-3　千斤顶平面布置图

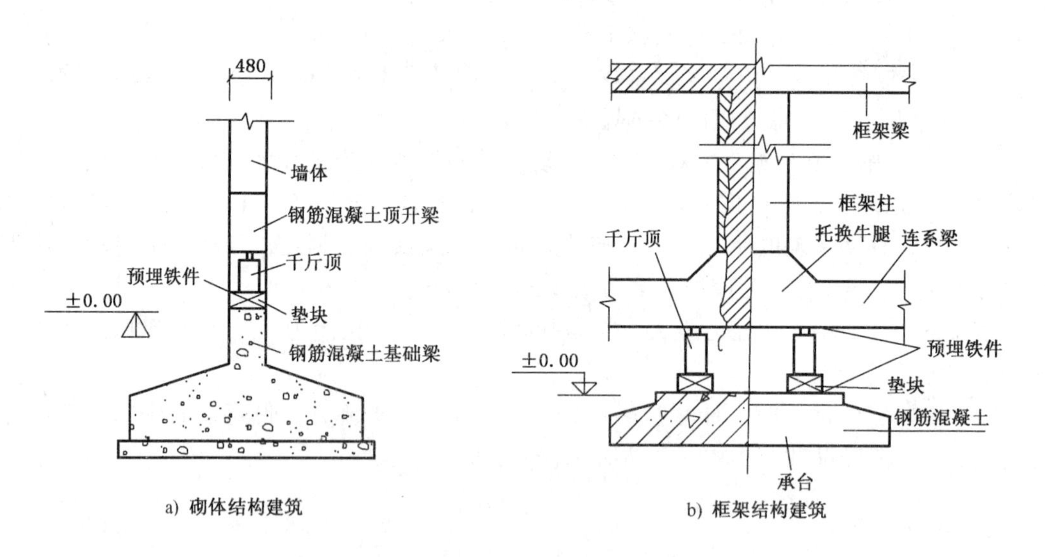

a）砌体结构建筑　　b）框架结构建筑

图 3-4　顶升梁、千斤顶、底座布置图

砌体结构可根据墙段线荷载分布布置顶升点，顶升点间距不宜大于 1.5 m，应避开门、窗、洞及薄弱承重构件位置，框架结构柱千斤顶布置应对称。

框架结构应根据柱荷载大小布置顶升点。顶升点数量可按下式进行估算：

$$n = k\frac{Q}{N_a} \tag{3-2}$$

式中：n——千斤顶数量（个）；

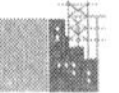

Q——顶升时建筑物总荷载标准值（kN）；

N_a——单个千斤顶额定荷载值（kN）；

k——安全系数，可取1.5～2.0。

（3）组合移位：包括水平移位和升降移位。

（4）应采取措施防止建筑物在升降移位过程中可能发生的水平位移和偏转。

6. 连接设计

（1）建筑物就位后的连接，应满足结构稳定和抗震的要求。

（2）多层砌体结构（高宽比不大于12，层数小于6层）的墙体和基础间的缝隙采用不低于C20细石混凝土充填密实。

（3）框架结构、层数超过6层或高宽比大于2的砌体结构等，需经计算分析确定其连接形式。

（4）就位后，托盘结构体系需拆除时，砌体结构的构造柱和框架结构柱的纵向钢筋应与底盘结构体系中的预设锚固筋连接或采取其他可靠的连接措施。

四、移位工程施工前机具与设备配置

应编制移位施工技术方案和施工组织设计，对移位过程中可能出现的各种不利情况制定应急措施。

1. 移位施工机具

移位需要支承建筑物或抬高建筑物的施工机具，如垫木、辊杠、千斤顶、楔子顶铁等。移动机具例如滑车、卷扬机等。辅助材料有钢筋混凝土块、螺栓、钢丝绳支撑等。

2. 底盘结构体系施工

（1）施工前应在建筑物一定高度处设置标高标志线。

（2）在建筑物原址施工地基与基础时，必须考虑开挖、托换、桩基等对原建筑物的影响。

（3）移位路线及新址的地基与基础的施工，应满足有关施工规范的规定。

（4）施工时应严格按施工方案的要求分段、分批施工。底盘梁的表面平整度应不大于1/1 000且不宜超过5 mm。

（5）底盘结构体系完成后，应及时安设滚动或滑动装置。

3. 托盘结构体系施工

（1）托盘梁系施工宜对称进行，避免建筑物结构受力不均。每条梁尽量一次浇筑完成，如需分段、接茬处应按施工缝处理。

（2）托盘梁系施工时，与原梁和柱相邻部位应表面凿毛、清理干净、涂刷界面处理剂。

（3）托盘梁钢筋不宜在移位支承点处切断，施工缝宜避开弯矩最大处。

（4）卸荷支撑宜设测力装置，并加强施工过程中的监测。

（5）修复施工时开凿的墙洞等。

4. 截断施工

（1）托盘结构体系的混凝土达到设计强度时方可开始截断。

（2）截断施工前，应检查托换结构的可靠性，有条件时宜预先卸载。

（3）截断施工的顺序，必须按施工方案进行。

（4）截断施工时，应严密监测墙、柱、托盘及底盘结构变化。

（5）截断的方式宜力求减少对相邻部位结构的损伤或破坏。

5. 水平移位施工

水平移位施工应满足下列条件：

（1）托盘及底盘结构体系移位前必须通过验收。

（2）对移动装置、反力装置、卸荷装置、动力系统、控制系统、应急措施等进行认真检查，卸荷装置一般指卸荷柱及测力系统；动力系统一般指泵站、油管路总成、电机等；控制系统一般指机械控制、电脑控制等。各方面应进行认真检查，确认完好。

（3）检测施力系统的工作状态和可靠性，在正式平移前应进行试平移，检验相关参数与平移可行性。

（4）平移施工应遵循均匀、缓慢、同步的原则，速率不宜大于 60 mm/min，应及时纠正前进中产生的偏斜。

（5）移动摩擦面应平整、直顺、光洁，不应有凸起、翘曲、空鼓。

（6）为减少移位阻力，应选择摩擦系数较小的材料并辅以润滑剂，为减少摩擦阻力，可适当选择润滑剂，如润滑油、硅脂、石蜡、石墨等。

为减少摩擦一般有钢板-钢板、聚四氯乙烯等高分子材料-不锈钢、或钢滚轴-钢板等。

（7）平移设备应有测力装置，应保证同步精度。

（8）平移到位后，应立即对建筑物的位置和倾斜度等进行阶段验收。

6. 升降移位施工

升降移位施工应满足下列条件：

（1）根据荷载情况在顶升点上、下部位设置托架，避免原结构局部裂损。

（2）顶升设备应安装牢固、垂直。

（3）顶升设备应保证顶升的同步精度，避免托盘结构体系的变形破坏。

（4）顶升过程中应采取有效措施，确保临时支撑的稳定。

（5）顶升或下降应均匀、同步、施力缓慢，标志明确。

7. 连接与恢复施工

（1）连接应按设计要求施工。

（2）恢复施工时应预留水、暖、电等管线的孔洞。

（3）因移位产生的原结构裂损应进行修复或加固。

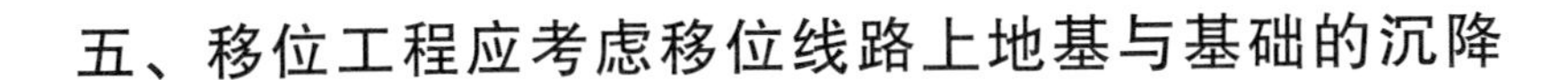

五、移位工程应考虑移位线路上地基与基础的沉降

地基及基础都要承受着上部结构传来的全部荷载，它对整个结构的安全至关重要。建构筑物移位工程，也都与地基基础有着密切的联系，移位工程的地基基础加固主要从地基处理和既有建（构）筑物地基基础加固两个方面进行。

地基处理的任务在于提高地基的承载能力，减少建（构）筑物沉降，保证上部结构的安全和正常使用。移位工程在施工过程前，对全线路的地基要勘察了解是否有填土区或有不良的地基移位时要对地基进行加固处理。

地基基础加固主要对既有建（构）筑物地基和基础进行加固，如基础加宽、加固与加桩托换等以及对已有建（构）筑物的地基进行处理等。

六、建构筑物移位前的加固

建构筑物移位前，都需要对原有工程的建构筑物的结构承载部分进行检测与加固。常用的检测项目和检测手段有以下几种。

1. 混凝土强度的检测

建构筑物可靠性鉴定中，混凝土强度的检测是所有检测中最常遇到的。它的检测手段归纳起来有非破损检测、半破损检测、破损检测、综合检测等。非破损检测方法有回弹仪法、表面落锤法、超声波法、共振法，以及目视观测法；半破损检测方法有取芯法和局部破坏法；破损检测手段包括荷载破坏试验、振动破坏试验及解体法；综合法检测分超声波法与回弹仪的组合检测，取芯法和回弹仪法与超声波法的组合检测，以及非破损的回弹仪法和超声波法与破损法的组合检测。

对于旧房，仅采用回弹仪法是不合适的，习惯上是用回弹仪对各构件的混凝土强度进行普查。目前，常采用超声-取芯综合法或超声-取芯-回弹组合法。取芯法的精度较高，但结构构件易受损，时间与资金消耗也多，因此取芯法不能大量应用。取芯法的数量对于每一浇筑区段应不少于3个试件，且取芯位置应是结构受力的较小部位，在超声-取芯综合法中还须考虑所取试样尽量包络到所测混凝土声速值的拟合范围。

2. 混凝土碳化和钢筋锈蚀的检测

混凝土中水泥水化时，会形成大量氢氧化钙，混凝土表层碱性较高，pH值为12～14。钢筋在此环境中表面形成钝化膜，阻止了钢筋的腐蚀。混凝土的碳化，是空气中的CO_2渗入混凝土孔隙中，与氢氧化钙中和反应生成碳酸钙，使水泥石的碱度降低的过程。当pH值降到9时，混凝土表层即呈碳化层。当混凝土碳化到钢筋表面时，钢筋就有锈蚀的危险。这时如不及时检修，将严重影响混凝土结构的使用寿命。因此，评估旧房混凝土结构的剩余寿命时，应以混凝土碳化深度为依据。

混凝土的碳化深度，是通过在凿开的混凝土断面上喷洒均匀、湿润的酚酞试液检测的。如果酚酞试液变为紫红色，则混凝土未被碳化；相反，酚酞试液不变色，说明混凝土已被碳化。测出不变色混凝土的厚度即为碳化深度。

酚酞试液的配制方法：用 19 mL 酚酞，加 94 mL 无水酒精，溶解后再加 5 mL 水即成。

混凝土碳化的检测，至少应选择结构受害严重的 3 个部位和轻微受害的 3 个部位进行。

由于试液的变色反应持续较短，因此检测时应及时测定深度，并画出变色的界线。

检测钢筋锈蚀的方法，有破样直接检查法和电化学综合评定法，国外还应用红外技术和电磁测定仪等。

3. 砖石砌体强度的检测

长期以来，砖石砌体的强度检测，多采用从墙体上切割砖砌体标准试块，在试验室进行试压的办法。近几年，原位测定砖砌体强度的技术有很大发展，主要有顶剪法、超声快速测定法、砌筑砂浆成分分析法和扁顶法等。

（1）顶剪法是以千斤顶加载，利用砖砌体本身的抗剪能力为反力，对砖砌体中的某一块砖作现场顶剪。用压力传感器和位移传感器量测顶剪过程中的压力和位移，并从校验曲线中得出砖砌体的抗剪强度，进而由抗剪强度与抗压强度的关系，间接得到砖砌体的抗压强度。

（2）超声波快速测定法，是采用专用超声波仪和探头等设备，根据超声波在介质中传播的速度与材料力学性能之间的关系，测出砂浆强度的统计值。

（3）扁顶法是采用一种专用于检测砌体强度的千斤顶（扁顶），厚度仅 1 cm，由高强薄钢片焊成的扁形密封油腔，插入砖砌体灰缝中测定砌体强度的方法。测试时先在砖砌体试件高度范围内，上下挖掏 2 条灰缝，然后插入 2 只扁顶，并对上下缝间的试块加压，量测出压力-变形曲线。加压后的压力-变形曲线与已有曲线进行比较，即可确定砌体的抗压强度。

对不符合移位要求的，要实现对建筑物的结构部分进行加固处理，待处理合格后，方可进行移位施工。

第四章 移位工程设计与计算

一、移位工程应遵守的规定

在城市规划、改造、拆建中，对有条件移位的建筑物应首先考虑移位。大量的工程实践证明，建筑物移位具有显著的经济、社会和环保效益。可避免产生建筑垃圾环境污染，可缓解拆迁造成的矛盾，并可延长建筑物的使用寿命，节约投资，缩短工期。因特殊需要将大型设备、构件、古树名木等进行移位的工程，也可参照规范执行。

建筑物移位是指通过一定的工程技术手段，在保持建筑物整体性的条件下，改变建筑物的空间位置，包括平移、旋转、抬升、迫降等单项移位或组合移位。

目前移位主要可采用三种方式：

——滚动式：适用于一般建筑物的移位；

——滑动式：适用于荷重较大的建筑物；

——轮动式：适用于长距离、荷重较小的建筑物。

移位的施力方法主要有牵引式、顶推式和牵引、顶推组合式三种。

移位工程设计时，应充分考虑基础的不均匀沉降，如新址基础与原基础之间的不均匀沉降；移动过程中基础的不均匀沉降；新建建筑物逐渐加载与移位过程中的短时加载之间的差异沉降。

此外移位工程设计时应考虑建筑物平移中的不均匀沉降，特别是新旧基础的差异沉降，并应考虑新址基础的沉降量。

二、移位建筑物的鉴定与复核

建筑物检测前应先对现场进行调查，收集勘察报告、设计图、竣工图、施工资料、使用情况与环境条件等相关资料。根据建筑物的实际情况，制定检测方案，确定检测内容。检测项目应包括建筑物的整体性、承重结构构件的承载力与变形，地基补充勘察和基础承载力和变形，尤其对建筑物的裂缝应进行详细记录，在平移过程中不断观察其变化。

对结构构件应按材料强度、构造与连接、变形和裂缝等方面进行调查和检测，建筑物的整体变形检测包括沉降、沉降差、倾斜等变形特征。

结构承载力复核验算时，计算模型应符合结构受力与构造情况，结构上的作用荷载应经调查或检测核实，相应的荷载效应组合与分项系数应符合国家现行有关标准的规定，应计算出上部结构的重力中心，以便在设计水平牵引力时，使牵引力合力中心与重力中心尽量重合，保证建筑物平移时的同步要求。

结构或构件的材料强度、几何参数可采用原设计值，当检测表明不符合原设计要求时，应按实际结果取值。

根据原地质勘察资料，并结合工程现状和实测资料确定当前的地基承载力。对平移路线和就位新址，应做补充地质勘察。

综合考虑上述成果，按照现行有关规范、标准，给出建筑物现状的鉴定结论，提出是否需要补强加固的建议。

三、移位建筑物的结构加固检验

建构筑物结构加固检验，除了要进行混凝土强度的检测、混凝土碳化和钢筋锈蚀的检测、砖石砌体强度的检测（见第3章的六）外还要采取以下方式检测：

（1）钢结构的检测

在钢结构的加固改造中，主要针对结构构件的连接节点进行分批检验，它包括焊接材料、焊缝表面缺陷，不得有气孔、夹渣、弧坑裂纹、电弧擦伤等缺陷，且不得有咬边、未焊满、根部收缩等缺陷，用超声波探测仪进行重点部位检查，对钢结构加固的托架、桁架、钢梁、钢柱的垂直度和侧向弯曲的允许偏差进行检查，应符合规范的有关规定。

（2）地基基础的检测

地基基础的检测，可采用放射性同位素测出地基土的含水量，以此推算其物理力学特性；再用波速法测定地基的密实度，推算出地基强度；也可用静力触探法或动力触探法试验地基的承载力。如要较精确地了解土层的分布，测出建筑物地基的承载力，则可在建筑物周围挖探井，然后在探井内直接挖取基础下的地基土样，进行检测。

地基的检测和鉴定，简便易行的方法是观测地基的变形，因此，也可采用直接加载试验。

四、混凝土强度的检测

当前我国在建构筑物的结构加固改造中，仍以钢筋混凝土结构为主。混凝土和钢筋混凝土结构，由于其设计、施工和使用中的种种原因，会存在各种各样的质量问题。混凝土施工时，原材料的不合理代用，配合比控制不严，运输、浇筑、振捣和养护等工艺环节不符合技术条件，会导致混凝土产生各类缺陷。对加固改造的旧建构筑物，随着使用年限的增长，结构构件也日趋老化，原有的各类缺陷和隐患会暴露得更为明显。建构筑物结构常年接受空气中各种有害气体和多种腐蚀介质的侵蚀，使混凝土构件受到损害。有些旧建构筑物，原先在浇筑混凝土时，掺入对钢筋混凝土有害的外加剂，外加剂在钢筋混凝土中缓慢地产生各种化学和物理的变化，损伤结构构件。另外，由于对旧有建构筑物中生产工艺的改变、更换设备、提高产量，增加了对建构筑物结构的负荷。如遇到突然出现的灾害，例如火灾、地震等，更使结构受到破损。凡此种种，都必须对建构筑物的结构进行补强加固，以确保安全。补强加固前，首先要对旧建构筑物进行全面的质量鉴定。鉴定工作需要以检验、检测结果为依据。换言之，建构筑物的检验、检测工作

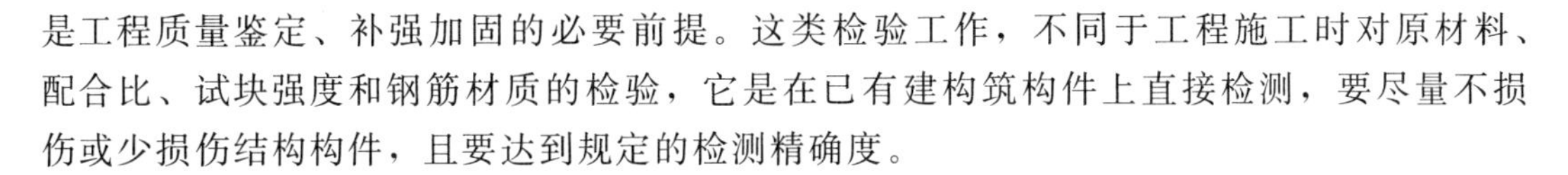

是工程质量鉴定、补强加固的必要前提。这类检验工作，不同于工程施工时对原材料、配合比、试块强度和钢筋材质的检验，它是在已有建构筑构件上直接检测，要尽量不损伤或少损伤结构构件，且要达到规定的检测精确度。

1. 混凝土结构的外观检查

已有混凝土结构的外观特征能大致反映出它本身的使用状态。如构件由于多种原因承受不了荷载，先在其表面混凝土出现裂缝或剥落；钢筋混凝土构件中的钢筋锈蚀，则沿钢筋方向的混凝土产生裂缝；柱子倾斜，会使它偏心受压以致失稳崩坍，一般混凝土结构的外观检查有以下几项。

(1) 测量混凝土结构构件的外形尺寸

混凝土结构构件的尺寸，直接关系到构件的刚度和承载能力。正确度量构件尺寸，为结构验算提供资料。

(2) 量测结构构件表面的蜂窝麻面

蜂窝麻面系指混凝土表面无水泥浆，露出石子，深度大于 5 mm，但小于保护层厚度的缺陷。它是由于混凝土配合比中砂浆少石子多、砂浆与石子分离、混凝土搅拌不匀、振捣不足以及模板漏浆等多种原因造成。可用钢尺或钢直尺量取外露石子的面积。

(3) 测量结构构件表面的孔洞和露筋

孔洞系指深度超过保护层厚度，但不超过截面尺寸 1/3 的缺陷。它是由于混凝土浇筑时漏振或模板严重漏浆所致。检查方法为凿去孔洞周围松动石子，用钢尺量取孔洞的面积及深度。梁、柱上的孔洞面积任何一处不大于 40 cm^2，累计不大于 80 cm^2 为合格；基础、墙、板上的孔洞面积任何一处不大于 100 cm^2，累计不大于 200 cm^2 为合格。

露筋系指钢筋没有被混凝土包裹而外露的缺陷。它是由于钢筋骨架放偏、混凝土漏振或模板严重漏浆所造成的，有的建筑物还由于混凝土表层腐蚀、钢筋锈蚀膨胀致使混凝土保护层剥落而形成露筋。检查用钢尺量取钢筋外露长度。梁、柱上每个检查件（处）任何一根主筋露筋长度不大于 10 cm，累计不大于 20 cm 为合格，但梁端主筋锚固区内不允许有露筋。基础、墙、板上每个检查件（处）任何一根主筋露筋长度不大于 20 cm，累计不大于 40 cm 为合格。

(4) 测量混凝土表面裂缝

钢筋混凝土结构是两种不同的材料组成且要共同承受荷载，结构上出现裂缝难以避免，重要的是出现了裂缝是否会对结构的安全有重大影响。

形成混凝土裂缝的原因很多。有荷载超载、地基沉降引起的结构变形裂缝；有地震或设备振动等外力作用产生的构件裂缝；有混凝土本身特性产生的裂缝，如水泥水化时温差裂缝、混凝土干燥收缩裂缝和外界温度裂缝等；还有由于施工不良如浇筑、养护的方法不当和过早脱模产生的裂缝。

除了详细搞清裂缝的走向、长度和宽度外还要查明其产生的原因。按照GB 50010—2010《混凝土结构设计规范》的规定，一般非预应力结构中的钢筋混凝土结构的裂缝宽度应小于或等于0.2 mm，其他非预应力结构构件的裂缝宽度应小于或等于0.3 mm。

采用钢尺度量裂缝长度。用刻度放大镜、塞尺或裂缝宽度比测表检测裂缝的宽度。

(5) 测量结构构件的搁支长度

楼板放在梁上，梁放在柱子或牛腿上，都有一定的搁支长度。搁支长度不足，建筑物移位时会引起局部破坏，严重者甚至造成构件破裂崩坍。结构构件的搁支长度可用钢尺直接量度。

(6) 测量结构构件的挠度和垂直度

建筑物在建造时，控制了建构筑结构的允许偏差，随着使用时间的增长和承受荷载的变化，结构构件产生变形，所以要进行检测。

主要承受弯矩和剪力的梁，除了检查裂缝等表面特征外，还应量度其弯曲变形，可用钢丝拉线和钢尺量测梁侧面弯曲最大处的变形。现浇结构尺寸的允许偏差和检验方法见表 4-1，构件侧向弯曲允许偏差见表 4-2，柱子、屋架、托架的垂直度允许偏差见表 4-3。

表 4-1　现浇结构尺寸允许偏差和检验方法

<table>
<tr><th colspan="3">项　　目</th><th>允许偏差/mm</th><th>检验方法</th></tr>
<tr><td rowspan="4">轴线位置</td><td colspan="2">基础</td><td>15</td><td rowspan="4">钢尺检查</td></tr>
<tr><td colspan="2">独立基础</td><td>10</td></tr>
<tr><td colspan="2">墙、柱、梁</td><td>8</td></tr>
<tr><td colspan="2">剪刀墙</td><td>5</td></tr>
<tr><td rowspan="3">垂直度</td><td rowspan="2">层高</td><td>≤5 m</td><td>8</td><td>经纬仪或吊线、钢尺检查</td></tr>
<tr><td>>5 m</td><td>10</td><td>经纬仪或吊线、钢尺检查</td></tr>
<tr><td colspan="2">全高 H</td><td>H/1 000 且≤30</td><td>经纬仪、钢尺检查</td></tr>
<tr><td rowspan="2">标高</td><td colspan="2">层高</td><td>±10</td><td rowspan="2">水准仪或拉线、钢尺检查</td></tr>
<tr><td colspan="2">全高</td><td>±30</td></tr>
<tr><td colspan="3">截面尺寸</td><td>+8，−5</td><td>钢尺检查</td></tr>
<tr><td rowspan="2">电梯井</td><td colspan="2">井筒长、宽对定位中心线</td><td>+25，0</td><td>钢尺检查</td></tr>
<tr><td colspan="2">井筒全高（H）垂直度</td><td>H/1 000 且≤30</td><td>经纬仪、钢尺检查</td></tr>
<tr><td colspan="3">表面平整度</td><td>8</td><td>2 m 靠尺和塞尺检查</td></tr>
<tr><td rowspan="3">预埋设施中心线位置</td><td colspan="2">预埋件</td><td>10</td><td rowspan="3">钢尺检查</td></tr>
<tr><td colspan="2">预埋螺栓</td><td>5</td></tr>
<tr><td colspan="2">预埋管</td><td>5</td></tr>
<tr><td colspan="3">预留洞中心线位置</td><td>15</td><td>钢尺检查</td></tr>
<tr><td colspan="5">注：检查轴线、中心线位置时，应沿纵、横两个方向量测，并取其中的较大值。</td></tr>
</table>

表 4-2 构件侧向弯曲允许偏差

名称	允许偏差/mm
梁、柱 板、块体、薄腹梁、桁架	l/750 且不大于 20 l/1 000 且不大于 20
注：l 为构件长度（mm）。	

表 4-3 构件垂直度允许偏差

名　　称		允许偏差/mm
柱高≤5 m 柱高>5 m 柱高≥10 m 的多节柱		5 10 l/1 000 标高但不大于 20
桁架屋架、拱形屋架 薄腹梁屋架		l/250 屋架高 5
托架梁		100
大型墙板	每层山墙倾斜 建筑物全高	2 10

2. 混凝土结构中钢筋质量检验

钢筋混凝土中的钢筋浇筑在混凝土中，不容易检查。在建筑物进行移位结构加固中，需要按原设计资料和结构构件现有承受荷载进行核算。如对构件中钢筋的数量和质量产生怀疑时，应对钢筋的钢材材质、配筋数量、规格和锈蚀程度进行检验。

（1）检验钢筋的材质

对于旧建构筑物结构混凝土中钢筋的材质，主要检测其规格和型号，即钢筋的种类、直径和抗拉强度值。如有必要，还应取样进行化学分析。

钢筋材质检验，一般只在结构构件上作抽查验证。凿去构件局部保护层，观察钢筋型号，量取圆钢直径或型钢特征尺寸。当截取试样作抗拉试验时，首先要考虑到被取样构件在截取试样后仍有足够的安全度，还应注意到样品的代表性。钢筋的拉力试验按国标规定进行。

（2）检测混凝土中钢筋配筋数量

在进行结构验算时，若对钢筋配筋数量有怀疑，应检验配筋数量，并与图纸复核。

如钢筋布置在构件截面四周，可使用钢筋位置探测仪测出主筋、箍筋位置，检查钢筋数量，也可以抽样检查，即凿去构件上局部保护层，直接检查主筋和箍筋的数量。如混凝土表层有双排或多排主筋，只能局部凿除混凝土，直接检测。

（3）混凝土碳化深度和钢筋保护层厚度

如有充分的水使凝土中水泥完全水化，最多约有 35%的氢氧化钙被游离出来，使混凝土呈碱性。钢筋在碱性介质中（pH=12～13），表面生成难溶的三氧化二铁和四氧化三铁，形成一层保护膜，这层保护膜称钝化膜，它时刻保护着钢筋，使钢筋难以生锈。

所谓碳化，是指本来是碱性的混凝土，长期暴露在空气中，混凝土表面受到空气中CO_2的作用，生成碳酸钙，这个过程叫做混凝土的碳化或称中性化。无论混凝土如何密实，都做不到不透水汽和空气，天长日久，混凝土中的氢氧化钙减少，碱度下降以至消失，碱度消失的混凝土即谓已碳化。这种作用是缓慢地由表及里地进行的。

当混凝土碳化层逐渐加深并扩展到钢筋表面，这时的表层混凝土已属中性，失去对钢筋的保护能力。钢筋表面的钝化膜渐渐破坏，在水、氧和CO_2作用下，钢筋开始锈蚀。

钢筋锈蚀后，锈层体积为原金属体积的2～8倍。体积膨胀使混凝土表面沿钢筋走向产生裂缝。裂缝出现后，为水和空气的渗入创造了顺畅的条件，加速了钢筋的锈蚀。

测量碳化深度值时，可用合适的工具在测区表面形成直径约为15 mm的孔洞（其深度略大于混凝土的碳化深度），然后除去孔洞中的粉末和碎屑（不得用液体冲洗），并立即用浓度为1%酚酞酒精溶液洒在孔洞内壁的边缘处；再用钢尺测量自混凝土表面至深部不变色（未碳化部分变成紫红色）有代表性交界处的垂直距离1次～2次，该距离即为混凝土的碳化深度值，测试精确至0.5 mm。

3. 混凝土结构抗压强度检测

混凝土的抗压强度是其各种物理力学性能指标的综合反映。它的抗拉强度、轴心抗压强度、弹性模量、抗弯强度、剪力强度、抗疲劳性能和耐久性都随其抗压强度的提高而增强。

多年来，国内外科研人员对已有建筑物混凝土抗压强度测试方法进行了大量试验研究，方法多，但各有优缺点和局限性，大致可分为表面硬度法、微破损法、声学法、射线法、取芯法和综合法等。

采用表面硬度法以测定混凝土表面的硬度推断混凝土内部的抗压强度。这类方法包括锤击印痕法、表面拉脱法、射入法和回弹法。采用表面硬度法检测混凝土的抗压强度，混凝土表面和内部的质量应一致。对于表面受冻害、火灾以及表面被腐蚀的混凝土，不应采用这类检测方法。

采用微破损法只使构件表面稍有破损，但不影响构件的质量，以微小的破损推断构件混凝土的抗压强度。如在构件上用薄壁钻头钻成圆环，给小圆柱体芯样上施加劈力，以圆柱劈裂抗力推断混凝土强度。还有像破损功法和拉拔法都属于微破损法。

声学法主要有共振法和超声脉冲法。量测构件固有的自振频率，以自振频率的高低推断混凝土的强度和质量称为共振法。以超声脉冲通过混凝土的速度快慢确定混凝土的抗压强度称为超声脉冲法。

结构混凝土检测强度的方法很多，目前国内外使用比较普遍、检测精度较高且有标准可供遵循的检测方法主要有回弹法、超声法、取芯法以及采用2种或3种方法同时检测的综合法。本节主要介绍普通混凝土回弹法检测强度，高强混凝土回弹法检测强度及混凝土取芯法检测强度现分述如下。

（1）普通混凝土回弹法检测强度

回弹法是使用最普通的检测混凝土表面硬度确定其强度的检测方法，目前已有建设部制定的行业标准JGJ/T 23—2001《回弹法检测混凝土抗压强度技术规程》。

1）检测原理

混凝土回弹仪是用一弹簧驱动弹击锤，并通过弹击杆弹击混凝土表面所产生的瞬时弹性变形的恢复力，使弹击锤带动指针弹回并指示出弹回的距离，以回弹值（弹回的距离与冲击前弹击锤至弹击杆的距离之比，按百分率计算）作为混凝土抗压强度相关的指标之一，来推定混凝土的抗压强度。它是用于无损检测结构或构件混凝土抗压强度的一种仪器。

回弹法是回弹仪内有拉簧和一定尺寸的金属撞击杆，以一定动能弹击混凝土表面，使局部混凝土发生变形，吸收一部分能量，另一部分能量则仍以动能的形式赋予回弹的金属撞击杆。回弹能量或混凝土吸收能量的多少，被用作衡量混凝土抗压强度的参数。回弹能量愈多，即回弹值愈大，混凝土表面硬度就大，其抗压强度愈高，反之愈低。

由于回弹仪具有结构简单、轻巧、操作方便、便于重复测试等优点，应用较为普遍。图 4-1 所示为国产（ZC3-A）型回弹仪在弹击后的纵向剖面结构示意图。

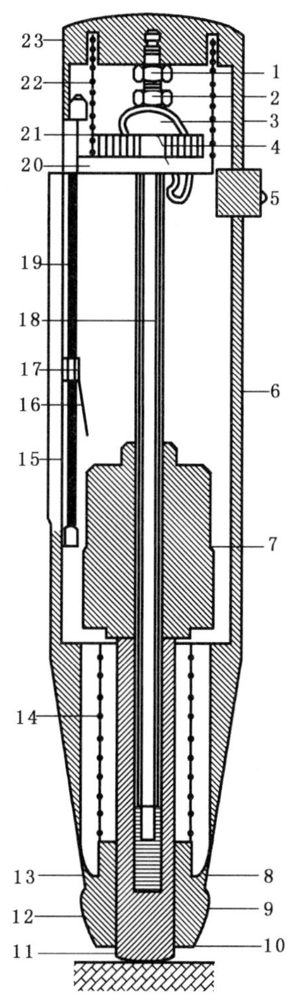

1—紧固螺母；2—调零螺钉；3—挂钩；4—挂钩销子；5—按钮；6—机壳；7—弹击锤；8—拉簧座；9—卡环；10—密封毡圈；11—弹击杆；12—盖帽；13—缓冲压簧；14—弹击拉簧；15—刻度尺；16—指针片；17—指针块；18—中心导杆；19—指针轴；20—导向法兰；21—挂钩压簧；22—压簧；23—尾盖

图 4-1　回弹仪结构示意图

2）操作要点、保养及校验

① 操作说明

a）将弹击杆顶住混凝土的表面，轻压仪器，使按钮松开，放松压力时弹击杆伸出，挂钩挂上弹击锤。

b）使仪器的轴线始终垂直于混凝土的表面并缓慢均匀施压，待弹击锤脱钩冲击弹击杆后，弹击锤回弹带动指针向后移动至某一位置时，指针块上的示值刻线在刻度尺上示出一定数值即为回弹值。

c）使仪器机心继续顶住混凝土表面进行读数并记录回弹值。如条件不利于读数，可按下按钮，锁住机心，将仪器移至别处读数。

d）逐渐对仪器减压，使弹击杆自仪器内伸出，待下一次使用。

② 保养要求

回弹仪有下列情况之一时应进行常规保养：

a）弹击超过 2 000 次。

b）对检测值有怀疑时。

c）率定值不合格时。

常规保养方法应符合下列要求：

——使弹击锤脱钩后取出机心，然后卸下弹击杆（取出里面的缓冲压簧）和三联件（弹击锤、弹击拉簧和拉簧座）。

——用汽油清洗机心各零部件，特别是中心导杆、弹击锤和弹击杆的内孔与冲击面。清洗后在中心导杆上薄薄地涂上一层钟表油，其他零部件均不得涂油。

——清理机壳内壁，卸下刻度尺，检查指针摩擦力应为 0.5 N～0.8 N。

——不得旋转尾盖上已定位紧固的调零螺钉。

——不得自制或更换零部件。

——保养后应按要求进行率定试验，率定值应为 80±2。

③ 校验检定

回弹仪有下列情况之一时，应送法定部门检定，检定合格的回弹仪应具有检定证书：

a）新回弹仪启用前。

b）超过检定有效期限（有效期为半年）。

c）累计弹击次数超过 6 000 次。

d）经常规保养后钢砧率定值不合格。

e）遭受严重撞击或其他损害。

3）检测及数据整理

① 检测要求

检测时混凝土构件的测区，应符合下列要求：

——每一结构或构件测区数不应少于 10 个，对某一方向尺寸小于 4.5 m 且另一方向尺寸小于 0.3 m 的构件，其测区数量可适当减少，但不应少于 5 个。

——相邻两测区的间距应控制在 2 m 以内，测区离构件端部或施工缝边缘的距离不宜大于 0.5 m，且不宜小于 0.2 m。

——测区应选在使回弹仪处于水平方向检测混凝土浇筑的侧面。当不能满足这一要

求时，可使回弹仪处于非水平方向检测混凝土浇筑的侧面、表面或底面。

——测区宜选在构件的两个对称可测面上，也可选在一个可测面上，且应均匀分布。在构件的重要部位及薄弱部位必须布置测区，并应避开预埋件。

——测区的面积不宜大于 0.04 m^2。

——检测面应为混凝土表面，并应清洁、平整，不应有疏松层、浮浆、油垢、涂层以及蜂窝、麻面，必要时可用砂轮清除疏松层和杂物，且不应有残留的粉末或碎屑。

——对弹击时产生颤动的薄壁、小型构件应进行固定。

——结构或构件的测区应标有清晰的编号，必要时应在记录纸上描述测区布置示意图及外观质量情况。

——当检测条件与测强曲线的适用条件有较大差异时，可采用同条件试件或钻取混凝土芯样进行修正，试件或钻取芯样数量不应少于 6 个。钻取芯样时每个部位应钻取一个芯样。计算时，测区混凝土强度换算值应乘以修正系数。

修正系数应按下列公式计算：

$$\eta = \frac{1}{n}\sum_{i=1}^{n} f_{\mathrm{cu},i}/f_{\mathrm{cu},i}^{\mathrm{C}} \tag{4-1}$$

或

$$\eta = \frac{1}{n}\sum_{i=1}^{n} f_{\mathrm{cor},i}/f_{\mathrm{cu},i}^{\mathrm{C}} \tag{4-2}$$

式中：η——修正系数，精确到 0.01；

$f_{\mathrm{cu},i}$——第 i 个混凝土立方体试件（边长为 150 mm）的抗压强度值，精确到 0.1 MPa；

$f_{\mathrm{cor},i}$——第 i 个混凝土芯样试件的抗压强度值，精确到 0.1 MPa；

$f_{\mathrm{cu},i}^{\mathrm{C}}$——对应于第 i 个试件或芯样部位回弹值和碳化深度值的混凝土强度换算值可按 JGJ/T 23—2001《回弹法检测混凝土抗压强度技术规程》附录 A 采用；

n——试件数。

② 检测步骤

检测时，回弹仪的轴线应始终垂直于结构或构件的混凝土测试面，缓慢施压，准确读数，快速复位。

测点宜在测区范围内均匀分布，相邻两测点的间距一般不小于 20 mm，测点距构件边缘或外露钢筋、铁件的距离一般不小于 30 mm，测点不应弹击在气孔和外露石子上，同一测点只允许弹击一次，每一测区应记取 16 个回弹值；每一测点的回弹值测读至 1 个分度数。

回弹值测量完毕后，可选择不少于构件的 30%测区数在有代表性的位置上测量碳化深度值。取其平均值为该构件每测区的碳化深度值，当已碳化深度值极差大于 2.0 mm 时，应在每一测区测量碳化深度值。

测量碳化深度值时，可用合适的工具在测区表面形成直径约为 15 mm 的孔洞，其深度略大于混凝土的碳化深度，然后除去孔洞中的粉末和碎屑，不得用水擦洗。并立即用含量为 1%酚酞酒精溶液洒在孔洞内壁的边缘处，当已碳化与未碳化界线清楚时，再用碳化深度测量仪测量已碳化与未碳化混凝土交界面到混凝土表面的垂直距离多次，该距离即为混凝土的碳化深度值，每次测读至 0.5 mm。

③ 数据整理

当计算测区平均回弹值时，应从该区的 16 个回弹值中剔除 3 个最大值和 3 个最小值，然后将余下的 10 个回弹值按公式（4-3）计算：

$$R_{\mathrm{m}} = \frac{\sum_{i=1}^{n} R_i}{10} \tag{4-3}$$

式中：R_{m}——测区平均回弹值，精确至 0.1 mm；

R_i——第 i 个测点的回弹值。

当回弹仪非水平方向的检测混凝土浇筑侧面时，应按公式（4-4）修正：

$$R_{\mathrm{m}} = R_{\mathrm{m}\alpha} + R_{\mathrm{a}\alpha} \tag{4-4}$$

式中：$R_{\mathrm{a}\alpha}$——非水平方向检测时测区的平均回弹值，精确至 0.1 mm；

$R_{\mathrm{m}\alpha}$——非水平方向检测时回弹值的修正值，精确至 0.1 mm。

当回弹仪水平方向检测混凝土浇筑表面或底面时，应按公式（4-5）和公式（4-6）修正：

$$R_{\mathrm{m}} = R_{\mathrm{m}}^{\mathrm{t}} + R_{\mathrm{a}}^{\mathrm{t}} \tag{4-5}$$

$$R_{\mathrm{m}} = R_{\mathrm{m}}^{\mathrm{b}} + R_{\mathrm{a}}^{\mathrm{b}} \tag{4-6}$$

式中：$R_{\mathrm{m}}^{\mathrm{t}}$，$R_{\mathrm{m}}^{\mathrm{b}}$——水平方向检测混凝土浇筑表面、底面时的测区平均回弹值，精确至 0.1 mm。

④ 混凝土的强度计算

a）检测结构或构件混凝土强度可采用下列方法，其适用范围及构件数量规定如下：

——单个检测：适用于单独的结构或构件的检测，检测数量应根据混凝土质量的实际情况而定。

——批量检测：适用于在相同的生产工艺条件下，混凝土强度等级相同，原材料、配合比、成型工艺、养护条件基本一致且龄期相近，可作为同批构件的检测，抽检构件数量不得少于同批构件总数的 30%且构件数量不得少于 10 件。

b）结构或构件的第 1 个测区混凝土强度换算值，当其符合 JGJ/T 23—2001《回弹法检测混凝土抗压强度技术规程》附录 A 适用条件时，可按所求得的平均回弹值 R_{m} 及平均碳化深度值 d_{m}，由 JGJ/T 23—2001《回弹法检测混凝土抗压强度技术规程》附录 A 查得。有地区或专用检测强度曲线时，混凝土强度换算值应按地区或专用检测强度曲线换算得出。

c）由各测区的混凝土强度换算值可计算得出结构或构件混凝土强度平均值：当测区数等于或大于 10 时，还应计算标准差。平均值及标准差应按公式（4-7）和公式（4-8）计算：

$$mf_{\mathrm{cu}}^{\mathrm{C}} = \frac{\sum_{i=1}^{n} f_{\mathrm{cu},i}^{\mathrm{C}}}{n} \tag{4-7}$$

$$Sf_{\mathrm{cu}}^{\mathrm{C}} = \sqrt{\frac{\sum_{i=1}^{n} (f_{\mathrm{cu},i}^{\mathrm{C}})^2 - n(mf_{\mathrm{cu}}^{\mathrm{C}})^2}{n-1}} \tag{4-8}$$

式中：$mf_{\mathrm{cu}}^{\mathrm{C}}$——构件混凝土强度平均值，精确至 0.1 MPa；

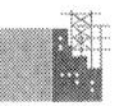

n——对于单个检测的构件，取一个构件的测区数，对于批量检测的构件，取被抽取构件测区数之和；

Sf_{cu}^{C}——构件混凝土强度标准差，精确至 0.01 MPa。

（2）高强混凝土回弹法检测强度

关于高强混凝土，JGJ 55—2000《普通混凝土配合比设计规程》中第 2.1.8 指出，在 CEB-FIP 模式规范中明确定义高强混凝土为具有特征强度高于 50 MPa 的混凝土。这个定义用的标准试件为 ϕ150 mm×300 mm 圆柱体，如果换算成以边长 150 mm 的立方体试件为基准，它相当于特征强度高于 60 MPa 的混凝土，本规程将 C60 及以上强度等级的混凝土定义为高强混凝土。检测现场的构件混凝土强度虽然不能归为某一强度等级，但从上述条文说明中，可以将抗压强度为 60 MPa 及以上强度混凝土视为高强混凝土。

由于回弹法是通过回弹仪检测混凝土表面硬度，从而推算出混凝土强度的，因此不适用于表层与内部质量有明显差异或内部存在缺陷的混凝土构件的检测。当混凝土表面遭受了严重的火灾、冻伤、化学腐蚀或内部有缺陷时，就不能直接采用回弹法进行检测。

在正常情况下，混凝土强度的检验与评定应按现行 GB 50204《混凝土结构工程施工质量验收规范》及 GBJ 107《混凝土强度检验评定标准》执行。

陕西省工程建设标准 DBJ 24—24—03《回弹法检测高强混凝土抗压强度技术规程》已于 2004 年 1 月开始实施，但不允许因为有陕西省规程而不按上述现行国家标准、规范制作规定数量的试件供常规检验之用。但是，当出现标准养护试件或同条件试件数量不足或未按规定制作试件时；当所制作的标准试件或同条件试件与所成型的构件在材料用量、配合比、水灰比等方面有较大差异，已不能代表构件的混凝土质量时；当标准试件或同条件试件的试压结果，不符合标准、规范规定的对构件的强度合格要求，并且对该结果持有怀疑时。总之，当对结构中构件混凝土实际强度有检测要求时，可按陕西省规程进行检测，检测结果可作为处理混凝土质量的一个主要依据。

1）高强回弹仪技术要求。大能量回弹仪的研制是解决检测高强混凝土的前提。研制大能量回弹仪既要考虑其能量能否满足检测精度的要求，又要考虑现场是否适用。若能量太小则不能反映高强混凝土的差别，若能量太大则现场操作困难，失去了回弹仪的体积小、重量轻、方便灵活的特点。在研制高强回弹仪时，先后研制了能量分别为 4.5 J、5.5 J，弹击杆前端球面半径分别为 25 mm、6.5 mm、18 mm，弹击锤冲击长度分别为 75 mm、100 mm 等各种组合状态下的大能量回弹仪，经过各种不同硬度的匀质砂浆试块、混凝土试件等大量对比试验，最终选取了能量为 5.5 J、弹击锤冲击长度为 100 mm、弹击杆前端球面半径为 18 mm 的回弹仪。

回弹仪必须为标准状态方可使用，检定及调整回弹仪的标准状态需由检定单位按照检定方法进行。

① 水平弹击时，弹击锤脱钩的瞬间，回弹仪的标准能量 E 即弹击拉簧恢复原始状态所作的功为

$$E=\frac{1}{2}KL^2=\frac{1}{2}\times 1\ 100\times 0.1^2\ \mathrm{J}=5.5\ \mathrm{J}$$

式中：K——弹击拉簧的刚度（N/m）；

L——弹击拉簧工作时拉伸长度（m）；

J——能量（N·M）。

② 弹击锤与弹击杆碰撞瞬间，弹击拉簧应处于自由状态。此时弹击锤起跳点应相应于刻度尺上的“0”处。要满足这两个要求，必须使弹击拉簧的工作长度为 0.086 m，弹簧的冲击长度为 0.10 m。此时，弹击锤应相应于刻度尺上的“100”处脱钩，也即在“0”处起跳。

③ 检验回弹仪的率定值是否符合 83±2 的作用是：检验回弹仪的标准能量是否为 5.5 J；回弹仪的测试性能是否稳定；机心的滑动部分是否有污垢等。当率定值不到 83±2 范围内时，不允许旋转调零螺钉人为地使其达到 83±2。

当环境温度异常时，会对回弹仪的性能有影响，故规定了其使用时的环境温度为 −4 ℃～+40 ℃。

2）高强回弹仪检验、率定及操作保养。为保证每台新回弹仪均为标准状态，因此新回弹仪在使用前必须检定。

回弹仪送检定单位检定的有限期限为 1 年或累计弹击 5 000 次为限，这样规定比较符合我国情况。其中“5 000 次的规定”，是参照国内试验资料而定的，一般如不超过这一界限，正常质量的弹击拉簧不会产生显著的塑性变形而影响其工作性能。如果回弹仪使用较频繁，尽管未超过 1 年有效期，但若累计弹击超过 5 000 次，也必须检定回弹仪。

回弹仪在工程检测前后，应在钢砧上作率定试验，钢砧应稳固地平放在刚度大的物体上。回弹仪率定实验宜在干燥、室温为 5%～35%的条件下进行。率定时，取连续向下弹击 3 次的稳定回弹平均值，且弹击杆分 4 个方向旋转，每次旋转 90°；每旋转 1 次的率定平均值均应为 83±2。

回弹仪每次使用完毕后，应及时清除表面污垢。不用时，应将弹击杆压入仪器内，必须经弹击后方可按下按钮锁住机心，如果未经弹击而锁住机心，将使弹击拉簧在不工作时仍处于受拉状态，极易因疲劳而损坏。存放时回弹仪应平放在干燥阴凉处，如存放地点潮湿将会使仪器锈蚀。

回弹仪具有下列情况之一时必须进行保养：

① 累计弹击次数超过 1 000 次。

② 对检测值有怀疑时。

③ 在钢砧上的率定值不合格。

进行常规保养时，必须先使弹击锤脱钩后再取出机心，否则会使弹击杆突然伸出造成伤害。取机心时要将指针轴向上轻轻抽出，以免造成指针片折断。此外，各零部件清洗完后，不能在指针轴上抹油，否则，使用中由于指针轴的污垢，将使指针摩擦力变化，直接影响了检测结果。

3）高强回弹仪的检测技术。一般规定：凡使用回弹仪进行工程检测的人员，应通过主管部门认可的专业培训，并持有相应的资格证书。

构件混凝土强度检测宜具有下列资料：

——工程名称及设计、施工、监理、监督和建设单位名称。

——构件名称、外形尺寸、数量及混凝土强度等级。

——水泥品种、强度等级、安定性试验、厂名；砂、石种类、粒径；外加剂及掺合料品种、掺量；混凝土配合比等。

——施工时材料计量情况、模板、浇筑、养护情况及成型日期等。

——必要的设计图纸和施工记录。

——检测原因。

构件混凝土强度可采用单个检测或批量检测两种方式。当按批量检测时，符合下列条件的构件才可作为同批构件：

——混凝土强度等级相同。

——混凝土原材料、配合比、成型工艺、养护条件及龄期基本相同。

——构件种类相同。

按批量检测的构件，抽检数量不得少于同批构件总数的30%且构件数量不得少于10件。抽检构件时，应随机抽取并使所选构件具有代表性。

测区的数量及布置应符合下列规定：

——每一构件的测区数不应少于10个。

——相邻两测区的间距应控制在2 m以内，测区离构件端部或施工缝的距离不宜大于0.5 m且不宜小于0.2 m，测区的面积不宜小于0.09 m^2。

——测区必须选在使回弹仪处于水平方向检测混凝土浇筑侧面。测区可选在构件的两个对称可测面上，也可选在一个可测面上，且应均匀分布。在构件的重要部位及薄弱部位必须布置测区，且应避开预埋件。

——检测面应为混凝土原浆面，并应清洁、平整，不应有疏松层、浮浆、油垢、涂层以及蜂窝、麻面，必要时可清除疏松层和杂物，且不应有残留的粉末或碎屑。

——对弹击时产生颤动的薄壁、小型构件应进行固定。

——构件的测区应有编号，必要时应描述测区布置示意图及外观质量情况。

4）回弹值测量与计算

回弹测点宜在测区范围内均匀分布，相邻两测点的净距不宜小于20 mm；测点不应在气孔或外露石子上，同一测点只应弹击一次。每一测区应记取16个回弹值，每一测点的回弹值读数估读至1 mm。

计算测区平均回弹值，应从该测区的16个回弹值中剔除3个最大值和3个最小值，余下的10个回弹值应按式（4-3）计算。

5）高强回弹仪的检测强度曲线

符合下列条件的混凝土应参照表4-4的规定进行测区混凝土强度换算：

——混凝土采用的材料，应符合现行国家有关标准。

——掺加泵送剂或高效减水剂及超细掺合料、一级粉煤灰。

——采用普通成型工艺。

——自然养护且混凝土表层为干燥状态。

——龄期为14 d～400 d。

当检测条件与检测强度曲线的适用条件有较大差异时，测区混凝土强度值不得直接按表4-4换算，但可制定专用检测强度曲线或通过钻芯法、同条件试件进行修正，同条件试件或钻取芯样数量不应少于6个。计算时，测区混凝土强度换算值应乘以修正系数。

修正系数应按下列公式计算：

$$\eta = \frac{1}{n}\sum_{i=1}^{n} f_{cu,i}/f_{cu,h,i}^{C} \tag{4-9}$$

$$\eta = \frac{1}{n}\sum_{i=1}^{n} f_{cor,i}/f_{cu,h,i}^{C} \tag{4-10}$$

式中：η——修正系数，精确到 0.01；

$f_{cu,i}$——第 i 个同条件混凝土立方体试件（边长为 150 mm）的抗压强度值，精确到 0.1 MPa；

$f_{cor,i}$——第 i 个混凝土芯样试件的抗压强度值，精确到 0.1 MPa；

$f_{cu,h,i}^{C}$——对应于第 i 个试件或芯样部位回弹值的混凝土强度换算值，可按表 4-4 采用；

n——试件数。

专用检测强度曲线的强度误差值应符合下列规定：

① 平均相对误差（δ）不应大于±8.0%。

② 相对标准差（e_r）不应大于 10.0%。

6）混凝土强度的计算。构件第 i 个测区混凝土强度换算值，可按式（4-3）所求的平均回弹值（R_m）按表 4-4 的规定查表得出。

构件的测区混凝土强度平均值及标准差，可根据各测区的混凝土强度换算值计算。平均值及标准差应按下列公式计算：

$$mf_{cu,h}^{C} = \frac{\sum_{i=1}^{n} f_{cu,h,i}^{C}}{n} \tag{4-11}$$

$$Sf_{cu,h}^{C} = \sqrt{\frac{\sum_{i=1}^{n} (f_{cu,h,i}^{C})^2 - n(mf_{cu,h}^{C})^2}{n-1}} \tag{4-12}$$

式中：$mf_{cu,h}^{C}$——构件测区混凝土强度换算值的平均值（MPa），精确至 0.1 MPa；

n——对于单个检测的构件，取一个构件的测区数；对批量检测的构件，取被抽检构件测区数之和；

$Sf_{cu,h}^{C}$——构件测区混凝土强度换算值的标准差（MPa），精确至 0.01 MPa。

构件的混凝土强度推定值（$f_{cu,h,e}$）应按下列公式确定：

注：（$f_{cu,h,e}$）为构件的混凝土强度推定值是指相应于强度换算值总体分布中保证率不低于 95%的构建中的混凝土强度值。

① 单个构件和按批量检测时，均应按下列公式计算

$$f_{cu,h,e} = mf_{cu,h}^{C} - 1.645Sf_{cu,h}^{C} \tag{4-13}$$

② 当该构件的测区强度值中出现小于 60.1 MPa 时

$$f_{cu,h,e} < 60.1\ \text{MPa} \tag{4-14}$$

③ 当该构件的测区强度值中出现大于 90.0 MPa 时

$$f_{cu,h,e} = f_{cu,h,min} \tag{4-15}$$

式中：$f_{cu,h,min}$——构件中最小的测区混凝土强度换算值。

对按批量检测的构件，当该批构件混凝土强度标准差 $Sf^{C}_{cu,h}>6.0$ MPa 时，则该批构件应全部按单个构件检测。

表 4-4 测区混凝土强度换算值

平均回弹值	测区混凝土强度换算值/MPa	平均回弹值	测区混凝土强度换算值/MPa	平均回弹值	测区混凝土强度换算值/MPa	平均回弹值	测区混凝土强度换算值/MPa
R_m	$f^{C}_{cu,h,i}$	R_m	$f^{C}_{cu,h,i}$	R_m	$f^{C}_{cu,h,i}$	R_m	$f^{C}_{cu,h,i}$
34.9	60.1	37.6	63.7	40.3	67.4	43.0	70.9
35.0	60.2	37.7	63.9	40.4	67.5	43.1	71.1
35.1	60.3	37.8	64.0	40.5	67.6	43.2	71.2
35.2	60.5	37.9	64.1	40.6	67.8	43.3	71.3
35.3	60.6	38.0	64.3	40.7	67.9	43.4	71.4
35.4	60.7	38.1	64.4	40.8	68.0	43.5	71.6
35.5	60.9	38.2	64.5	40.9	68.2	43.6	71.7
35.6	61.0	38.3	64.7	41.0	68.3	43.7	71.9
35.7	61.1	38.4	64.8	41.1	68.4	43.8	72.0
35.8	61.3	38.5	64.9	41.2	68.6	43.9	72.1
35.9	61.4	38.6	65.1	41.3	68.7	44.0	72.2
36.0	61.6	38.7	65.2	41.4	68.8	44.1	72.4
36.1	61.7	38.8	65.3	41.5	69.0	44.2	72.5
36.2	61.8	38.9	65.4	41.6	69.1	44.3	72.6
36.3	62.0	39.0	65.6	41.7	69.2	44.4	72.8
36.4	62.1	39.1	65.8	41.8	69.3	44.5	72.9
36.5	62.2	39.2	65.9	41.9	69.5	44.6	73.0
36.6	62.4	39.3	66.0	42.0	69.6	44.7	73.2
36.7	62.5	39.4	66.2	42.1	69.7	44.8	73.3
36.8	62.6	39.5	66.3	42.2	69.9	44.9	73.4
36.9	62.8	39.6	66.4	42.3	70.0	45.0	73.6
37.0	62.9	39.7	66.6	42.4	70.1	45.1	73.7
37.1	63.0	39.8	66.7	42.5	70.3	45.2	73.8
37.2	63.2	39.9	66.8	42.6	70.4	45.3	73.9
37.3	63.3	40.0	67.0	42.7	70.5	45.4	74.1
37.4	63.4	40.1	67.1	42.8	70.7	45.5	74.2
37.5	63.6	40.2	67.2	42.9	70.8	45.6	74.3

续表 4-4

平均回弹值	测区混凝土强度换算值/MPa	平均回弹值	测区混凝土强度换算值/MPa	平均回弹值	测区混凝土强度换算值/MPa	平均回弹值	测区混凝土强度换算值/MPa
R_m	$f^C_{cu,h,i}$	R_m	$f^C_{cu,h,i}$	R_m	$f^C_{cu,h,i}$	R_m	$f^C_{cu,h,i}$
45.7	74.5	48.8	78.5	51.9	82.4	55.0	86.3
45.8	74.6	48.9	78.6	52.0	82.5	55.1	86.4
45.9	74.7	49.0	78.7	52.1	82.7	55.2	86.6
46.0	74.9	49.1	78.9	52.2	82.8	55.3	86.7
46.1	75.0	49.2	79.0	52.3	82.9	55.4	86.8
46.2	75.1	49.3	79.1	52.4	83.0	55.5	86.9
46.3	75.2	49.4	79.2	52.5	83.2	55.6	87.1
46.4	75.4	49.5	79.4	52.6	83.3	55.7	87.2
46.5	75.5	49.6	79.5	52.7	83.4	55.8	87.3
46.6	75.6	49.7	79.6	52.8	83.6	55.9	87.4
46.7	75.8	49.8	79.7	52.9	83.7	56.0	87.6
46.8	75.9	49.9	79.9	53.0	83.8	56.1	87.7
46.9	76.0	50.0	80.0	53.1	83.9	56.2	87.8
47.0	76.1	50.1	80.1	53.2	84.1	56.3	87.9
47.1	76.3	50.2	80.2	53.3	84.2	56.4	88.1
47.2	76.4	50.3	80.4	53.4	84.3	56.5	88.2
47.3	76.5	50.4	80.5	53.5	84.4	56.6	88.3
47.4	76.7	50.5	80.6	53.6	84.6	56.7	88.4
47.5	76.8	50.6	80.8	53.7	84.7	56.8	88.6
47.6	76.9	50.7	80.9	53.8	84.8	56.9	88.7
47.7	77.0	50.8	81.0	53.9	84.9	57.0	88.8
47.8	77.2	50.9	81.1	54.0	85.1	57.1	88.9
47.9	77.3	51.0	81.3	54.1	85.2	57.2	89.1
48.0	77.4	51.1	81.4	54.2	85.3	57.3	89.2
48.1	77.6	51.2	81.5	54.3	85.4	57.4	89.3
48.2	77.7	51.3	81.6	54.4	85.6	57.5	89.4
48.3	77.8	51.4	81.8	54.5	85.7	57.6	89.6
48.4	78.0	51.5	81.9	54.6	85.8	57.7	89.7
48.5	78.1	51.6	82.0	54.7	85.9	57.8	89.8
48.6	78.2	51.7	82.2	54.8	86.1	57.9	90.0
48.7	78.3	51.8	82.3	54.9	86.2		

注：高强回弹的检测强度换算不考虑混凝土碳化深度。

(3) 结构混凝土取芯法检测强度

非破损法或微破损法检测混凝土的强度，都是检测与混凝土强度有关的物理量，以测得的物理量推算混凝土强度。混凝土是一种非均质性材料，它受到原材料、配合比、工艺条件、养护条件和龄期等多种因素的影响，测得的物理量经过多次修正，推算混凝土的强度总不免带进误差。

取芯法检测强度是在结构构件上直接钻取混凝土试样进行压力试验，测得的强度值能真实地反映结构混凝土的质量。一些从事混凝土检测工作的专家认为，混凝土强度的非破损检测一定要以取芯检测强度为基础，用非破损检测法比照检测其他构件，测试和推算的结果才有可靠性。

采用这种检测方法除了可以直接检验混凝土的抗压强度外，还可以在芯样试体上发现混凝土施工时造成的缺陷。

1) 取混凝土芯样。取芯之前应该充分考虑到由于取芯可能导致对结构带来的影响，使取得的试样既有质量代表性，又保证被取芯结构仍有足够的安全度。

混凝土强度过低，取芯时容易损坏芯样。为防止砂浆与石子之间粘结力损伤而使试验结果不正确，规定被取芯结构的混凝土强度不宜低于 10 MPa。

钻机大致有两种类型。一类是顶杆支撑固定形式的钻机，它的底盘大，用压重或顶杆固定钻机。钻取方向可作 360°转动，这种设备较笨重，垂直运输不方便。另一类是轻便型钻机，重量轻，用胀锚螺栓或真空吸盘固定钻机。

钻头的直径从 14 mm～200 mm，各种规格均有。制作钻头的材料有天然金刚石、人造金刚石和硬质合金，以天然金刚石制成的钻头质量最好。

钻机在现场定位后，钻头垂直结构混凝土的表面。牢固固定钻机后拨动变速钮，调到所需要的转速。通水检查冷却水流是否有阻。对三相电动机，要通电检查钻头旋转方向与所标方向是否一致。接上钻头，通水通电，使钻头缓慢地接触混凝土表面，待钻头入槽稳定后方可加压进钻。冷却水量的大小与进钻的速度和钻头直径大小有关，流出水温不宜超过 30 ℃，水流量达到料屑能快速排除又不致使水四处飞溅即可。钻头钻至所需深度后，慢慢退出钻头，待钻头离开混凝土表面后再停机停水。取出芯样，进行编号，并记录被取芯的构件名称、钻取位置和方向。

2) 芯样试件的技术要求。芯样的大小取决于混凝土中粗集料最大粒径的大小，最大粒径小于或等于 4 cm，芯样直径为 10 cm；最大粒径小于或等于 6 cm，芯样直径应为 15 cm。

芯样的高度应为直径的 0.95 倍～2.0 倍，一般采用 1.0 倍。

芯样两端锯切后，端面要处理平整。其不平度应控制在每 100 mm 长度内不大于 0.05 mm。要达到规定的平整度，可把试件放在磨平机上用金刚砂轮磨平，也可以用水泥净浆将试件端面抹平，但抹面层厚度要薄，控制在 1 mm～3 mm 范围内。在芯样破型时，抹面层的强度应稍高于芯样本身的强度，且要保证抹面层与芯样端面之间有良好的粘结。

芯样端面与轴线之间的垂直度偏差过大，会削弱芯样试体的强度。国外许多国家对这种偏差度的规定并不一致。按照我国目前的设备和工艺条件，对端面垂直轴线的芯样强度和两个端面与轴线间垂直度总偏差在 20 左右的芯样强度进行比较。试验结果表明，两组各 10 个芯样的平均强度分别为 37.4 MPa 和 37.3 MPa，强度均方差也基本相同。故只要芯样端面和轴线间垂直度偏差控制在2°以内，采用备有球座的压力试验机破型，就能获得可靠的抗压强度值。

试件受压时，由于潮湿会产生强度损失。这是由于水在水泥石中受荷载作用不能被压缩向横向膨胀，试件侧向增加拉应力；还由于混凝土内的水分减弱了颗粒之间的摩阻力等多种原因造成的，这种现象称为软化作用。强度减弱的数值与混凝土的密实性和吸水性有关。鉴于混凝土构件在使用时难免会发生遇水软化的实际情况，并与国外绝大部分国家的检验标准相一致，芯样在试压前，应在清水中浸泡两昼夜。

3）强度计算方法。芯样抗压值随其高度的增加而降低，降低的程度还与混凝土强度等级的高低有关。试件抗压强度值还随其尺寸的增大而减小，这称为尺寸效应。综合这些因素，芯样强度按式（4-16）换算成15 cm×15 cm×15 cm立方体强度值。

$$f_{cu}^{C}=\frac{4F}{\pi d^{2}K} \tag{4-16}$$

式中：f_{cu}^{C}——15 cm×15 em×15 cm立方体强度（MPa）；

F——芯样破坏时的最大荷载（kN）；

d——芯样的直径（mm）；

K——换算系数。芯样尺寸为ϕ15×15 cm试样时，K=0.95；芯样直径为10 cm时，K根据高度和直径之比（高径比）和混凝土强度等级按表4-5采用。

表4-5　换算系数表

高径比 h/d	混凝土强度等级/MPa		
	$35<f^{C}\leqslant45$	$25<f^{C}\leqslant35$	$15<f^{C}\leqslant25$
1.00	1.00	1.00	1.00
1.25	0.98	0.94	0.90
1.50	0.96	0.91	0.86
1.75	0.94	0.89	0.84
2.00	0.920	0.87	0.82

注：h/d为表中数值之间时，可用内插法计算。

4. 混凝土中钢筋锈蚀状况的检测

混凝土中钢筋锈蚀会减小钢筋的截面，降低钢筋和混凝土之间的粘结力，因此减弱整个构件的承载能力。在结构加固前对旧建筑物而言，检验混凝土工程中钢筋锈蚀程度是鉴定工程质量的一项主要的检测项目。

混凝土中钢筋锈蚀的速度与程度取决于构件混凝土的密实度、构件表面有无裂缝、混凝土的碳化深度、外界腐蚀介质的浓度以及原先浇筑混凝土时是否掺入对钢筋有害的外加剂等多种因素。

检测混凝土中钢筋锈蚀程度的方法通常采用直接观测法或电位测量法，由于电测法有一定误差，所以经常采用直接观测法和自然电位法两种。

直接观测法是在构件表面凿去局部保护层，暴露钢筋，直接观察锈蚀程度。锈蚀严

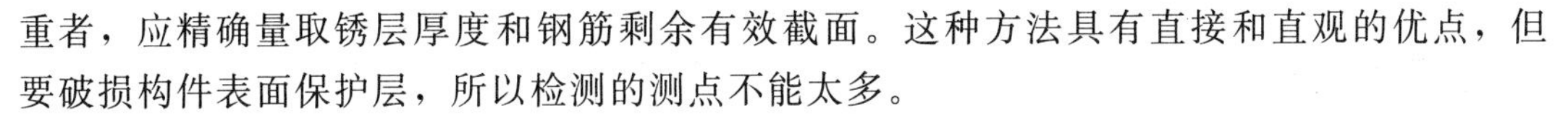

重者，应精确量取锈层厚度和钢筋剩余有效截面。这种方法具有直接和直观的优点，但要破损构件表面保护层，所以检测的测点不能太多。

按现行 GB/T 50344—2004《建筑结构检测技术标准》中规定的混凝土中钢筋锈蚀状况的检测按以下几项进行：

(1) 钢筋锈蚀状况的检测可根据测试条件和测试要求选择剔凿检测方法、电化学测定方法或综合分析判定方法。

(2) 钢筋锈蚀状况的剔凿检测方法，剔凿出钢筋，直接测定钢筋的剩余直径。

(3) 钢筋锈蚀状况的电化学测定方法和综合分析判定方法，宜配合剔凿检测方法的验证。

(4) 钢筋锈蚀状况的电化学测定，可采用极化电极原理的检测方法，测定钢筋锈蚀电流和混凝土的电阻率。也可采用半电池原理的检测方法，测定钢筋的电位。

(5) 电化学测定方法的测区及测点布置应符合下列要求：

① 应根据构件的环境差异及外观检查的结果来确定测区，测区应能代表不同环境条件和不同的锈蚀外观表征，每种条件的测区数量不宜少于 3 个。

② 在测区上布置测试网格，网格节点为测点，网格间距可为 200 mm×200 mm、300 mm×300 mm 或 200 mm×100 mm 等，根据构件尺寸和仪器功能而定。测区中的测点数不宜少于 20 个。测点与构件边缘的距离应大于 50 mm。

③ 测区应统一编号，注明位置，并描述其外观情况。

(6) 电化学检测操作应遵守所使用检测仪器的操作规定，并应注意：

① 电极铜棒应清洁、无明显缺陷。

② 混凝土表面应清洁，无涂料、浮浆、污物或尘土等，测点处混凝土应湿润。

③ 保证仪器连接点钢筋与测点钢筋连通。

④ 测点读数应稳定，电位读数变动不超过 2 mV；同一测点同一参考电极重复读数差异不得超过 10 mV，同一测点不同参考电极重复读数差异不得超过 20 mV。

⑤ 应避免各种电磁场的干扰。

⑥ 应注意环境温度对测试结果的影响，必要时应进行修正。

(7) 电化学测试结果的表达应符合下列要求：

① 按一定的比例绘出测区平面图，标出相应测点位置的钢筋锈蚀电位，得到数据阵列。

② 绘出电位等值线图；通过数值相等各点或内插各等值点绘出等值线，等值线差值宜为 100 mV。

(8) 电化学测试结果的判定可参考下列建议：

① 钢筋电位与钢筋锈蚀状况的判别见表 4-6。

表 4-6　钢筋电位与翻筋锈蚀状况判别

序号	钢筋电位状况/mV	钢筋锈蚀状况的判别
1	−350～−500	钢筋发生锈蚀的概率为 95%
2	−200～−350	钢筋发生锈蚀的概率为 50%，可能存在坑蚀现象
3	≥−200	无锈蚀活动性或锈蚀活动不确定，锈蚀概率为 5%

② 钢筋锈蚀电流与钢筋锈蚀速率及构件损伤年限的判别见表 4-7。

表 4-7 钢筋锈蚀电流与钢筋锈蚀速率和构件损伤年限判别

序号	锈蚀电流 I_{con}（$\mu A/cm^2$）	锈蚀速率	保护层出现损伤年限
1	<0.2	钝化状态	—
2	0.2～0.5	低锈蚀速率	>15a
3	0.5～1.0	中等锈蚀速率	10a～15a
4	1.0～10	高锈蚀速率	2a～10a
5	>10	极高锈蚀速率	不足 2a

③ 混凝土电阻率与钢筋锈蚀状况的判别见表 4-8。

表 4-8 混凝土电阻率与钢筋锈蚀状况判别

序号	混凝土电阻率/（kfl・em)	钢筋锈蚀状态的判别
1	>100	钢筋不会锈蚀
2	50～100	低锈蚀速率
3	10～50	钢筋活化时，可出现中高锈蚀速率
4	<10	电阻率不是锈蚀的控制因素

（9）综合分析判定方法，检测的参数可包括裂缝宽度、混凝土保护层厚度、混凝土强度、混凝土碳化深度、混凝土中有害物质含量以及混凝土含水率等，根据综合情况判定钢筋的锈蚀状况。

五、砖石砌体结构检测

砖石砌体结构在工业与民用建筑中都占有相当大的数量，有些工程由于使用了强度不足的砖石材料，有些砌筑砂浆或填筑时灰缝不饱满，致使砌体强度达不到设计需要的安全度。

有的建成多年的砖砌体工程，由于气温变化和雨水冻融作用或墙面表层剥落，也会减弱砌体承载能力。有些建筑物特别是石油化工系统的厂房，长期受车间中排出的有害气体和腐蚀液体的侵蚀，使砌体受损。很多工业厂房，随着生产规模的不断发展，工艺流程的改变，增加了砖砌体的荷载，致使厂房出现明显的因增大荷载而破坏的迹象。有的遇上突然出现的自然灾害，如火灾、地震、水灾等，更会使砖砌体结构破损。

对已发现有损坏迹象的工业厂房和对结构安全度有怀疑的建筑物在移位前应进行检验、鉴定。按鉴定结果进行补强加固，以确保建构筑物移位时、设备和人身的安全。

总之，我国城镇数十亿平方米的公共建筑、工业厂房和住宅，由于种种原因，有的进入中、老年期，有的本身先天不足，有的后天管理不善或遭受灾害损坏，有的为适应新的使用要求，需进行改造等，使其中近一半的建筑物需要分期分批进行可靠性鉴定和维修，其中约 20%急待鉴定和加固。对结构技术状况的调查和检测是进行可靠性鉴定的基础，其中砌体工程的现场检测又是最重要的部分。我国从 20 世纪 60 年代开始不断地进行广泛研究，积累了丰硕的成果，为了筛选出其中技术先进、数据可靠、经济合理的检测方法来满足量大面广的建筑物鉴定加固的需要，国家计委和建设部于 2000 年颁布了

GB/T 50315—2000《砌体工程现场检测技术标准》。

对砖石砌体结构，主要检验砌体灰缝砂浆的饱满度，砌体墙、砌体柱的截面尺寸、垂直度和表面裂缝，砖石砌体表面腐蚀层深度，砌体中灰缝砂浆和砖块的抗压强度等。

1. 砖石砌体灰缝砂浆饱满度检验

砖石砌体中的砌筑砂浆必须填实饱满，实心砖石砌体水平灰缝的砂浆饱满度应不小于80%。检验的数量和方法为：每步架抽查不少于3处，每处掀开3块砖石，用钢尺或百格网量度砖石底面与砂浆的粘结痕迹面积。取3块砖石的底面灰缝砂浆的饱满度百分率的平均值，为该处的灰缝砂浆饱满度。

2. 砌体截面尺寸和砖柱、砖墙垂直度检测

作结构承载力验算时，需要提供砖砌体截面的真实尺寸。检测砖柱、砖墙的截面尺寸前，应把其表面的抹灰层铲除干净，用钢尺量取。

测量砌体的垂直度，也应清除砌体表面抹灰层，用经纬仪或吊线和钢尺量取砖砌体的垂直度。建筑工程质量检验评定标准规定，多层砖砌体建筑，每层的垂直度允许偏差为5 mm；砖砌体全高小于或等于10 m者，允许偏差为10 mm；砖砌体全高大于10 m者，允许偏差为20 mm。

检查数量，有明显偏斜或截面积缺损的砖柱、砖墙应作重点检测；其余部分为随机抽查。外墙，按楼层每20 m抽查1处，但不少于3处；内墙，按有代表性的自然间抽查10%，但不少于3间，每间不少于2处。砖柱不少于5根。

3. 砌体裂缝检测

砌体上呈现裂缝的原因很多，有沉降裂缝、温度裂缝、荷载裂缝以及自然灾害如火灾、地震引起的裂缝。砌体表面的裂缝应作全面检测。查清裂缝的长度、宽度、方向和数量，分析产生裂缝的原因。

用钢尺量取裂缝长度，记录其数量和走向。以塞尺、卡尺或裂缝宽度比测表量测裂缝的宽度。把检测结果详细地标注在墙体立面图或砖柱展开图上。

4. 砌体腐蚀层深度检测

如前所述，砖砌体长期暴露在大气中，受到气温变化、雨水浸入冻融和空气中有害物质的侵蚀，使墙面缓慢地由表及里地疏松、剥落，减弱了砖墙、砖柱的承载能力。如不及时检验、鉴定和采取加固措施，会危及建筑物的安全。

检测数量和检测方法为：在占建筑物开间30%的墙面上随机抽样检验。也可以按墙面被腐蚀的严重程度，分若干类别，同一类中随机抽样检验。墙面表层已腐蚀的部分比较疏松，容易剥落，只要用小锤轻敲墙面表层，除去腐蚀层，用钢尺直接量取砖的腐蚀层深度。灰缝砂浆的腐蚀层深度检测方法与检测砖的腐蚀层深度方法相同。由于砌筑砂浆的强度低，较难确定正常砂浆与被腐蚀砂浆的分界线。在轻轻铲除表层腐蚀砂浆时，除注意区别被腐蚀砂浆与正常砂浆的硬度外，还应观察二者的颜色变化，以确定灰缝砂浆的腐蚀层深度。如用检查硬度和颜色的方法还难以判断砂浆的腐蚀层深度，还可以在

不同深度处取样作化学分析进行判定。

5. 砌筑砂浆检测

砌筑砂浆的检测可分为砂浆强度及砂浆强度等级、品种、抗冻性和有害元素含量等项目。

砌筑砂浆强度的检测应遵守下列规定：

——砌筑砂浆的强度，宜采用取样的方法检测，如推出法、筒压法、砂浆片剪切法、点荷法等。各种检测方法的实施，可见GB/T 50315—2000《砌体工程现场检测技术标准》，本节摘录见表4-9。

——砌筑砂浆强度的匀质性，可采用非破损的方法检测，如回弹法、射钉法、贯入法、超声法、超声回弹综合法等。当这些方法用于检测既有建筑砌筑砂浆强度时，宜配合有取样的检测方法。

——推出法、筒压法、砂浆片剪切法、点荷法、回弹法和射钉法的检测操作应遵守GB/T 50315—2000《砌体工程现场检测技术标准》的规定；采用其他方法时，应遵守GB/T 50315—2000《砌体工程现场检测技术标准》的原则，检测操作应遵守相应检测方法标准的规定。

当遇到下列情况之一时，采用取样法中的点荷法、剪切法、冲击法检测砌筑砂浆强度时，除提供砌筑砂浆强度必要的测试参数外，还应提供受影响层的深度：

——砌筑砂浆表层受到侵蚀、风化、剔凿、冻害影响的构件。

——遭受火灾影响的构件。

——使用年限较长的结构。

当工程质量评定或鉴定工作有要求时，应核查结构特殊部位砌筑砂浆的品种及其质量指标。

砌筑砂浆的抗冻性能，当具备砂浆立方体试块时，应按JGJ 70—1990《建筑砂浆基本性能试验方法》的规定进行测定，当不具备立方体试块或既有结构需要测定砌筑砂浆的抗冻性能时，可按下列方法进行检测：

——采用取样检测方法。

——将砂浆试件分为两组，一组做抗冻试件，一组做比对试件。

——抗冻组试件按JGJ 70—1990《建筑砂浆基本性能试验方法》的规定进行抗冻试验，测定试验后砂浆的强度。

——比对组试件砂浆强度与抗冻组试件同时测定。

——取两组砂浆试件强度值的比值评定砂浆的抗冻性能。

6. 砌体强度检测

砌体的强度，可采用取样的方法或现场原位的方法检测。

砌体强度的取样检测应遵守下列规定：

① 取样检测不得构成结构或构件的安全问题。

② 试件的尺寸和强度测试方法应符合GBJ 129—1990《砌体基本力学性能试验方法标准》的规定。

③ 取样操作宜采用无振动的切割方法，试件数量应根据检测目的确定。

④ 测试前应对试件局部的损伤予以修复，严重损伤的样品不得作为试件。

⑤ 砌体强度的推定，可按 GB/T 50344—2004《建筑结构检测技术标准》中 3.3.19 确定砌体强度均值的推定区间，或按 3.3.20 确定砌体强度标准值的推定区间；推定区间应符合 3.3.15 和第 3.3.16 条的要求。

⑥ 当砌体强度标准值的推定区间不满足上述第 5 条的要求时，也可按试件测试强度的最小值确定砌体强度的标准值，此时试件的数量不得少于 3 件，也不宜大于 6 件，且不应进行数据的舍弃。

烧结普通砖砌体的抗压强度，可采用扁式液压顶法或原位轴压法检测；烧结普通砖砌体的抗剪强度，可采用双剪法或原位单剪法检测；检测操作应遵守 GB/T 50315—2000《砌体工程现场检测技术标准》的规定，本节摘录见表 4-9。砌体强度的推定，宜按 GB/T 50344—2004《建筑结构检测技术标准》中 3.3.20 确定砌体强度标准值的推定区间，推定区间应符合该标准中 3.3.15 和 3.3.16 的要求；当该要求不能满足时，也可按 GB/T 50315—2000《砌体工程现场检测技术标准》进行评定。

遭受环境侵蚀和火灾等灾害影响时砌体的强度，可根据具体情况分别按GB/T 50344—2004《建筑结构检测技术标准》中 5.4.2 和 5.4.3 规定的方法进行检测，在检测报告中应明确说明试件状态与相应检测标准要求的不符合程度和检测结果的适用范围。

砌体强度检测本节摘录 GB/T 50315—2000《砌体工程现场检测技术标准》，见表 4-9。

表 4-9　检测方法一览表

序号	检测方法	特点	用途	限制条件	备注
1	轴压法	1）属原位检测，直接在墙体上测试，测试结果综合反映了材料质量和施工质量； 2）直观性、可比性强； 3）设备较重； 4）检测部位局部破损	检测普通砖砌体的抗压强度	1）槽间砌体每侧的墙体宽度应不小于 1.5 m； 2）同一墙体上的测点数量不宜多于 1 个；测点数量不宜太多； 3）限用于 240 mm 宽的砖墙	见图 4-2
2	扁顶法	1）属原位检测，直接在墙体上测试，测试结果综合反映了材料质量和施工质量； 2）直观性、可比性较强； 3）扁顶重复使用率较低； 4）砌体强度较高或轴向变形较大时，难以测出抗压强度； 5）设备较轻； 6）检测部位局部破损	1）检测普通砖砌体的抗压强度； 2）测试古建筑和重要建筑的实际应力； 3）测试具体工程的砌体弹性模量	1）槽间砌体每侧的墙体宽度不应小于 1.5 m； 2）同一墙体上的测点数量不宜多于 1 个；测点数量不宜太多	见图 4-3

续表 4-9

序号	检测方法	特点	用途	限制条件	备注
3	原位单剪法	1）属原位检测，直接在墙体上测试，测试结果综合反映了施工质量和砂浆质量； 2）直观性强； 3）检测部位局部破损	检测各种砌体的抗剪强度	1）测点选在窗下墙部位，且承受反作用力的墙体应有足够长度； 2）测点数量不宜太多	见图 4-4
4	原位单砖双剪法	1）属原位检测，直接在墙体上测试，测试结果综合反映了施工质量和砂浆质量； 2）直观性较强； 3）设备较轻便； 4）检测部位局部破损	检测烧结普通砖砌体的抗剪强度，其他墙体应经试验确定有关换算系数	当砂浆强度低于 5 MPa 时，误差较大	见图 4-5
5	推出法	1）属原位检测，直接在墙体上测试，测试结果综合反映了施工质量和砂浆质量； 2）设备较轻便； 3）检测部位局部破损	检测普通砖墙体的砂浆强度	当水平灰缝的砂浆饱满度低于 65%时，不宜选用	见图 4-6
6	筒压法	1）属取样检测； 2）仅需利用一般混凝土试验室的常用设备； 3）取样部位局部损伤	检测烧结普通砖墙体中的砂浆强度	测点数量不宜太多	见图 4-7
7	砂浆片剪切法	1）属取样检测； 2）专用的砂浆测强仪和其标定仪，较为轻便； 3）试验工作较简便； 4）取样部位局部损伤	检测烧结普通砖墙体中的砂浆强度		见图 4-8
8	回弹法	1）属原位无损检测，测区选择不受限制； 2）回弹仪有定型产品，性能较稳定，操作简便； 3）检测部位的装修面层仅局部损伤	1）检测烧结普通砖墙体中的砂浆强度； 2）适宜于砂浆强度均质性普查	砂浆强度不应小于 2 MPa	
9	点荷法	1）属取样检测； 2）试验工作较简便； 3）取样部位局部损伤	检测烧结普通砖墙体中的砂浆强度	砂浆强度不应小于 2 MPa	

续表 4-9

序号	检测方法	特点	用途	限制条件	备注
10	射钉法	1）属原位无损检测，测区选择不受限制； 2）射钉枪、子弹、射钉有配套定型产品，设备较轻便； 3）墙体装修面层仅局部损伤	烧结普通砖和多孔砖砌体中，砂浆强度均质性普查	1）定量推定砂浆强度，宜与其他检测方法配合使用； 2）砂浆强度不应小于 2 MPa； 3）检测前，需要用标准靶检校	

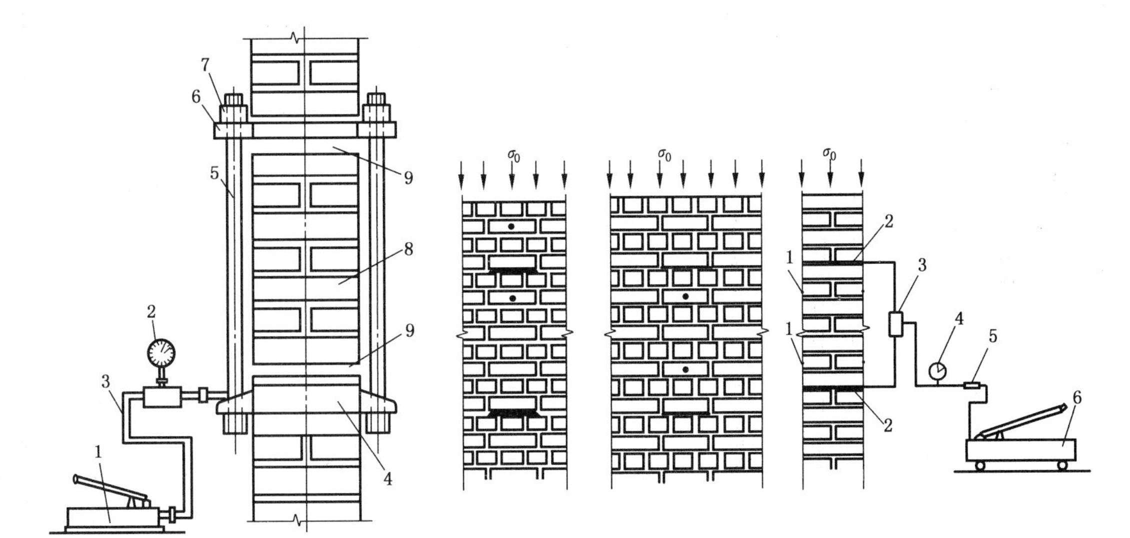

1—手动液压泵；2—压力表；
3—高压油管；4—扁式千斤顶；
5—拉杆（共 4 根）；6—反力板；
7—螺母；8—槽间砌体；9—砂垫层

图 4-2　原位轴压法测试工作状况

a）测试受压工作应力　　　b）测试弹性模量、抗压强度

1—变形测量脚标（两对）；2—扁式液压千斤顶；
3—三通接头；4—压力表；5—溢流阀；6—手动液压泵

图 4-3　扁顶法测试装置与变形测点布置

窗洞宽
现浇混凝土传力件
3ϕ12
100
3皮砖
100
切口
剪切面A_V
被测砌体
30
20
剪切面长度370~490
140
根据设备长度而定
≈450～500
30

a）原位单剪试件大样

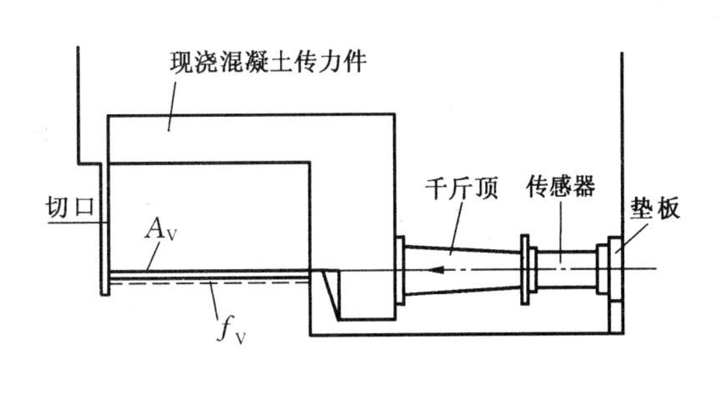

b）原位单剪测试装置

图 4-4

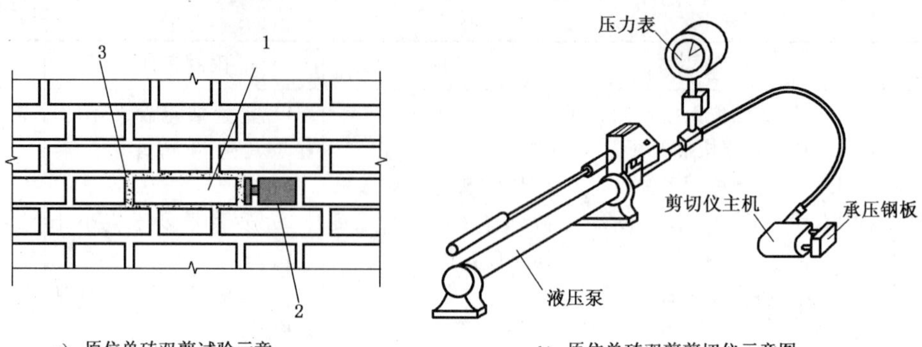

a) 原位单砖双剪试验示意　　b) 原位单砖双剪剪切仪示意图

1—剪切试件；2—剪切仪主机；3—掏空的竖缝

图 4-5

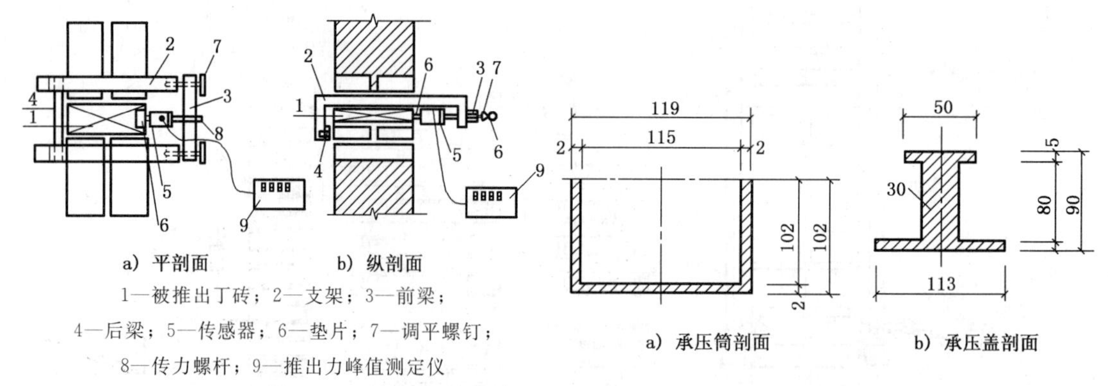

a) 平剖面　　b) 纵剖面

1—被推出丁砖；2—支架；3—前梁；
4—后梁；5—传感器；6—垫片；7—调平螺钉；
8—传力螺杆；9—推出力峰值测定仪

图 4-6　推出仪及测试安装

a) 承压筒剖面　　b) 承压盖剖面

图 4-7　承压筒构造

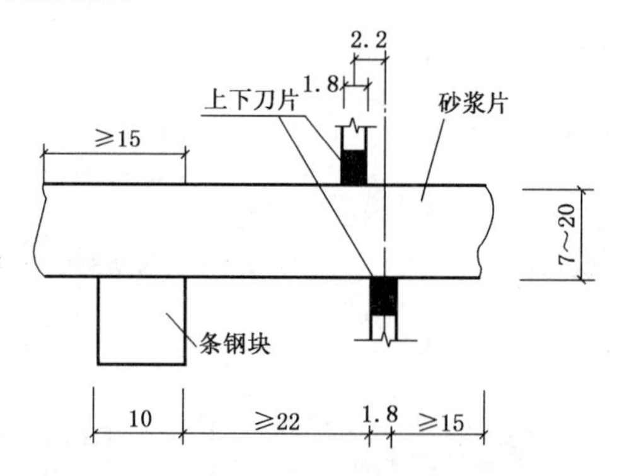

图 4-8　砂浆片剪切法测强仪工作原理

7. 砌体变形与损伤

裂缝是砌体结构最常见的损伤，是鉴定工作重要的依据。裂缝可反映出砌筑方法、留槎、洞口处理、预制构件的安装等的质量，也可反映基础不均匀沉降、屋面保温层的质量问题以及灾害程度和范围。裂缝的位置、长度、宽度、深度和数量是判定裂缝产生原因的重要依据。在裂缝处剔凿抹灰检查，可排除一些影响因素。裂缝处于发展期则结构的安全性处于不确定期，确定发展速度和新产生裂缝的部位，对于鉴定裂缝产生的原因，采取处理措施是非常重要的。

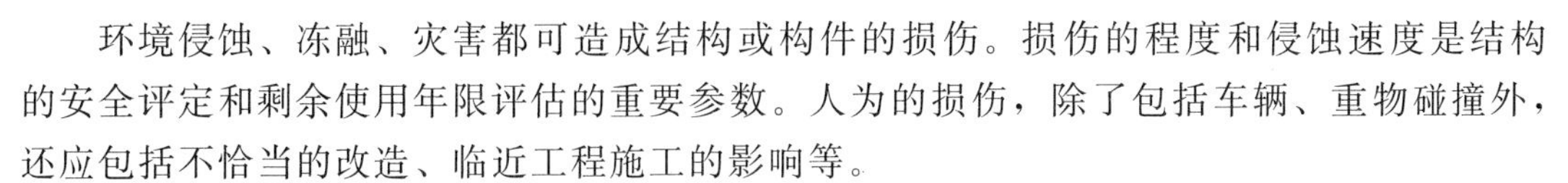

环境侵蚀、冻融、灾害都可造成结构或构件的损伤。损伤的程度和侵蚀速度是结构的安全评定和剩余使用年限评估的重要参数。人为的损伤，除了包括车辆、重物碰撞外，还应包括不恰当的改造、临近工程施工的影响等。

砌钵结构裂缝的检测应遵守下列规定：

——对于结构或构件上的裂缝，应测定裂缝的位置、裂缝长度、裂缝宽度和裂缝的数量。

——必要时应剔除构件的抹灰，以确定砌筑方法、留槎、洞口、线管及预制构件对裂缝的影响。

——对于仍在发展的裂缝应进行定期的观测，提供裂缝发展速度的数据。

砌筑构件或砌体结构的倾斜，可采用经纬仪、激光定位仪、三轴定位仪或吊锤的方法检测，宜区分倾斜中砌筑偏差造成的倾斜、变形造成的倾斜、灾害造成的倾斜等。

基础的不均匀沉降，可用水准仪检测，当需要确定基础沉降发展的情况时，应在砌体结构上布置测点进行观测，观测操作应遵守JGJ/T 8—1997《建筑变形测量规程》的规定。砖砌体结构的基础累计沉降差可参照首层的基准线推算。

对砌体结构受到的损伤进行检测时，应确定损伤对砌体结构安全性的影响。对于不同原因造成的损伤可按下列规定进行检测：

——对于环境侵蚀，应确定侵蚀源、侵蚀程度和侵蚀速度。

——对于冻融损伤，应测定冻融损伤深度、面积，检测部位宜为檐口、房屋的勒脚、散水附近和出现渗漏的部位。

——对于火灾等造成的损伤，应确定灾害影响区域和受灾害影响的构件，确定影响程度。

——对于人为造成的损伤，应确定损伤程度。

砌体结构在移位施工前都要认真检查和检测。

六、钢结构加固检测

钢结构加固工程的施工质量是指在钢结构加固工程的整个施工过程中，反映各个工序满足标准规定的要求，包括其可靠性（安全、适用、耐久）、使用功能以及其在理化性能等方面所有明显和隐含能力的特性总和。对钢结构移位加固工程施工质量必须按照现行国家标准GB 50205—2001《钢结构工程施工质量验收规范》和GB 50300—2001《建筑工程施工质量验收统一标准》进行验收。

GB 50205—2001《钢结构工程施工质量验收规范》是在原GB 50205—1995《钢结构工程施工质量验收规范》和GB 50221—1995《钢结构工程质量检验评定标准》的基础上，按照"验评分离，强化验收，完善手段，过程控制"的指导思想，分离出施工工艺和评优标准的内容，重新建立的一个技术标准体系，新的验收规范做到了与GB 50300—2001《建筑工程施工质量验收统一标准》、GB 50017—2003《钢结构设计规范》和其他专业施工质量验收规范的协调一致。

钢结构的检测可分为钢结构材料性能、连接、构件的尺寸与偏差、变形与损伤、构造等项工作，必要时，可进行结构或构件性能的实荷检验或结构的动力测试。

1. 材料的检测

根据 GB/T 50344—2004《建筑结构检测技术标准》有关规定，对结构构件钢材的力学性能检验可分为屈服点、抗拉强度、伸长率、冷弯和冲击功等项目。

当工程尚有与结构同批的钢材时，可以将其加工成试件，进行钢材力学性能检验；当工程没有与结构同批的钢材时，可在构件上截取试样，但应确保结构构件的安全。钢材力学性能检验试件的取样数量、取样方法、试验方法和评定标准应符合表 4-10 中的规定。

当被检验钢材的屈服点或抗拉强度不满足要求时，应补充取样进行拉伸试验。补充试验应将同类构件同一规格的钢材划为一批，每批抽样 3 个。

表 4-10 材料力学性能检验项目和方法

检验项目	取样数量/（个/批）	取样方法	评定标准
屈服点、抗拉强度、伸长率	1	GB/T 228.1《金属材料 拉伸试验 第 1 部分：室温试验方法》	GB/T 700《碳素结构钢》、GB/T 1591《低合金高强度结构钢》和其他钢材产品标准
冷弯	1	GB/T 232《金属材料 弯曲试验方法》	
冲击功	3	GB/T 229《金属材料 夏比摆锤冲击试验方法》	

钢材化学成分的分析，可根据需要进行全成分分析或主要成分分析。钢材化学成分的分析每批钢材可取 1 个试样，取样和试验应分别按 GB/T 222《钢的化学分析用试样取样法及成品化学成分允许偏差》和 GB/T 223《钢铁及合金化学分析方法》执行，并应按相应产品标准进行评定。

既有钢结构钢材的抗拉强度，可采用表面硬度的方法检测，检测操作可按GB/T 50344—2004《建筑结构检测技术标准》附录 G 的规定进行。应用表面硬度法检测钢结构钢材抗拉强度时，应有取样检验钢材抗拉强度的验证。

锈蚀钢材或受到火灾等会影响钢材的力学性能，可采用取样的方法检测；对试样的测试操作和评定，可按相应钢材产品标准的规定进行，在检测报告中应明确说明检测结果的适用范围。

2. 连接件加固检测

钢结构的加固连接件质量与性能的检测可分为焊接连接、焊钉（栓钉）连接、螺栓连接、高强螺栓连接等项目。

对设计上要求全焊透的一、二级焊缝和设计上没有要求的钢材等强对焊拼接焊缝的质量，可采用超声波探伤的方法检测，检测应符合下列规定：

对钢结构工程质量，应按 GB 50205—2001《钢结构工程施工质量验收规范》的规定进行检测。

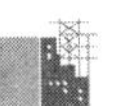

对既有钢结构性能，可采取抽样超声波探伤检测，抽样数量不应少于 GB/T 50344—2004《建筑结构检测技术标准》表 3.3.13 的样本最小容量。

焊缝缺陷分级，应按 GB/T 11345《钢焊缝手工超声波探伤方法和探伤结果分级》确定。

对钢结构工程的所有焊缝都应进行外观检查；对既有钢结构检测时，可采取抽样检测焊缝外观质量的方法，也可采取按委托方指定范围抽查的方法。焊缝的外形尺寸和外观缺陷检测方法和评定标准，应按 GB 50205—2001《钢结构工程施工质量验收规范》确定。

焊接接头的力学性能，可采取截取试样的方法检验，但应采取措施确保安全。焊接接头力学性能的检验分为拉伸、面弯和背弯等项目，每个检验项目可各取两个试样。焊接接头的取样和检验方法应按 GB/T 2650《焊接接头冲击试验方法》、GB/T 2651《焊接接头拉伸试验方法》和 GB/T 2653《焊接接头弯曲及压扁试验方法》确定。

焊接接头的焊缝强度不应低于母材强度的最低保证值。

加固连接也可采用实荷试验检验，现举实例如下。

【加固实例】某厂房移位前对 2 榀桁架弦杆钢材连接口的加固试验

（1）在 1＃桁架的下弦上，预作两处非等强的连接口（如图 4-9），当连接角钢与其焊缝应力（图 4-9 中的制作焊缝）达到计算强度时，以钢板插入弦杆之垂直夹缝中，作补焊加固处理。

（2）在 2＃桁架的上、下弦杆应力各为－163 MPa、＋194 MPa 时，在上弦作一处，下弦作两处施焊加固（如图 4-10）。

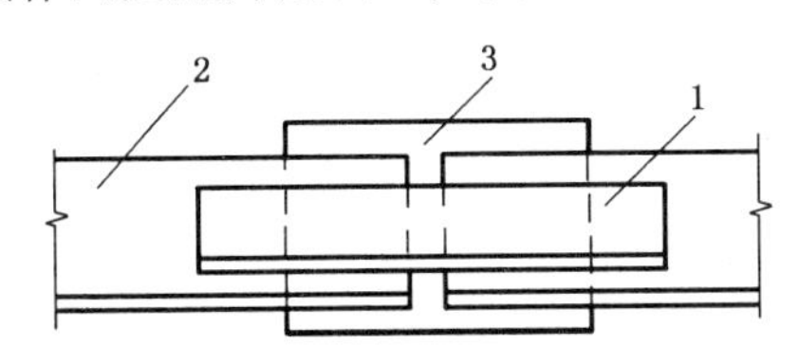

1—连接角钢；2—原弦杆；3—加固钢板

图 4-9　1＃桁架下弦杆连接口加固形式

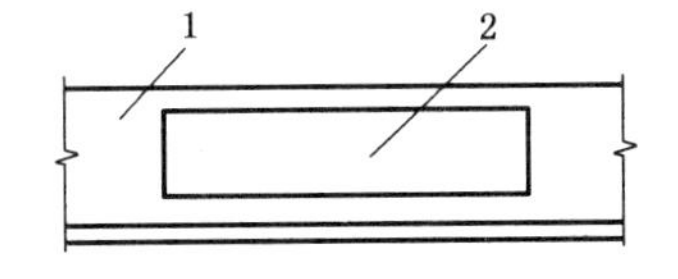

1—原弦杆；2—加固钢板

图 4-10　2＃桁架上下弦连接口加固形式

（3）焊缝加固。在 1＃、2＃桁架上各取节点荷载 P＝90 kN、80 kN 处来加固腹杆在节点板上的焊缝。此时焊缝剪应力在 140 MPa～180 MPa 之间，加固后的新旧焊缝按假定共同工作的平均剪应力 140 MPa 来确定新焊缝的面积。加固试验方法是在 1＃桁架上，先加焊腹杆角钢的端部焊缝，后涂高原有焊缝（如图 4-11）。

在 2＃桁架上，则直接在腹杆角钢原有的脊边焊缝上涂高和加长（见图 4-12）。

（4）桁架的加荷与观测点布置。

1）加荷试验的安全措施。为了使 1＃、2＃桁架达到互相稳定的目的，上弦以水平支撑相连接，两端以垂直支撑相连接。1＃桁架试验完毕后，适当予以修复，与 2＃桁架互换位置进行 2＃桁架的试验。加荷方式是利用两根杠杆将带装有铸铁块的吊栏荷重传递到桁架的两个中间节点上，杠杆重力臂长之比为 1∶5，从而使一个单元荷载能取得 5 倍的节点荷载，以便加、卸荷的操作。

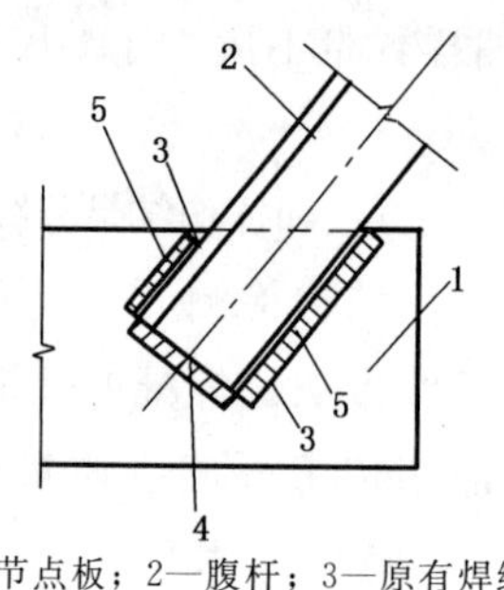

1—节点板；2—腹杆；3—原有焊缝；
4—新加端焊缝；5—原焊缝涂高

图 4-11　腹杆焊缝加固形式

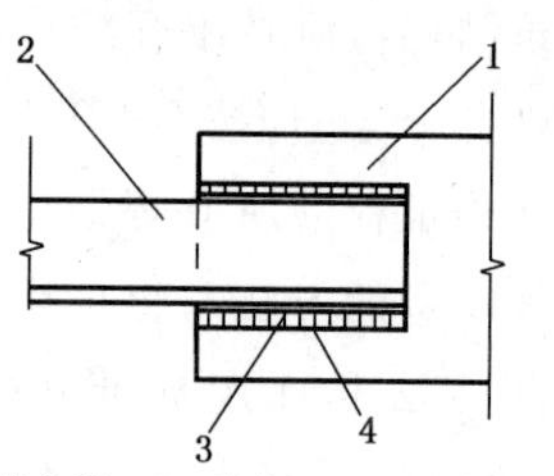

1—节点板；2—腹杆；3—原有焊缝；
4—原焊缝涂高

图 4-12　新旧焊缝加固形式

在吊栏的上方还设有木支架，悬上钢索吊住吊栏，钢索呈松弛状态。当桁架在试验中突然破坏下挠时，钢索将被拉直悬住吊栏，以保证试验人员的人身安全。

2）加荷步骤。桁架试验的加荷分为 3 个阶段，每个阶段的加、卸荷载值及观测时间见表 4-11，加载试验见图 4-13。

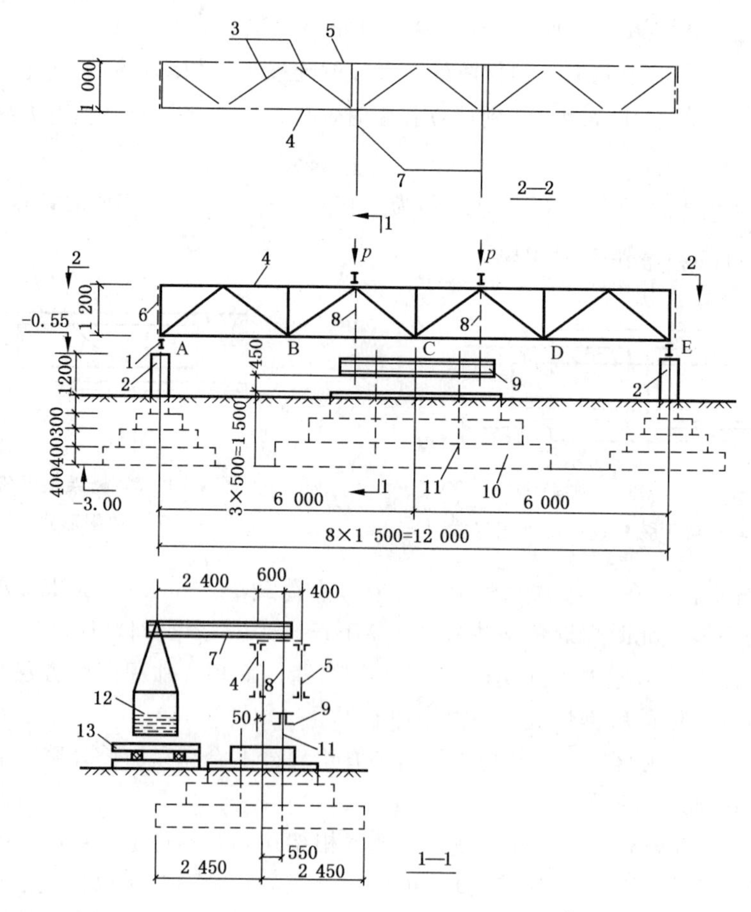

1—支承悬梁；2—柱基础；3—上弦水平支撑；4—桁架；5—辅助桁架；6—十字立撑；
7—加荷杠杆；8—拉杆；9—横梁；10—加荷吊栏基础；11—锚固螺栓；12—吊篮；13—枕木

图 4-13　桁架安装布置示意图

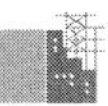

表 4-11 1＃、2＃桁架上弦节点加、卸载步骤

桁架	试验阶段	节点加卸荷载 p/kN	两级荷载间的观测时间/min	说明
1＃桁架	（1）加固前阶段	13.2～50.0 50.0～13.2	5～10	每次加卸 10 kN
	（2）加固阶段			每次加卸 5 kN
	加固弦杆连接口	13.2～55.0	10～15	
	增荷	55.0～70.0	5～10	
	卸荷	70.0～13.2	5～10	
	增荷	13.0～70.0	5～10	
	加固 $U_2 \to O_2 \to D_1 \to D_3 \to D_2$	70.0	10～15	
	加固腹杆焊缝	70.0～90.0	10～15	
	（3）加固后到破坏阶段			
	卸荷	90.0～70.0	5～10	
	增荷	70.0～155.0	5～10	
2＃桁架	（1）加固前阶段	15.0～50.0 50.0～15.0	5～10 5～10	
	（2）加固阶段			
	加固弦杆连接口	15.0～50.0	10～15	
	增荷	50.0～65.0	5～10	
	加固 $U_2 \to O_2 \to D_1$	65.0	5～10	
	加固腹杆焊缝 D_3	65.0～80.0	5～10	
	卸荷	80.0～15.0	5～10	
	增荷	15.0～100.0	5～10	
	加固上弦	100.0	10～15	
	（3）加固后到破坏阶段	100.0～140.0	5～10	

3）观测仪表的布置。试验时分别采用百分表观测桁架下弦中部 3 个节点，如图 4-13 所示，以观测桁架的垂直向挠度的变化，两个百分表安装在两个支座上，以观测桁架的横向位移。在试验的整个阶段采用水平仪对垂直位移作辅助观测。

此外，采用电测的弦式引伸仪，对 1＃桁架在加固前上、下弦与腹杆的实际应力进行观测。并在钢构件进行焊接加固后，对下弦新、旧钢件的实际应力作了观测。2＃桁架亦在钢件加固后，用电测的弦式引伸仪对下弦新钢构件做了实际应力的观测。

（5）试验实测及分析

1）焊接连接口的加固是按图 4-9、图 4-10 的形式进行的，每个桁架的两个对称部位的连接口同时进行电焊，由安在下弦中间的 3 个节点 B、C、D 的百分表观测其垂直挠度变化。

2）在 1＃桁架下弦连接口的焊缝施工焊过程中，B、C、D 各点逐渐下挠。焊完时下挠至最大值（C 点下挠 2.1 mm）。停 5 min 后，由于热量散失，挠度回升（C 点挠度减至 0.65 mm）。此后再焊另 4 条焊缝时，B、C、D 各点又继续下挠（C 点最大达 3.1 mm）。

在冷却 50 min 后，各点回升，但有残余变形。其整个挠度时间曲线和 1＃、2＃桁架 B、C、D 各点百分表布置见图 4-14。

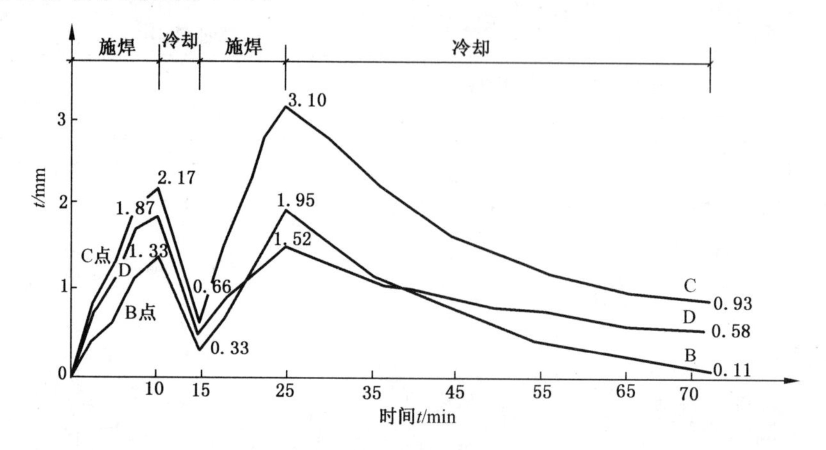

图 4-14 桁架在下弦连接口加固施焊时的挠度时间曲线

3）在 2＃桁架下弦连接口加固试焊过程中，B、C、D 各点的挠度时间曲线如图 4-15 所示，焊完冷却 30 min 后，挠度回升趋于稳定。由于杆件断面比 1＃桁架小，内应力亦较高，其最大挠度与残余变形均比 1＃桁架大，即电弧焊热影响较为显著。

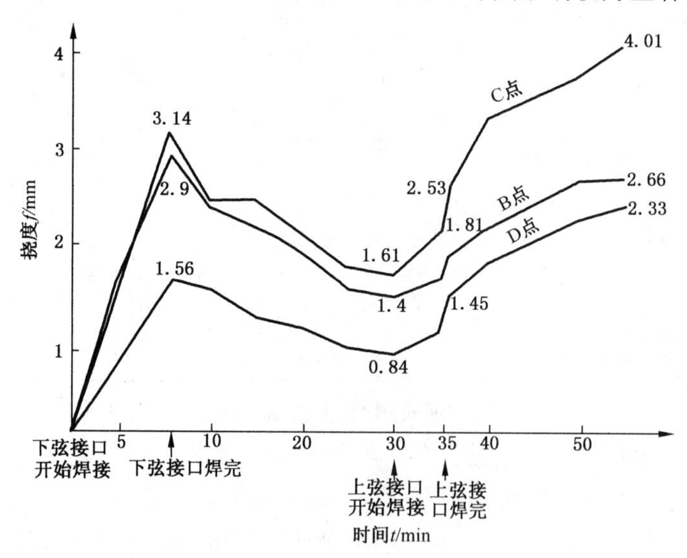

图 4-15 桁架在下弦杆、上弦杆连接口加固施焊时的挠度时间曲线

4）2＃桁架上弦连接口的加固试焊过程中，挠度增加较缓慢，在焊完时尚未达到最高值，且继续增大。在 20 min 的冷却时间内，C 点下挠达 4.01 mm，以后开始回升，最终留有残余变形。

上述两个桁架弦杆在施焊时的应力值如下：

1＃桁架下弦杆	＋156 MPa
1＃桁架连接口的连接角钢	＋198 MPa
1＃桁架连接口的原焊缝剪力	113 MPa～160 MPa

2＃桁架上弦杆　　　　　　　　　　　　−163 MPa

2＃桁架下弦杆　　　　　　　　　　　　＋194 MPa

在施焊过程中，钢材与焊缝均无扭曲开裂现象。图 4-14、4-15 中所示的挠度最大变化和残余变形值亦较为微小，整体桁架的稳定度似乎未受到多少影响。初步认为，在一般实用的断面较大的结构杆件上作类似的连接口局部加固补焊，是不会有太大的安全问题的。

5）弦腹杆加固形式参见图 4-16、图 4-17，系用两台电焊机从桁架两端的对称杆件上同时施焊。各杆件加固时的内力列于表 4-12 中。

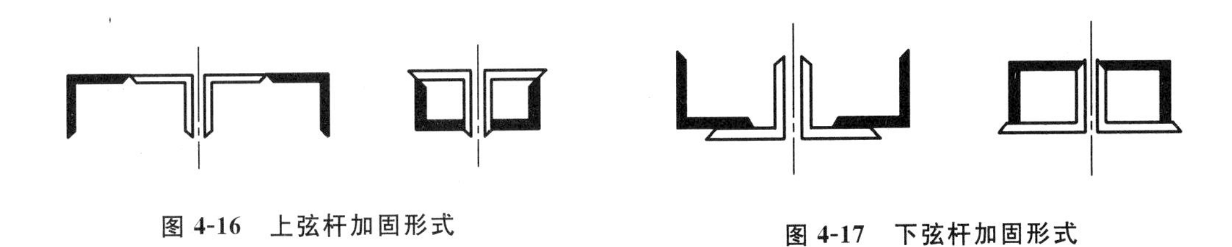

图 4-16　上弦杆加固形式

图 4-17　下弦杆加固形式

表 4-12　1＃、2＃桁架各杆件加固时的内应力　　　　单位为 MPa

试验阶段		节点荷载/kN	O_1	O_2	U_1	U_2	D_1	D_2	D_3	备注
加荷阶段	加固 $U_2 \to O_2 \to D_1 \to D_3 \to D_2$	$p=70$		−167		＋198	−263	＋114	−173	1# 桁架
	加固 $U_2 \to O_2 \to D_1$	$p=65$		−212		＋251	−243			2# 桁架
	加固 D_3	$p=80$							−209	2# 桁架
	加固 O_1	$p=100$	−216							2# 桁架

6）1＃桁架移件焊接加固的顺序为 $U_2 \to O_2 \to D_1 \to D_3 \to D_2$。整个施焊过程中，桁架受热变形曲线如图 4-18 所示。

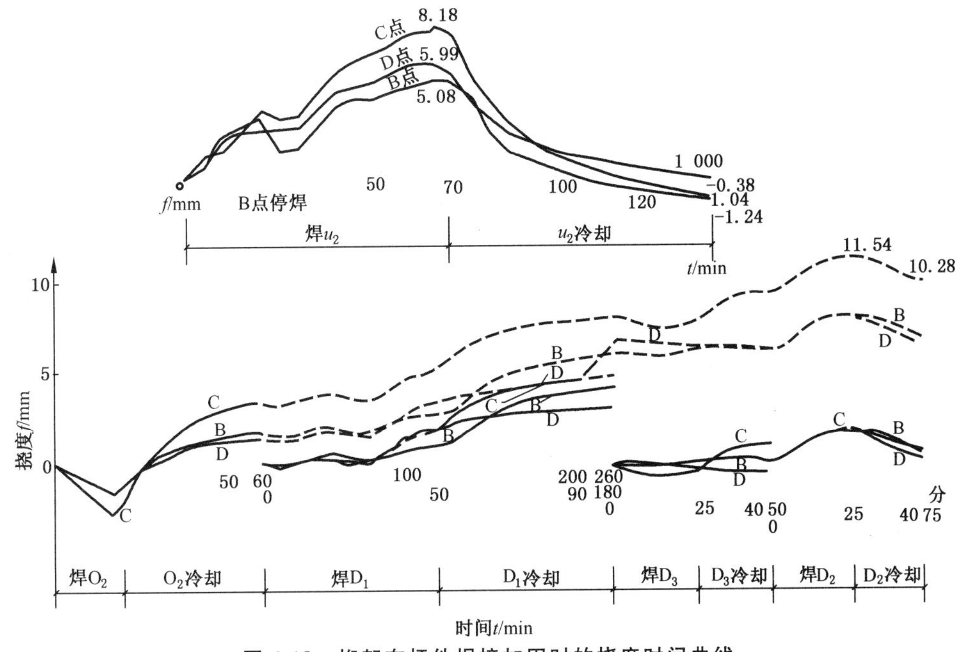

图 4-18　桁架在杆件焊接加固时的挠度时间曲线

如图 4-18 所示，1# 桁架皆为当 $P=70$ kN 时，加固下弦杆 U_2、上弦杆 O_2、端压杆 D_1、压杆 D_3、拉杆 D_2 的挠度时间曲线。

2# 桁架杆件焊接加固的顺序见表 4-12。加固形式与操作同 1# 桁架。但 24 桁架杆件断面较小而应力较高，受焊接的热影响较大。其挠度时间曲线变化形状虽与 14 桁架近似，但变化较为显著（见图 4-19）。

如图 4-19 所示，2# 桁架皆为当 $P=65$ kN 时，加固下弦杆 U_2、上弦杆 O_2、端压杆 D_1 时的挠度时间曲线。

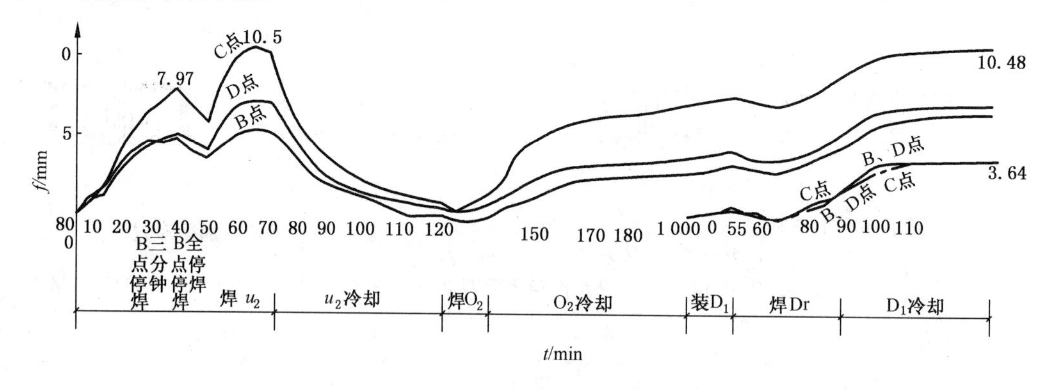

图 4-19　2# 桁架在杆件焊接加固时挠度时间曲线

7）观察两个桁架在杆件加固时的受热变形现象，有如下特征：

①当拉杆加固时，B、C、D 各点一直下挠，冷却时逐渐回升，残余变形微小。在 1# 桁架还稍微呈现起拱现象。

②当压杆加固时，B、C、D 各点呈反向上挠，冷却时则转为下挠，最后的下挠残余变形较为明显。

③断面较小而应力较高的杆件，在焊接加固过程中引起的桁架挠度变化更为显著。2# 桁架下弦加固完毕时，曾因挠度大而出现腹压杆向上弯曲的现象（在冷却过程中逐渐消失）。这是在桁架加固施焊过程中对压杆稳定不利的一个象征，应予以重视。

从上述加固连接接口试验分析中可以看出，影响焊缝力学性能的因素很多，除了内部缺陷和外观质量外，还有母材和焊接材料的力学性能和化学成分、坡口形状和尺寸偏差、焊接工艺等因素的影响。即使焊缝质量检验合格，也有可能出现诸如母材和焊接材料不匹配、不同钢种母材的焊接以及对坡口形状有怀疑等问题。另一方面，由于焊缝金属特有的优良性能，即使有一些焊接缺陷，焊接接头的力学性能仍有可能满足要求，在这种情况下，可以在结构上抽取试样进行焊接接头的力学性能试验来解决这些问题。焊接接头的力学性能试验以拉伸和冷弯（面弯和背弯）为主，每种焊接接头的拉伸、面弯和背弯试验各取 2 个试样，取样和试验方法按 GB/T 2650《焊接接头冲击试验方法》、GB/T 2651《焊接接头拉伸试验方法》和 GB/T 2653《焊接接头弯曲及压扁试验方法》执行。需要进行冲击试验和焊缝及熔敷金属拉伸试验时，应分别按 GB/T 2650《焊接接头冲击试验方法》和 GB/T 2652《焊缝及熔敷金属拉伸试验方法》进行。

对高强度螺栓连接质量的检测，可检查外露螺扣，螺扣外露应为 2～3 扣。允许有 10% 的螺栓螺扣外露 1 扣或 4 扣。抽样检验时，应按 GB/T 50344—2004《建筑结构检测技术标准》中表 3.3.14.3 或表 3.3.144 进行检测的合格判定。

3. 分项工程的检验

分项工程检验应参照GB 50300《建筑工程施工质量验收统一标准》中表D进行，结合GB 50205《钢结构工程施工质量验收规范》的内容，对钢结构加固工程各分项工程检验可参照进行，对检查内容较多的项目还应附单项检查表或检验报告，有附表或报告的项目在检验清单中应注明。

现举两例检验内容如下：

(1) 钢结构（加固后单层结构安装）分项工程检验

1) 主控项目

①基础验收。

a) 建筑物的定位轴线、基础轴线和标高、地脚螺栓的规格及其紧固应符合设计要求。

b) 基础顶面直接作为柱的支承面和基础顶面预埋钢板或支座作为柱的支承面时，其支承面、地脚螺栓（锚栓）位置的允许偏差应符合规范的规定；采用座浆垫板时，座浆垫板的允许偏差应符合规范的规定；采用杯口基础时，杯口尺寸的允许偏差应符合规范的规定。

②构件验收。钢构件加固应符合设计要求和规范的规定。运输、堆放和吊装等造成的钢构件变形及涂层脱落，应进行矫正和修补。

③顶紧接触面。设计要求顶紧的节点，接触面不应少于70%紧贴，且边缘最大间隙不应大于0.8 mm。

④垂直度和侧弯曲。钢屋（托）架、桁架、梁的垂直度和侧向弯曲的允许偏差应符合规范的规定。

⑤主体结构尺寸。主体结构加固后的整体垂直度和整体平面弯曲的允许偏差应符合规范的规定。

2) 一般项目

①地脚螺栓精度。地脚螺栓（锚栓）尺寸的偏差应符合规范的规定。地脚螺栓（锚栓）的螺纹应受到保护。

②标记。钢柱等主要构件的中心线及标高基准点等标记应齐全。

③桁架、梁安装精度。当钢桁架（或梁）加固后安装在混凝土柱上时，其支座中心对定位轴线的偏差不应大于10 mm；当采用大型混凝土屋面板时，钢桁架（或梁）间距的偏差不应大于10 mm。

④钢柱安装精度。钢柱加固后安装的允许偏差应符合规范的规定。

⑤吊车梁安装精度。钢吊车梁或直接承受动力荷载的类似构件，加固后其安装的允许偏差应符合规范的规定。

⑥檩条等安装精度。檩条、墙架等次要构件安装的允许偏差应符合规范的规定。

⑦平台等安装精度。钢平台、钢梯、栏杆安装应符合现行GB 4053.1《固定式钢直梯》、GB 4053.2《固定式钢斜梯》、GB 4053.3《固定式防护栏杆》和GB 4053.4《固定式钢平台》的规定。钢平台、钢梯和防护栏杆安装的允许偏差应符合规范的规定。

⑧现场组对精度。现场焊缝组对间隙的允许偏差应符合规范的规定。

⑨结构表面。加固后钢结构表面应干净，结构主要表面不应有疤痕、泥沙等污垢。

（2）钢结构（加固后多层及高层结构安装）分项工程检验

1）主控项目

①基础验收。

a）建筑物的定位轴线、基础轴线和标高、地脚螺栓的规格及其紧固应符合设计要求。

b）基础顶面直接作为柱的支承面和基础顶面预埋钢板或支座作为柱的支承面时，其支承面、地脚螺栓（锚栓）位置的允许偏差应符合规范的规定。

c）采用座浆垫板时，座浆垫板的允许偏差应符合规范的规定。

d）采用杯口基础时，杯口尺寸的允许偏差应符合规范的规定。

②构件验收。加固后钢构件应符合设计要求和规范的规定。运输、堆放和吊装等造成的钢构件变形及涂层脱落，应进行矫正和修补。

③钢柱安装精度。加固后柱子安装的允许偏差应符合规范的规定。

④顶紧接触面。设计要求顶紧的节点，接触面不应少于70％紧贴，且边缘最大间隙不应大于0.8 mm。

⑤垂直度和侧弯曲。加固后钢主梁、次梁的垂直度和侧向弯曲的允许偏差应符合规范的规定。

⑥主体结构尺寸。加固后主体结构的整体垂直度和整体平面弯曲的允许偏差应符合规范的规定。

2）一般项目

①地脚螺栓精度。地脚螺栓（锚栓）尺寸的偏差应符合规范的规定。地脚螺栓（锚栓）的螺纹应受到保护。

②标记。钢柱等主要构件的中心线及标高基准点等标记应齐全。

③构件安装精度。

a）加固后钢构件安装的允许偏差应符合规范的规定。

b）当安装在混凝土柱上时，支座中心对定位轴线的偏差不应大于10 mm；当采用大型混凝土屋面板时，钢梁（或桁架）间距的偏差不应大于10 mm。

④主体结构高度。加固后主体结构总高度的允许偏差应符合规范的规定。

⑤吊车梁安装精度。加固后钢吊车梁或直接承受动力荷载的类似构件，其安装的允许偏差应符合规范的规定。

⑥檩条等安装精度。檩条、墙架等次要构件安装的允许偏差应符合规范的规定。

⑦平台等安装精度。钢平台、钢梯、栏杆安装应符合现行GB 4053.1《固定式钢直梯》、GB 4053.2《固定式钢斜梯》、GB 4053.3《固定式防护栏杆》和GB 4053.4《固定式钢平台》的规定。钢平台、钢梯和防护栏杆安装的允许偏差应符合规范的规定。

⑧现场组装精度。现场焊缝组对间隙的允许偏差应符合规范的规定。

⑨结构表面。加固后钢结构表面应干净，结构主要表面不应有疤痕、泥沙等污垢。

七、地基基础加固检测

在建筑物移位前应对地基基础加固施工过程中加强监测，根据工程实际情况可进行下述监测工作：

——沉降观测。

——裂缝形态及裂缝发展趋势监测。

——地下水位观测。

——邻近建筑物的监测。

——相邻市政工程地下管线的监测。

——需要时可进行结构应力监测。

——建筑物增层改造后地基承载力原位监测。

——土的含水量、孔隙比、变形模量等土性的检测。

根据 CECS 225：2007《建筑物移位纠倾增层改造技术规范》的要求，地基基础加固检测应进行以下几项工作。

——对已有建筑物的地基基础加固工程一个显著的特点就是很难对加固后的承载力进行检验，因此，也就无法预知加固后的效果，尤其是在已有建筑物的地基基础资料不全、基础或承台面积有限，工期紧，施工作业差等情况下，在加固施工前，很有必要在相邻基础现场进行试桩，通过承载力试验，指导设计和施工，避免加固后效果达不到设计要求而需重新加固。

——地基基础加固施工期间的监测。既有建筑地基基础加固施工中的监测、监理、检验和验收，在加固施工中应有专人负责质量控制，还应有专人负责严密的监测，当出现异常情况时，应及时会同设计人员及有关部门分析原因，妥善解决。当情况严重时，应采取果断措施，以免发生安全事故。对既有建筑进行地基基础加固时，沉降观测是一项必须要做的重要工作，它不仅是施工过程中进行监测的重要手段，而且是对地基基础加固效果进行评价和工程验收的重要依据，因此，除在加固施工期间进行沉降观测外，对重要的或对沉降有严格限制的建筑，尚应在加固后继续进行沉降观测，直至沉降稳定为止。由于地基基础加固过程中容易引起对周围土体的扰动，因此，施工过程中对邻近建筑和地下管线也应同时进行监测。

——既有建筑地基基础加固的质量检验。既有建筑地基基础加固处理的质量检验必须符合 JGJ 123—2000《既有建筑地基基础加固技术规范》的有关规定。

建筑物总沉降量和沉降速率是衡量地基变形发展程度与状况的一个重要指标，也是对建筑物地基基础加固效果评价的主要依据。例如，软土地基上的建筑物沉降速率是较大的，一般在加荷终止时沉降速率最大；沉降速率还随基础面积和荷载性质的变化而有所不同。根据不完全数据统计，一般民用或工业建筑其荷载较小，竣工时沉降速度约为 0.5 mm/d～1.5 mm/d；对荷载较大的工业构筑物，其沉降最大速率可达 45.3 mm/d。随着时间的发展，沉降速率逐渐衰减。大约在施工期后半年至 1 年左右的时间内，建筑物差异沉降发展最为迅速，在这期间建筑物最容易出现裂缝。在正常情况下，如沉降速率衰减到 0.05 mm/d 以下时，差异沉降一般不再增加。

建筑物总沉降量和沉降速率的控制标准，应符合国家现行规范和当地的成熟经验。

1. 建筑物墙体裂缝检测

建筑物由于地基的沉降变形，使墙体出现裂缝，其破坏等级根据膨胀土地基设计科研专题组提供的膨胀地基上建筑物变形、开裂破坏程度分级标准（见表 4-13 所示）。它将墙体裂缝宽度与变形破坏等级划分为 4 级，使用起来较为方便。

表 4-13　建筑物墙体裂缝破坏等级

变形破坏等级	事故程度	承重墙裂缝宽度/cm	最大变形幅度/cm
1	严重	>7	>50
2	较严重	7—3	50～30
3	中等	3～1	30～15
4	轻微	<1	<15

2. 地基土承载力提高的检测

影响地基土强度和弹性模量提高的因素较多，主要有基底压力、载荷作用时间、土质情况和原建筑物的刚度。

基底压力试验及现场实测表明，原建筑物基底实际压力愈接近于地基承载力标准值，地基土的强度及弹性模量提高的比例就愈大。前苏联 П. А. 科诺瓦洛夫整理出的基底相对压力与地基承载力增大系数间的关系见图 4-20 所示。我国的试验亦有同样的结果，有这样一组试验数据：当荷载为 60 kPa 时，与同类型的天然土相比，加压土的弹性模量 E_s 提高 3.9%，强度 f_s 提高 6.3%，当荷载增至 100 kPa 时，E_s 提高 49%，f_s 提高43.7%（f_s 是根据试验得到的物理力学指标计算出来的）。由此可见，国内外的试验资料都表明地基承载力的提高，大致与实际压力和承载力之比呈线性关系。

建筑物使用年限越久，地基土的承载力及弹性模量增大也多。因此，一般要求达到一定使用年限，才能考虑压实效应及地基承载力的提高。载荷作用时间条件为：砂类土不少于 3 年，粉土不少于 5 年，黏土不少于 8 年。

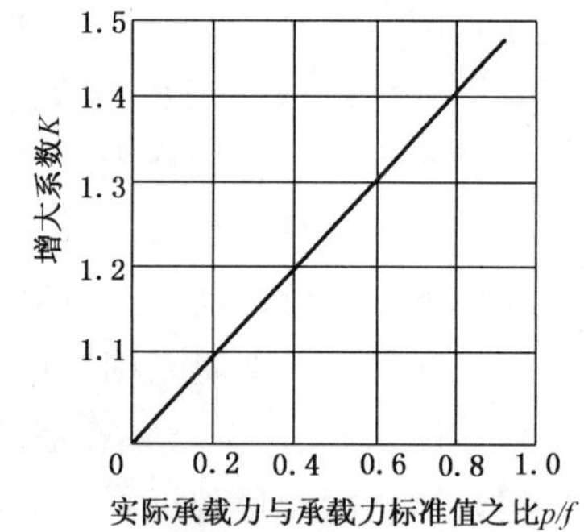

图 4-20　地基土承载力增大系数图

土质不同，地基土承载力及弹性模量提高的幅度亦不同。例如，当在荷载压力为 0.1 MPa～0.3 MPa的长期作用下，变化后的弹性模量与原有弹性模量相比，黏性土提高 1.25～2.6；砂类土提高 1.6～3.8。通常，砂类土承载力的增长幅度较黏性土稍大些。

建筑物的刚度与地基是共同工作、相互影响的。刚度大的建筑物，当土层均匀、荷载对称时，地基产生均匀变形；而当土层不均匀，荷载非对称时，则地基产生非均匀变形，即建筑物出现倾斜。这表明建筑物的刚度起到了调整作用，使基底压力产生重分布，并限制自由变形。由此可见，增强上部结构刚度，会使基础挠度和内力减小，改善地基的工作状况。建筑物的刚度一般用 L/H 反映。我国上海、天津等地是利用 L/H 指标来选定地基允许沉降量的，还有的在确定地基的允许承载力时，也考虑建筑物刚度这一因素。

旧房的增层改造，增大了房屋的结构刚度，提高了房屋对不均匀沉降的抵抗能力。这一因素也可适当考虑。

3. 地基土压密范围的检测

根据参考文献［1］介绍，国内外的野外实测及模型试验都表明，基础底面下地基土与同样深度的天然土相比，其孔隙比 e 减小，重力密度 y 增大，即有压密效应。

国内外资料对地基土的压密范围有如下结论。

a）压缩层深度随压力的增大而加深，且大致呈线性关系。例如，某试验表明，当压力 $P=0.07$ MPa 时，压缩层深度为 $0.8B$；而当 $P=0.11$ MPa 时，压缩层深度达到$1.4B$（B 为基础宽度）。一般情况下，压缩层深度在 $2.5B$ 范围内。

b）压缩层深度与土的弹性模量有关。弹性模量大，压缩层深度小；反之，压缩层深度大。

c）野外实测结果表明，基础底面埋置深度愈大，压缩层实际深度愈小。在较大宽度和较小埋深时，压缩层深度较大。

d）在距基础边 $0.7B$～$1.2B$ 范围内的土也同样被压密。图 4-21 示出了实测的某旧房屋下地基土孔隙率 e 沿基础宽度的变化。由图可见，对承受较大荷载的基础，其下的孔隙率也较小（如中柱压力为 0.4 MPa，孔隙比为 0.45），压密区也比较宽。该实测还表明，已建房屋地基的最大压密出现在基底下 $0.5B$～$1.0B$ 的范围内。

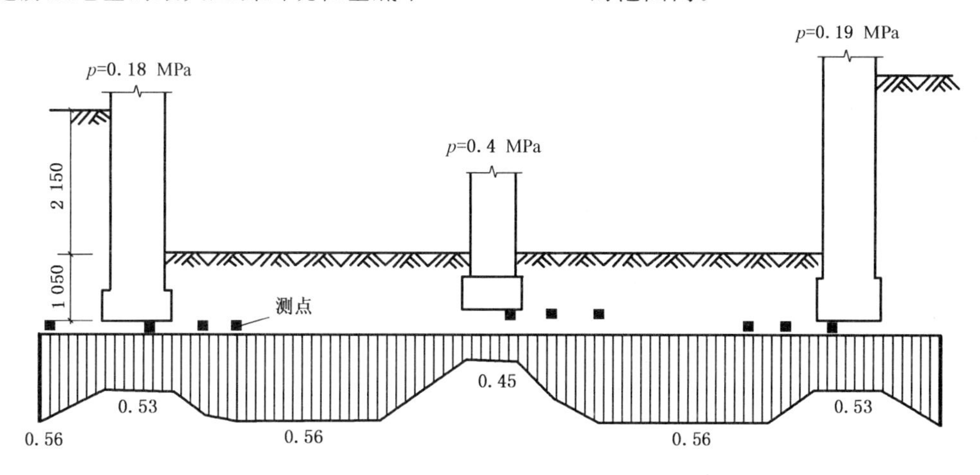

图 4-21　已有房屋下土体孔隙比的变化（可塑亚黏土）

4. 既有建筑物底面地基承载力的检测

由前述可知，已有建筑物地基在长期荷载作用下，其承载力有所提高，并且在进行地基处理及增层设计时，都可加以利用。为了知道地基当前的实际承载力值，可采用现场实测和经验公式计算来确定。

（1）现场实测

根据现场取出的土样，结合试验室检测，或直接根据现场实测的数据，结合规范公式，可确定出既有建筑物地基土当前的允许承载力。现场实测的方法有井探、静力触探及动力触探等。

a）挖探井。挖探井是一种几乎不必用专门机具的勘察方法，它不仅可以直观地看到各土层的情况，而且还可以直接取得基础下的原状土样。探井的针对性很强，对于处理地基基础事故，特别是当土层复杂时，用探井法来确定地基土的承载力是很合适的。缺点是探井的深度较浅（3 m～4 m），挖井劳动强度较大。

探井应设在基础的近旁，其平面尺寸为1.5 m×1.0 m或直径0.8 m～1.0 m。边挖土边用钢管取出基底下的土样，取土间隔通常为50 cm（如图4-22所示）。

b）静力触探。是借静压力将触探探头压入土层，并利用电测技术得到的贯入阻力判定土的力学性质。静力触探在我国应用发展较快。

测定时，先在基础旁选择有代表性的部位打孔（大于触探探头直径5 cm左右），接着将探头压入地基下的土中，然后分别求出基础底面以下0.5B、1.0B、1.5B（B为基础宽度）等不同深度持力层范围内的比贯入阻力值（比贯入阻力值在一定程度上反映了土的某些物理力学性质）。根据这些数值并运用经验公式或图表，即可估计出地基土的允许承载力 f_s 和压缩模量 E_s。

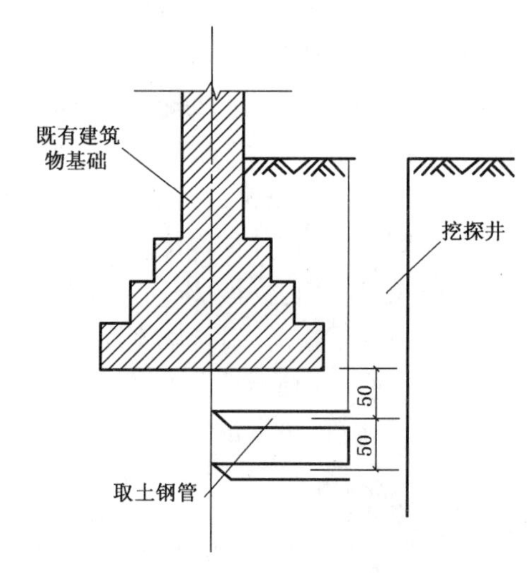

图4-22　挖探井取土示意图

c）动力触探。是将一定重量的穿心锤从一定高度自由下落，将贯入器靴打入土中，根据贯入30 cm深所需的锤击次数判定土的性质。目前常用的有标准贯入试验和轻便贯入试验。

无论采用静力触探还是动力触探，触探值与地基土允许承载力之间的关系都是由经验公式确定的。各地区、各勘察单位都有自己的经验公式或表格，这里不再详述。

需要指出的是由于现场测试设备和操作条件的限制，目前多在距建筑物外墙1 m～2 m处钻探、取样，然后给出地基土的承载力。此承载力值并非真正的基底持力层的承载力值，只代表天然状态下地基的承载力值，它不能对建筑物的地基作出正确评价，因此，在可能情况下，应直接在基础底面以下勘察，求出基底下不同深度土的允许承载力及变形模量，提高地基评价的准确性。

（2）计算分析

根据取土样试验得到土的物理力学指标，或静力触探、动力触探试验结果计算出地基承载力。这里值得提出的是，取土样试验结果是在基础底面得到的，其准确性有一定的代表性。

（3）建筑物增层加固后地基承载力原位测试

a）该试验仅适用于地下水位以上建筑物地基承载力的评定。

b）试验基坑宽度不应小于压板宽或直径的3倍，应保持试验土层的原状结构和天然湿度。在拟试压土层的表面，铺20 mm厚的粗、中砂层。

c）加荷反力可利用建筑物自重，使千斤顶上的测力计直接与基础下钢板接触，钢板大小和厚度可根据基础强度和加载大小来确定，如图4-23所示。

d）含水量较大或松散地基土挖试验坑，宜采用支护措施。

e）加荷分级、稳定标准、终止试压条件、承载力取值应按 GB 50007—2002《建筑地基基础设计规范》的附录 C。

f）确定地基承载力时，不考虑基础应力扩散对试验结果的影响，也不考虑基础边载效应对试验结果的影响。

g）同一土层参加统计的试验点不应少于 3 点，试验值的极差不得超过平均值的 30%，取此平均值作为地基承载力的特征值。

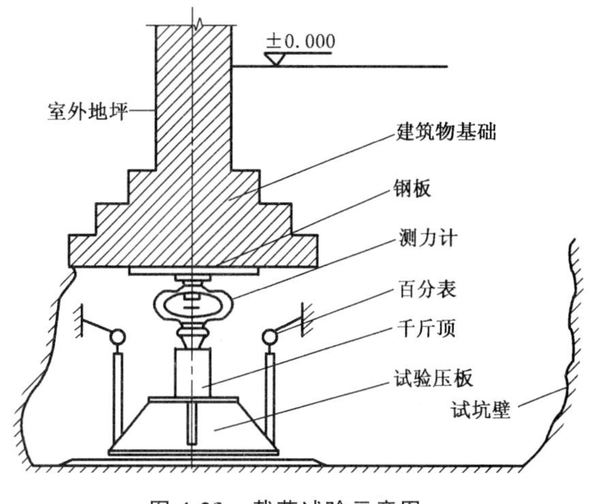

图 4-23　载荷试验示意图

h）在挖试验坑时，宜取土样检验其物理力学性质。

i）建筑物基础下有垫层时，试验坑应挖至垫层下原土层内。

八、建构筑物移位施工设计

移位施工包括荷载复核计算、平移牵引系统设计、托盘结构设计、底盘结构设计、迁移到新址的地基基础设计、新旧结构连接设计及动力设备及控制系统设计等。

1. 荷载计算

建筑物移位设计中需考虑的荷载包括恒荷载、楼面（屋面）活荷载、风荷载、地震作用及建筑物移动过程中的牵引荷载。由于在建筑物平移工程中，很多构件属于施工过程中需要的中间构件，因此这些构件相对于永久的受力构件其可靠度可适当降低。设计可根据施工中建筑物的现场情况和实际可能出现的各种作用，采用不同的荷载值和荷载组合进行设计计算。

（1）荷载取值

恒荷载、楼面（屋面）活荷载其取值应按现行 GB 50009《建筑结构荷载规范》的有关规定采用。对于活荷载在进行施工中中间构件的设计时，可根据建筑物的实际使用情况取其准永久值或乘以一个适当的降低系数。

风荷载在设计建筑物的永久构件时应按新建建筑物取值；而在设计建筑物移动施工过程中的中间构件时，可按十年一遇取值。最好是根据当地的气象资料和施工时间，确定是否考虑风荷载及风荷载取值的大小。一般情况下，砖混结构和 4 层以下框架结构可不考虑风荷载的作用。

地震作用在设计建筑物的永久构件时应按新建建筑物取值；而在设计建筑物移动施工过程中的中间构件时，可不考虑。对于平移牵引力所引起的建筑物的振动，由于平移的速度通常很慢，只有 0.8 m/s～1.6 m/s，多个工程的实测结果表明，其引起的建筑物的加速度远小于 6 度地震时的加速度。如广西梧州人事局大楼，10 层框架，由牵引力引起的加速度最大值为 0.000 6 m/s^2，仅为 6 度地震时的加速度 0.05 g 的 1/816。因此，平移牵引力所引起的建筑物的振动，在设计中可忽略不计。

牵引荷载可按建筑物的重量及移动系统的摩擦系数确定。对于不同的平移方式和不同的界面材料，摩擦系数差别较大。对于钢滚轴一钢板式移动系统，建筑物平稳移动时的摩擦系数约为1/20～1/10。

(2) 荷载组合

在设计建筑物的永久构件时应按新建建筑物进行组合；在设计建筑物移动施工过程中的中间构件时，可按荷载标准值或实际值进行组合。

2. 平移牵引系统的设计

牵引系统设计主要包括牵引力的计算和牵引动力施加方式的设计。目前，许多平移工程中牵引力的确定大多依靠实验和经验，缺少简单实用的计算公式；而牵引动力的施加方法也在不断地改进完善中。

(1) 平移位方式

目前国内外平移移位主要有三种方式：滚动式、滑动式和轮动式。

滚动式即是在建筑物的上下轨道间安放滚轴，施加动力使建筑物在滚轴上滚动，来实现建筑物移位的目的，目前国内建筑物平移多采用此种方法。其优点是阻力小，移动速度较快，平移过程震动相对较小，施工简单且方向可控性好。缺点是如果建筑物自重较大，其滚轴承受的荷载也加大，因此导致托换构件和下轨道的截面尺寸加大。滚动式移位，其滚轴的布置方法有两种（满布和局部布置），见图4-24。对于受力较大的墙承重结构，可选满布式，其滚轴受力较小，在托换梁内引起的内力较小；如采用局部布置，局部铺设长度宜大于0.5 m，间距可控制在1.2 m～2.5 m，上部荷载小时可大些，最好不要超过3 m。对于柱承重结构，优选局部布置的方式。滚轴间距应满足上下轨道局部抗压和滚轴本身受压承载力的要求；直径应保证上部结构和原基础切割分离的操作空间，工程中常用的滚轴直径为50 mm～100 mm；滚轴应有一定的变形能力，目前工程中常用的有实心钢滚轴、无缝钢管内注高强膨胀混凝土滚轴、无缝钢管内注聚合物滚轴和工程塑料合金滚轴等几大类。

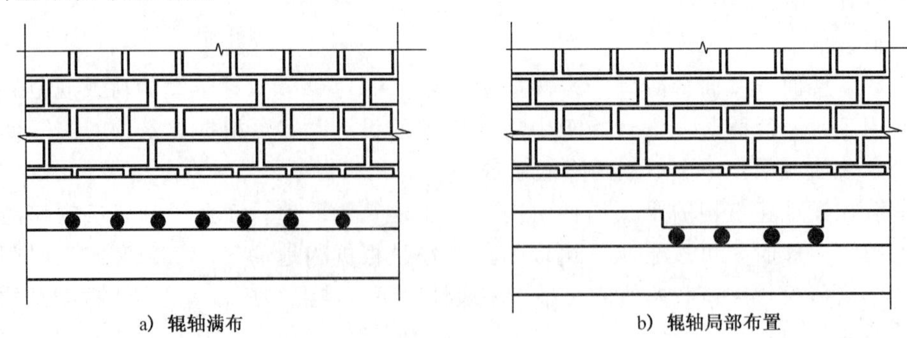

图4-24 滚轴布置图

滑动式是建筑物的上下轨道间安放滑块，施加动力使建筑物通过滑块与下轨道产生相对滑动，来达到建筑物移位的目的。其优点是平移平稳、抗震动、抗风荷。传统滑动式的缺点是移位阻力较大，一旦部分滑脚发生破坏就造成托换梁跨度和内力的突然增大，致使上部结构发生局部变形，甚至出现严重开裂。近几年在传统滑动式的基础上发展了一种内力可控的滑动支座，即用液压千斤顶代替普通滑块，千斤顶下垫滑动材料，通过实时调整千斤顶的反力，能有效地避免轨道的不平整和滑脚破坏对上部结构的影响。但其造价和对计算机控制系统的要求较高，适用于荷载较大的高层建筑物。

轮动式是建筑物托在一种特殊的平板拖车上，用拖车带动建筑物移位。此方法适用于长距离荷载较小的建筑物，国外应用较多，我国还没有工程实践。

（2）牵引力计算公式

建筑物平移牵引力大小的确定是平移工程的关键所在，影响牵引力大小的因素很多，如建筑物的重量、轨道的平整度、辊轴直径等。

为了确定牵引力的设计公式，曾进行了 9 层建筑物的模型试验。

1）试验研究

该试验是在一缩尺比例为 1∶4 的 9 层建筑物的模型上进行的，模型层高 750 mm，标准层平面、底层平面见图 4-25，试验现场见图 4-26。

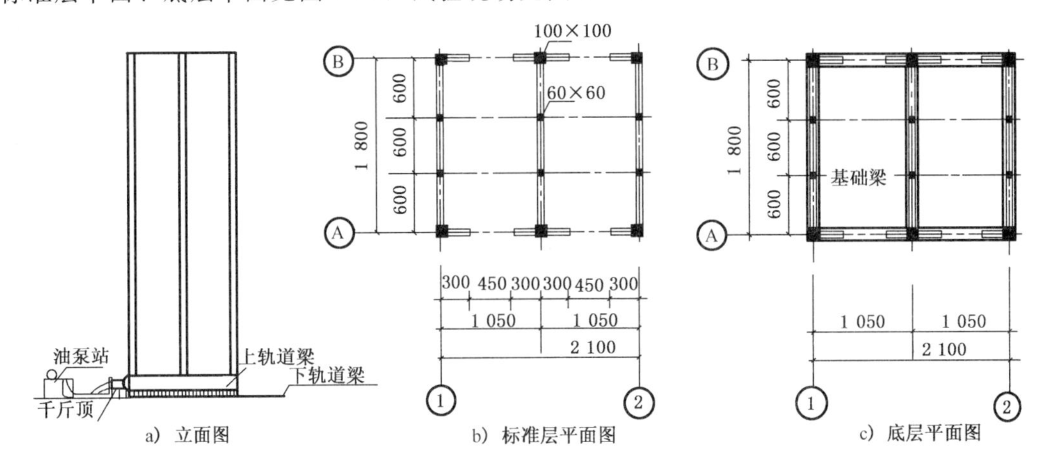

图 4-25　建筑物平面图

滚动支座的选择，建筑物的移动是通过滚动支座的滚动来实现的，滚动支座既是受力构件又是传力构件，因而需要较高的强度，工程中一般采用钢辊或钢管混凝土，本试验采用实心钢辊子，间距采用 200 mm，为了得出滚轴直径对牵引力的影响，本试验采用三种滚轴直径为：18 mm、40 mm、60 mm分别记为 $\phi18$、$\phi40$、$\phi60$。

图 4-26　试验现场

上下轨道制作时，首先在下轨道梁上放置钢板，钢板上面平行放置间距 200 mm 钢辊，后在钢辊上面放置四块厚 12 mm、长 525 mm、宽 215 mm 钢板，然后在钢板上浇筑 1∶2 水泥砂浆，最后将试验模型放下，并测出建筑物的总重 G 为 111 kN，通过在楼层上加配重改变建筑物的重量，分别为 1.19G 和 1.39G。移动装置采用电动油压千斤顶。

测出建筑物重量与滚轴直径的九种组合中，牵引力与移动位移的关系曲线见图 4-27。从图中可以看出，建筑物平移时启动牵引力 F_1 要大于平移过程中的牵引力 F_2，F_1 约为 $1.2F_2$，因此设计时，应以启动时的牵引力作为控制值。

牵引力与建筑物重量的关系曲线见图 4-27d)，平移牵引力与建筑物重量的比值是变化的，辊轴直径越大，平移牵引力与建筑物重量的比值越小，但滚轴直径也不能无限的大。目前，平移工程中多选用 40 mm～100 mm 直径的滚轴。建筑物重量越大，其比值越大，这主要是因为建筑物重量大时，会造成轨道变形，试验中得出的结果为：

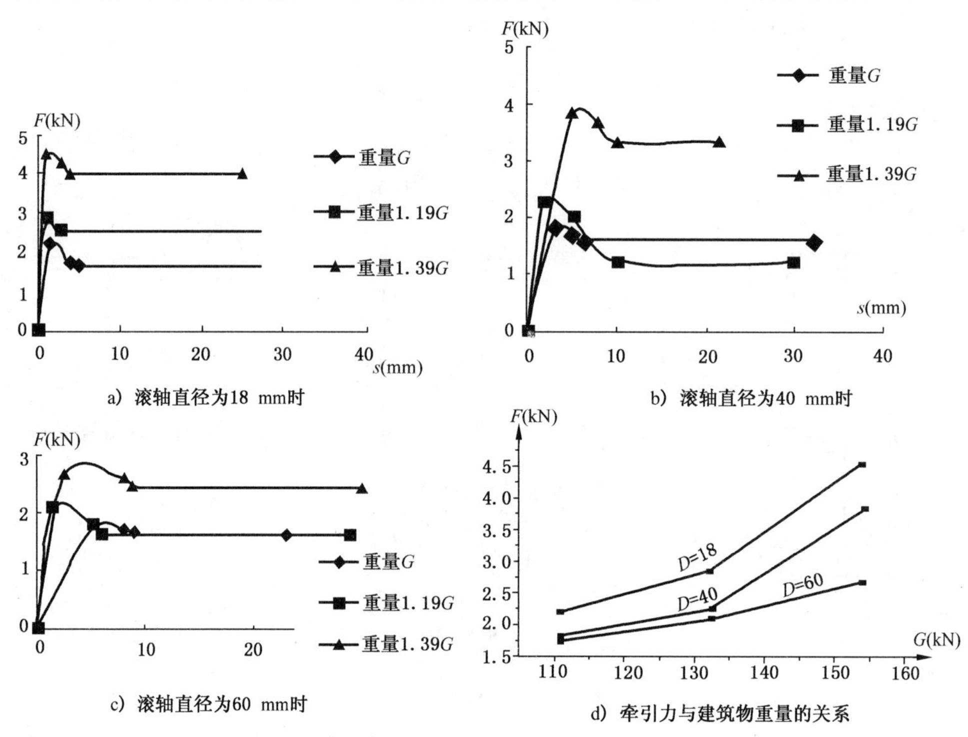

图 4-27　牵引与移动位移关系曲线图

当滚轴直径为 $\phi60$ 时：

建筑物自重为 G 时：　　$F \approx G/64$

建筑物自重为 $1.19G$ 时：　　$F \approx G/63$

建筑物自重为 $1.39G$ 时：　　$F \approx G/57$

当滚轴直径为 $\phi40$ 时：

建筑物自重为 G 时：　　$F \approx G/61$

建筑物自重为 $1.19G$ 时：　　$F \approx G/58.6$

建筑物自重为 $1.39G$ 时：　　$F \approx G/40$

当滚轴直径为 $\phi18$ 时：

建筑物自重为 G 时：　　$F \approx G/50.4$

建筑物自重为 $1.19G$ 时：　　$F \approx G/46.5$

建筑物自重为 $1.39G$ 时：　　$F \approx G/34$

从以上试验结果可得出结论：在采用钢-钢摩擦时，建筑物平移的摩擦系数，随建筑

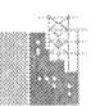

物的重量（滚轴压力）和滚轴直径的变化而变化。建筑物重量（滚轴压力）越大，滚轴直径越小，摩擦系数则越大。

2）工程实践

自1998年以来，共完成了十余栋建筑物的平移设计和施工，在已完成的工程中，建筑物的上轨道预埋25或32的槽钢，下轨道表面平铺10 mm或12 mm厚的钢板，滚轴采用直径60 mm实心钢滚轴。表4-14为6个典型实际工程的实测启动牵引力与摩擦系数。

表4-14　实际工程的启动牵引力与摩擦系数

参　数	工 程 名 称					
	临沂国家安全局办公楼（八层框架）	沾化农发行住宅楼（四层砖混）	济南种子公司办公楼（四层砖混）	济南王舍人供电所（三层砖混）	莒南岭泉信用社（三层砖混）	东营桩西采油厂礼堂（单层排架）
建筑物重量/kN	59 600	33 800	28 300	19 300	17 400	11 600
单个滚轴的平均受力/kN	170.3	82.8	79.2	67.5	64.3	49.2
启动牵引力/kN	4227	1 830	1 459	923	811	452
启动摩擦系数	1/14.1	1/18.46	1/19.1	1/20.9	1/21.4	1/24.7

根据表4-14可得出建筑物重量与启动牵引力的关系，见图4-28。可以看出，工程应用的范围内，建筑物重量与启动牵引力之间基本属于线性关系。

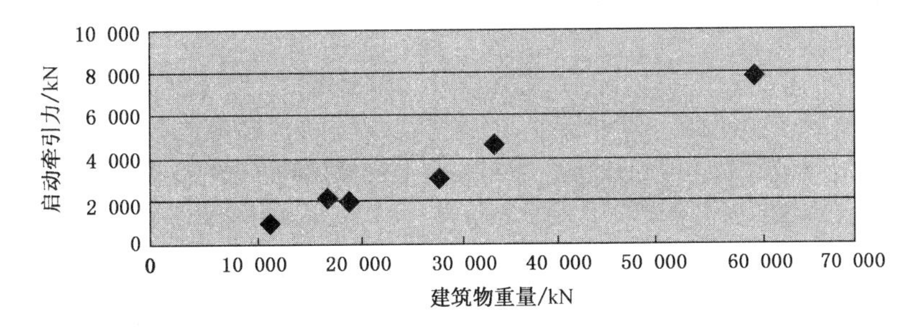

图4-28　建筑物重量与启动牵引力的关系

由于实际工程的建筑物重量比实验室模型大得多，使滚轴压力较大，致使滚轴及与滚轴相接触的轨道变形较大，以及实验室环境与实际工程环境的差别，主要是实际工程的轨道平整度与滚轴受力的均匀性比试验环境要差。所以，实测摩擦系数比试验结果大。

东南大学在江南大酒店平移施工中采用$\phi60\times5$的钢管填充C60膨胀混凝土作为滚轴，先后在实验室和现场进行了摩擦系数的测试，在试验中的结果为0.003～0.005，而现场实测则增大十几倍，初始牵引力摩擦系数为0.07，移动过程中为0.04，与作者的试验研究和工程实测数据是吻合的。

从上面工程实测的数据可看出，工程应用的范围内，建筑物重量与启动牵引力之间基本属于线性关系，但不理想，摩擦系数不是一个常数，因为滚轴压力不同，滚轴压力越大，摩擦系数也越大，这与试验结果相吻合，而在以上的典型工程，摩擦系数的最大值和最小值与其平均值的差均未超过40%。

同时，试验研究还表明，摩擦系数还与滚轴直径也有关系，滚轴直径越小，摩擦系数越大。而在实际工程中，由于受切割空间和单个滚轴受力的影响，多采用直径为40 mm～60 mm的滚轴，滚轴直径变化范围较小。

基于以上分析，滚动式平移的牵引力与建筑物重量可用一个线性关系来描述，而滚轴压力和滚轴直径等的影响可用一个综合调整系数k反映，其取值范围可在1.0～2.0之间。滚轴压力大，直径偏小时，取偏大值。在轨道平整度满足一定施工要求的前提下，滚动式平移的牵引力可用式（4-17）计算。

$$F=k\cdot f\cdot G \tag{4-17}$$

式中：F——建筑物的牵引力；

k——综合调整系数，取1.5～2.0，受滚轴压力、直径和轨道平整度的影响，由试验或施工经验确定。滚轴压力大，直径偏小，轨道平整度差时，k取偏大值；

f——摩擦系数，取1/15；

G——建筑物的重量。

上式中未考虑滚轴直径和轨道涂抹润滑油等的影响，现场实测表明，轨道涂抹润滑油可降低牵引力25%。

（3）动力施加方式的设计

常用的动力施加方法有推力式、拉力式和推拉结合式三种方式。

1）推力式推力式即是在建筑物移动方向后侧的基础设置反力架，在反力架上固定千斤顶，通过千斤顶的行程来推动建筑物向前移动，见图4-29。此方法施工简单，但在建筑物移动的过程中，需要随时移动反力架和千斤顶的位置或在千斤顶前加设垫木，保证千斤顶将推力施加到建筑物上；且此方式完全依靠滚轴的方向来控制建筑物的移动方向，用于长距离平移中难度较大。因此，推力式适用于建筑物移动距离较短时。

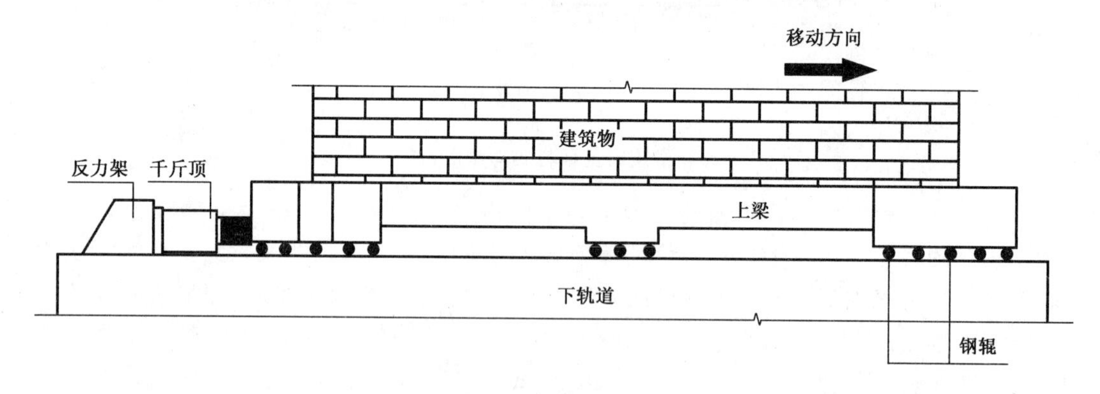

图4-29　推力式移动示意图

2）拉力式拉力式即是在建筑物移动方向前侧的基础设置反力架，在反力架上固定千斤顶，然后将高强钢筋或钢绞线一端固定在建筑物的后端，一端固定在千斤顶上，通过千斤顶的行程来拉动建筑物向前移动，见图4-30。此方法省略了反力架和千斤顶移动的工作量，张紧的钢筋或钢绞线可协助控制建筑物的移动方向，但千斤顶的每个行程都需要先将钢筋或钢绞线张紧，所以千斤顶的行程不能被有效利用，平移速度受影响。

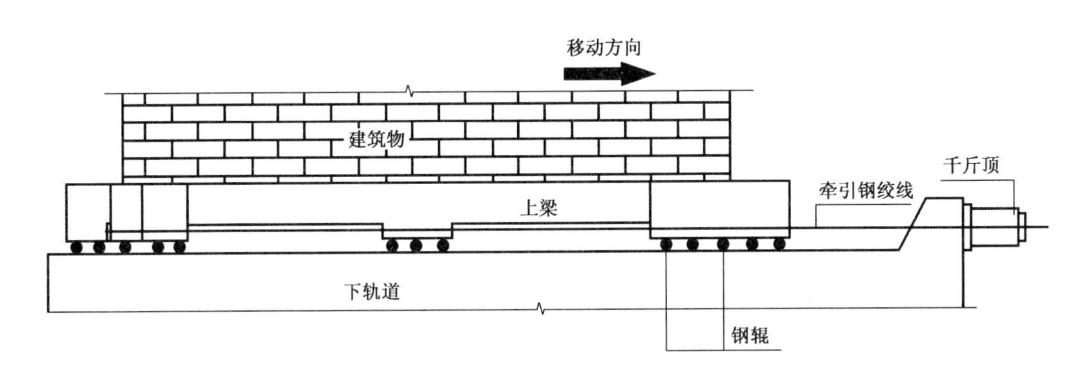

图 4-30　拉力式移动示意图

3）推拉结合式推拉结合式即是在建筑物移动方向前后侧的基础都设置反力架和千斤顶，通过前后千斤顶同时施力来带动建筑物前进。此方法适用于建筑物重量较大，需要的牵引力较大时。

结合普通推力式和拉力式的特点，部分工程采用了一种新型的推力式动力施加方法。即利用预应力张拉技术，在建筑物移动方向的前后方都设置反力架。安装移动系统时，将高强钢筋或钢绞线的两端分别固定在前后两个反力架上，并施加约等于建筑物正常移动时摩擦力的预拉力，将钢筋或钢绞线张紧。预先穿在钢筋或钢绞线上的千斤顶固定在建筑物的后侧，千斤顶后端内设锚具，此锚具在千斤顶施力时，阻止千斤顶与钢筋的相对位移，通过千斤顶的行程来推动建筑物向前移动。而在千斤顶回油时，此锚具松开，千斤顶向前移动一个行程。如此往复，推动建筑物前进，见图 4-31。

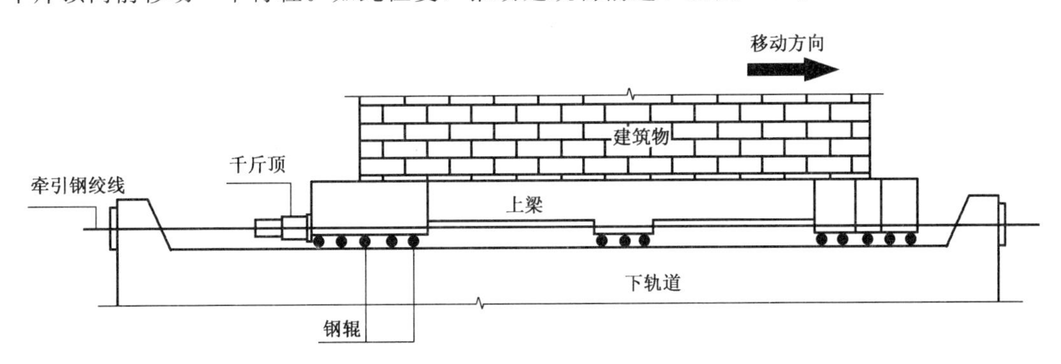

图 4-31　新型推力式移动示意图

此方法中，反力架的位置是固定的，千斤顶随建筑物一起移动。而且钢筋或钢绞线已预先张拉，千斤顶施力时，钢筋或钢绞线不再产生变形。千斤顶一施力，建筑物即可移动，不浪费千斤顶的有效行程，移动效率较高；同时，由于张紧的钢筋和千斤顶内锚具的限制，减小了建筑物启动时，由于摩擦力的突然减小而造成的建筑物的振动。另外，张紧的钢筋或钢绞线还可协助控制建筑物的移动方向。

（4）牵引点的设计

牵引点的设计首先根据动力设备的动力性能和建筑物的结构特点，设计施力点数量，然后进行施力点布置。布置原则为：

1）对于平移工程，应尽量使每个轴线上的阻力和动力平衡，减小对结构的扭转效应和在托换结构中产蟹的附加应力。

2）尽量使托换结构构件在平移过程中受压，不要产生拉应力。通常施力点均设置在建筑物移动方向的末端。当轴线荷载较大时，也可分段设置。

3）牵引点的位置应尽量靠近上轨道梁，减小在托换结构中产生的弯矩。

牵引反力可采用与基础相连的牛腿提供。各牵引点的牵引力大小，应保证建筑物的同步移动。

3. 托盘结构设计

（1）托盘结构的设计原则

托盘结构是建筑物在移位过程中的基础，它应能可靠地对上部结构进行托换和传递牵引力，因此它必须满足：

1）与原结构的竖向受力构件有可靠的连接，保证原结构的荷载能有效的传递到托盘结构上。

2）在平移工程中，能明确而有效的传递水平力，不对上部结构产生影响。

3）具有足够的承载力，保证在上部结构荷载和牵引荷载的作用下不发生破坏。

4）具有足够的刚度，不能因其变形过大而在上部结构中产生附加应力，造成上部结构的破坏；或增大移动阻力。

5）具有足够的稳定性。

（2）托盘结构的形式

为保证托盘结构具有足够的整体性和稳定性，既能有效地传递牵引或顶升荷载，又能适应各托盘节点可能产生的不均匀位移，通常将各托盘结构彼此进行连接设计成沿水平方向的桁架体系。该体系包括：柱下的托换节点或墙下的托换梁，水平连梁和斜撑。见图 4-32。

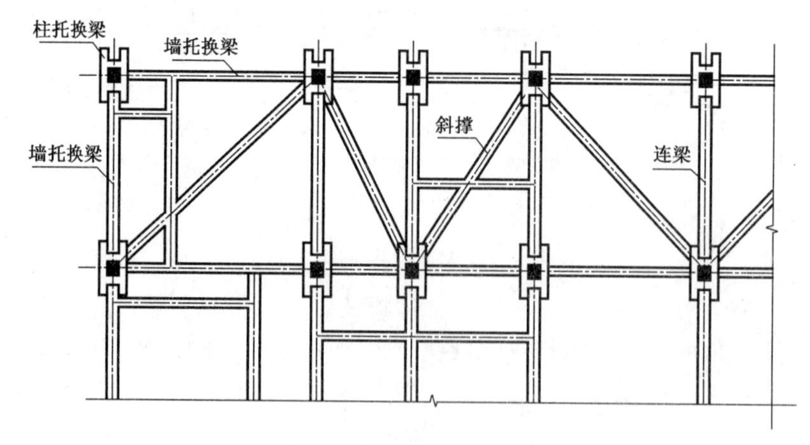

图 4-32　托盘结构图

对于墙、柱等不同的受力构件，采用的托换形式也不同。承重墙下一般设托换梁，沿建筑物平移方向的托换梁可兼做上轨道梁，墙柱下托换梁的有单梁式（又包括内式和外式上梁）和双梁式两种，见图 4-33、图 4-37、图 4-38。单梁式传力途径明确，计算简单，但其施工难度大，墙体不能一次性掏空，需分段分批地进行，施工周期长。双梁式施工速度较快，但其托换梁的受力比较复杂。框架柱一般采用包裹式托换，沿建筑物平移方向可将外包梁适当延长，以将建筑物的上部荷载均匀地传递到下轨道和基础上，见图 4-35。当柱下荷载较大时，可考虑采用带竖向斜撑的托换方式，以便更均匀地传递荷载，减小较大的局部压力和作用在下轨道上的弯矩，见图 4-36。对于柱下荷载较小而建筑物又有特殊要求的情况下，也可采用在柱下直接托换的单梁式托换方式，但其托换梁和建筑物上下分离时的施工难度较大，见图 4-34。

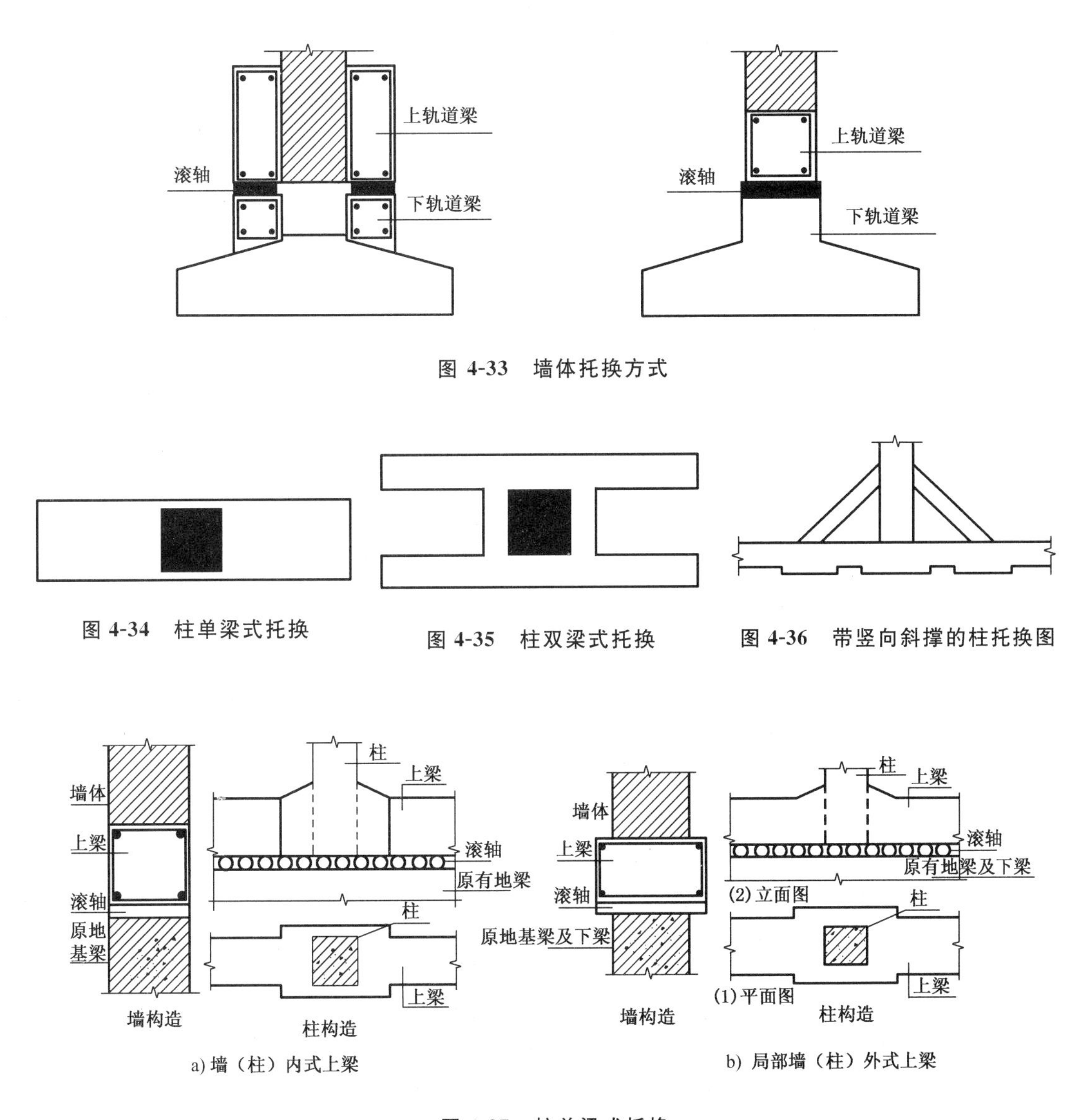

图 4-33　墙体托换方式

图 4-34　柱单梁式托换

图 4-35　柱双梁式托换

图 4-36　带竖向斜撑的柱托换图

a) 墙（柱）内式上梁

b) 局部墙（柱）外式上梁

图 4-37　柱单梁式托换

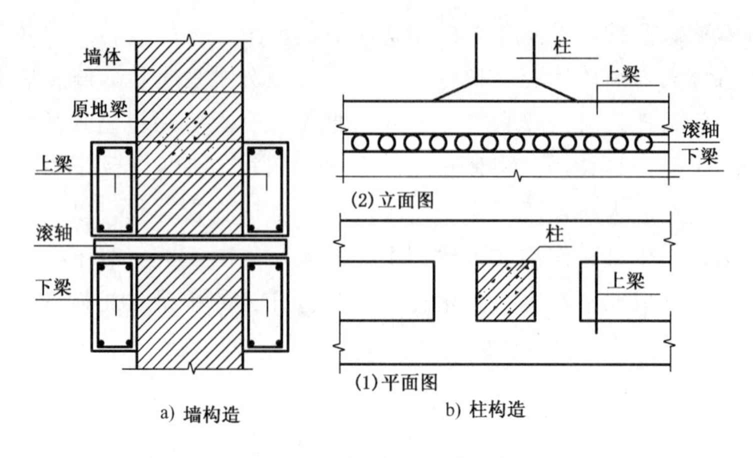

图 4-38　墙（柱）外式上梁

4. 滚轴的布置

滚轴的布置也就是建筑平移时竖向传力系统的布置，它对上、下梁的结构影响很大，对托换施工的方便性也有影响。滚轴的布置有两种：较早应用的是滚轴线性均布；另外一种是作者探索的有一定间距的几根滚轴集中一处的点式分布。

（1）滚轴线性布置构造

滚轴沿房屋位移方向的墙（柱）轴线均匀地布置，如图 4-39 所示。此种构造对荷载均匀的承重墙结构可使上、下梁承受横向均布压力，受弯、剪力很小，因此上、下梁截面较小，配筋较少。但当承受柱荷载或另一方向墙体传来的集中力较大的荷载时，欲使滚轴受力均匀，荷载均匀分布，则上梁的截面就要求较大，配筋亦较多；若滚轴受力不均，集中荷载作用于一小段上梁上，则因为要将集中力分布到地基土（或桩基）上，基础宽度要增大，桩基承载能力要增大。从平移施工方面来分析，滚轴分布于墙（柱）两侧，对于墙（柱）的截断施工很不方便，另外曲线与转向平移就更不可能了。

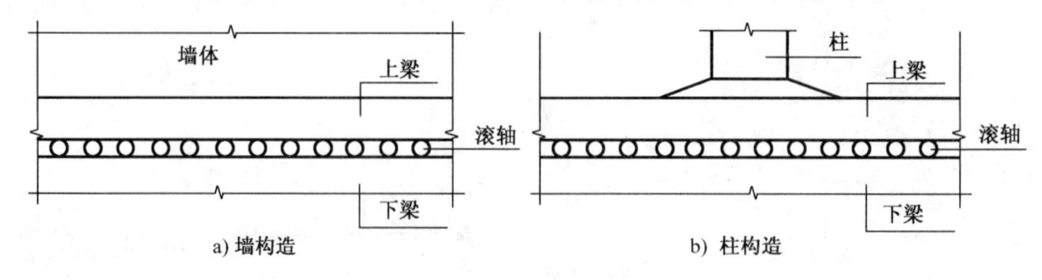

图 4-39　滚轴线性布萱构遁图

（2）滚轴点式布置构造

将 5～10 根滚轴紧密靠在一起成为一个荷载点，按适当的间距布置在墙（柱）的上、下梁之间，如图 4-40 所示。滚轴按上部荷载的大小布置，再设置一些钢斜撑，尽量使每个滚点承受的竖向荷载较均匀，这样可以使下梁荷载较均匀，使基础宽度较小，单桩承载力较小，下梁的高度也较小。此种构造使上梁在柱边滚点由加腋承担，柱间滚点由钢斜撑将力传给柱顶梁端，因此上梁大部分受力较小，构造配筋即可。

（3）两种方案的对比分析

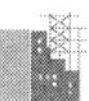

某 10 层框架结构，长 40 m，宽 22 m，沿横轴方向平移 30 m。框架柱布置纵向间距 3 m左右，横向跨度 8.9 m+4 m+8.9 m，单柱荷载标准值 1 400 kN～3 930 kN。

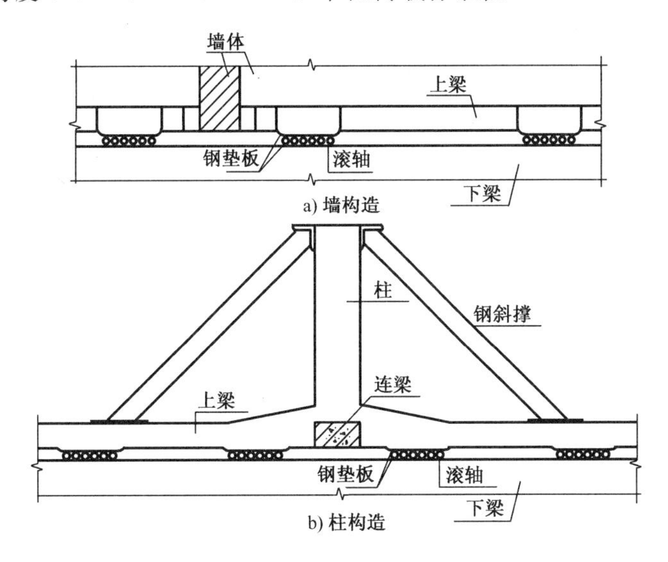

图 4-40　滚轴点式布置构造图

1）滚轴线性布置方案

上梁围绕柱子呈井字形布置，沿移动方向双梁截面如图 4-41a）所示，沿纵轴方向起连系作用的双梁如图 4-41b）所示。

下梁在房屋原址亦呈井字形布置，在移动段及新址段呈廿字形布置。下梁廿字形布置的截面及配筋如图 4-42 所示。

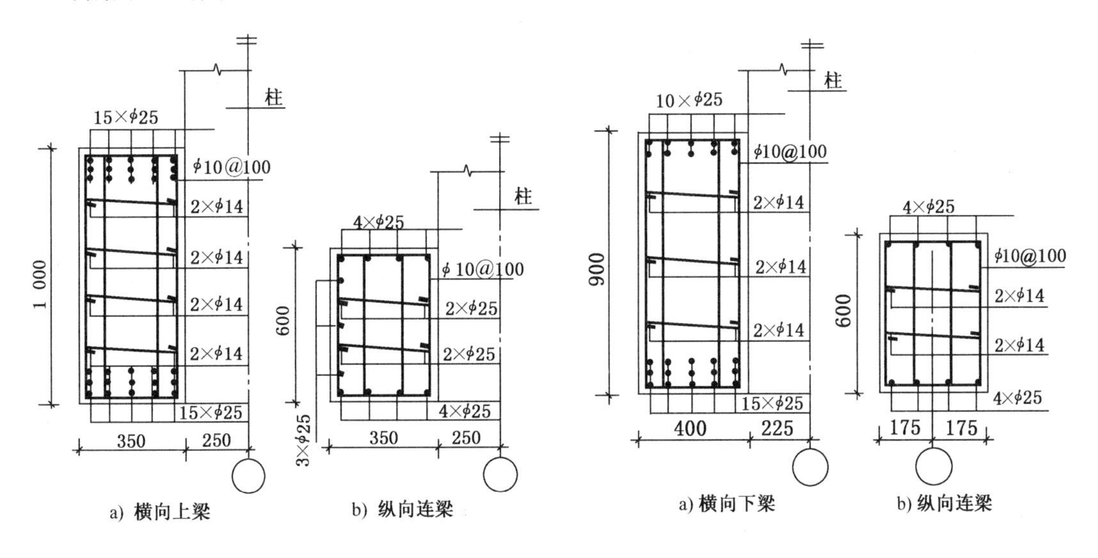

图 4-41　上梁截面及配筋图　　　　图 4-42　下梁截面及配筋图

2）滚轴点式布置方案

每柱用牛腿及型钢分荷斜撑使荷载传至 2～5 个滚点，平均每个滚点荷载为 625 kN，滚点最大荷载为 800 kN。上梁仅在柱子附近一小段牛腿按剪力选择的截面较大，大部分区段仅为构造配筋，纵、横向上梁截面及配筋如图 4-43 所示。

下梁按 800 kN 移动集中荷载设计，其沿移动方向梁截面及配筋如图 4-44 所示。另一方向不需设置连系梁。

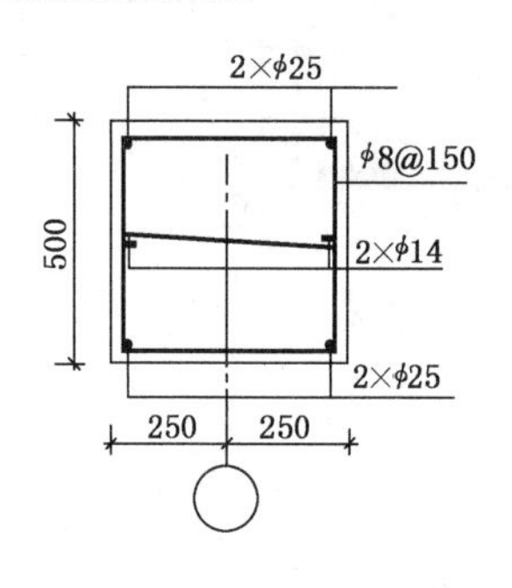

图 4-43 上梁截面及配筋图

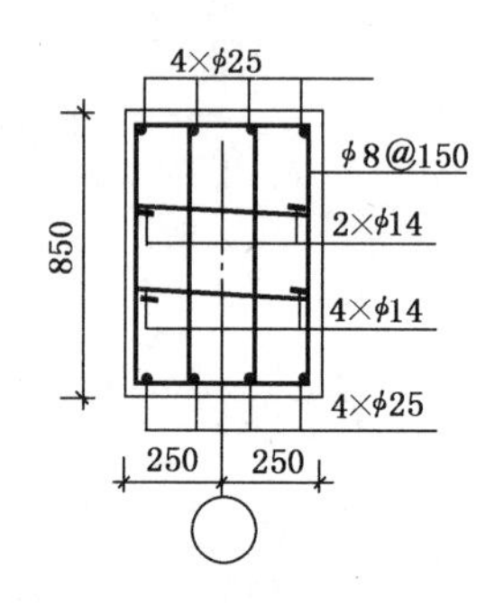

图 4-44 下梁截面及配筋图

3）两种方案的对比分析

滚轴线性分布作用于上梁的反力为均布荷载，对于承重墙体的均布荷载，上梁在墙下时本身无弯矩、剪力作用；对于柱的集中荷载，则上梁要转变为滚轴的线性均布荷载，上梁变为均布反力作用下的连续梁，这样梁、柱连接处就要承受较大的剪力与弯矩。

滚轴点式布置作用于柱边上梁的滚点荷载产生剪力与弯矩，但由于滚点距柱边距离一般在 0.5 m～1.0 m 之间，因此剪力与弯矩不是很大。由型钢斜撑通过上梁传给滚点的荷载，对上梁只产生部分轴向拉力与压力，对上梁截面与配筋的影响很小。

下面以图 4-45 为例，对滚轴线性分布与点式布置内力进行分析比较。

滚轴两种构造方案从图 4-41、图 4-42、图 4-43 及图 4-44 实例对比的结果表明，点式构造与线性构造混凝土用量比为 1∶2.21；钢筋用量比为 1∶3.85。点式构造中未计入型钢斜撑用钢量，型钢斜撑在平移就位后可拆卸回收。

滚轴两种构造方案从图 4-43 理论对比中表明，点式构造与线性构造最大剪力比为 1∶1.78；最大弯矩比为 1∶3.52。由于点式构造方案的剪力与弯矩仅发生在柱边很小一段牛腿部分，因此点式构造方案实际混凝土用量与配筋比理论比值还要小，也就是更接近上面实例对比分析中的数据。

托盘结构主要承受建筑物上部结构的荷载，以及平移过程中水平牵引力或竖向顶升力。但由于水平牵引力或竖向顶升力仅在建筑物的平移过程中出现，因此必须保证托盘结构在仅有上部荷载作用时和上部荷载与水平牵引力或竖向顶升力同时作用时两种情况下的可靠性。

在托盘结构设计前，首先应确定建筑物的切断位置。建筑物切断位置的确定非常灵活，应综合考虑对上部结构的影响、对建筑物使用功能的影响、基础形式以及施工的难度和工程量。确定切断位置，原则上应保证建筑物到位后不对建筑物的使用功能造成影响；对上部结构的影响最小；切断面在自然地平面以下。对于砖混结构，托盘结构最好选择在地圈梁以下，这样建筑物分离时对上部结构的影响较小。对于框架结构最好在原基础顶面以上，这样可充分利用原基础或基础梁做下轨道。当然，也可根据工程的实际情况确定，比如选择在地下室顶板上。

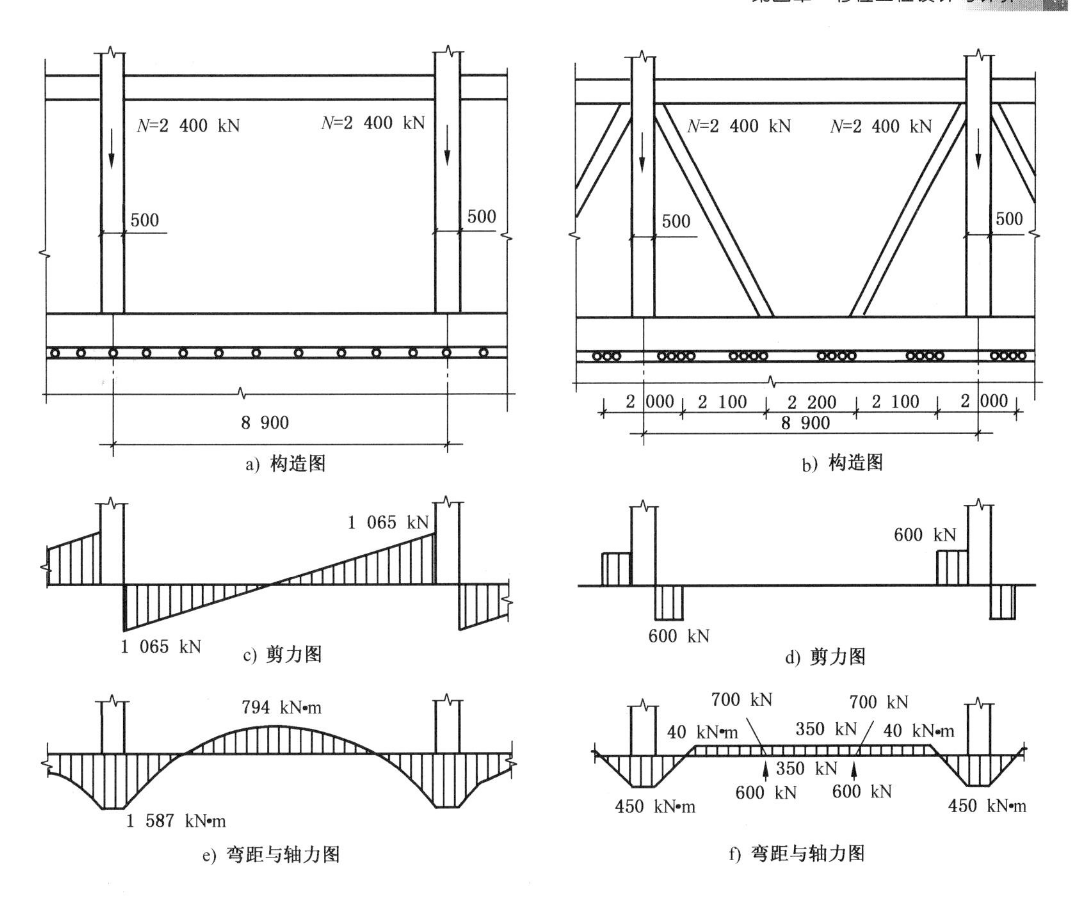

图 4-45　两种构造的剪力与弯矩图

（1）墙下托换梁

墙下托换梁受力模型与其托换形式（是单梁还是双梁）、是否兼做上轨道以及墙下的滚轴或顶升点的布置方案有关系，下面把兼做上轨道的托换梁称为纵向托换梁，另一方的称为横向托换梁。

单梁式纵向托换梁的计算，当建筑物平移工程中滚轴采用满布方案时，见图 4-46，托换梁仅受到上部墙体和下部滚轴的压力作用。理论上说，该梁只要满足滚轴部位的局部受压即可。但实际上，由于轨道不可能绝对平整，致使每个滚轴所受的压力不同，因此会在托换梁内引起拉弯等附加应力；同时，考虑到施工的方便，当采用混凝土梁时，该托梁的截面宽度不宜小于（墙宽＋50）mm，高度最好不要小于 300 mm。当采用钢梁时，应确保梁底截面连接焊缝的平整性，否则应充分估计到焊缝的不平整对托换梁造成的不利影响。当平移工程中墙下滚轴局部布置或建筑物顶升时，见图 4-47，可按普通连续梁或连续墙梁（满足墙梁条件时）进行计算。建筑物平移时，中间连系墙段的截面高度宜比托换梁段低至少 50 mm。

单梁式纵向托换梁的计算，可按普通连续梁或连续墙梁（满足墙梁条件时）进行计算。

双梁式托换梁即在原结构墙体的两侧设置托换梁，每隔一段距离，在两个托梁之间设置抬梁。托换梁的截面宽度不宜小于 200 mm，抬梁的间距取 1. 2 m～2.0 m 为宜。见

图 4-43，墙体的重量通过抬梁以及托换梁与墙体的摩擦传递到托换梁上。对于纵向托换梁，通常要在抬梁的位置布置滚轴或顶升点，因此，纵向托换梁与横向托换梁的受力方式和力学模型也有所不同。

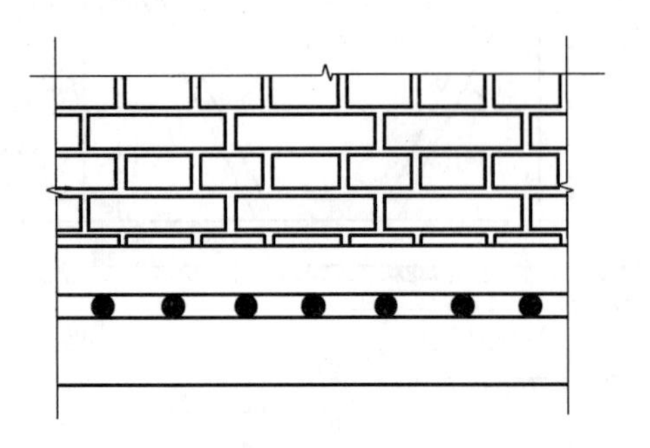

图 4-46　墙下滚轴满布布置图

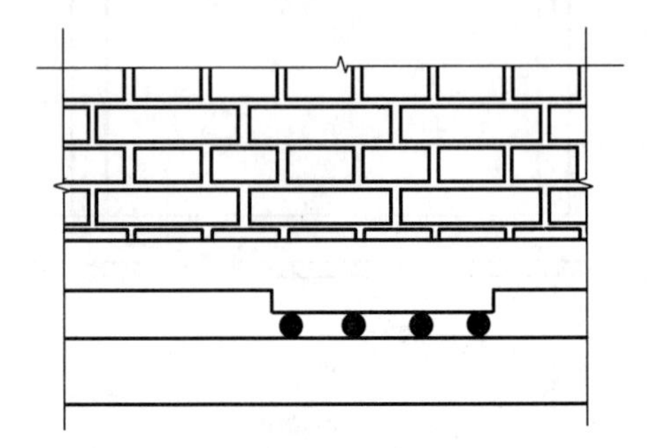

图 4-47　墙下滚轴局部布置图

双梁式纵向托换梁，托换梁下部受到滚轴或顶升点的支撑力，可近似地看作集中力，内侧受到墙体的摩擦力，可看作均匀分布，计算简图见图 4-48。因此，其托换梁可按均布荷载和扭矩共同作用下的倒置连续梁进行计算。

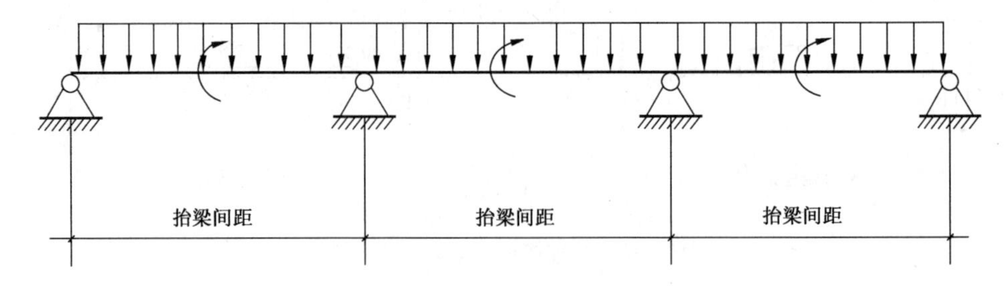

图 4-48　墙体双梁式纵向托换梁计算简图

双梁式横向托换梁，内侧受到墙体摩擦力和抬梁传来的集中力的作用，因此，其托换梁可按在抬梁集中力作用下，墙体摩擦力产生的均布荷载和扭矩共同作用下的墙梁进行计算。计算简图见图 4-49。

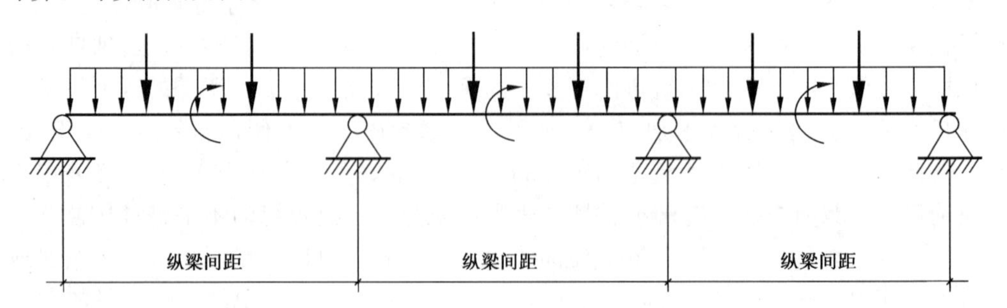

图 4-49　墙体双梁式横向托换梁计算简图

关于通过抬梁和托换梁与墙体的摩擦传递的竖向荷载分配，根据大量的文献资料，并结合有限元分析及现场试验的结果，可认为上部墙体的荷载传递到托换梁上和抬梁上的比例为 0.5∶0.5。

根据实际工程中抬梁的受力状况和截面特征，抬梁可近似地按均均布荷载作用下的简支深梁进行计算，深梁的跨度取墙体两侧托换加固梁中心的距离。

（2）柱下托换梁

柱下的托换方式有包裹式托换和单梁式托换两种，其滚轴和顶升点的布置方式也分托换梁柱下部分布和不布两种。托换梁柱下部不布滚轴或顶升点时，柱与基础的分离切割比较容易，但托换梁的柱外部分受力较大，其截面尺寸也就较大。托换梁柱下部布滚轴或顶升点时，其情况与上种方式相反，柱与基础的分离切割比较困难，但托换梁的柱外部分受力较小，其截面尺寸也就较小。

柱下托换梁伸出柱外的外延长度，在确保上托换梁和底盘梁在滚轴或顶升点的作用下局部抗压能够满足的前提下，不宜外伸太长；否则，托换梁的内力会增大，刚度会降低。托换梁的截面尺寸应根据受力的大小来确定，为了保证上轨道的刚度，托换梁的截面高度、与外伸长度的比值不要超过1∶3，且应同时保证柱内纵向受力钢筋有足够的锚固长度。

单梁式托换即直接在柱下设置托换梁（兼做上轨道），荷载传递明确，但其施工难度和对上部结构破坏较大，应用较少，只有在有特殊要求和上部荷载较小时采用。采用单梁式时梁宽宜大于柱宽，梁内钢筋不能截断。单梁式托换梁主要受到下部滚轴或顶升点向上的支撑力，以及建筑物移动时与滚轴之间的摩擦力。根据托换梁外伸长度与高度的比值，可按固定在柱上的倒置牛腿和倒悬臂梁进行内力和配筋计算。

包裹式托换即在柱的四边均设置托换梁，将建筑物平移方向外包梁适当延长，通过托换梁与柱表面的摩擦将柱上荷载传递到托换梁上。因这种托换方式主要通过托换梁与柱侧面的摩擦传递荷载，为确保荷载的有效传递，不发生冲切破坏，柱表面应彻底凿毛，并用插筋连接上轨道梁与框架柱。柱荷载较大时，应做成契口连接，见图4-50。托换梁外伸长度主要受到下部滚轴或顶升点向上的支撑力，以及建筑物移动时与滚轴之间的摩擦力，根据其外伸长度与高度的比值，托换梁外伸部分可按固定在柱上的倒置牛腿和倒悬臂梁进行内力和配筋计算。包柱部分主要受到内侧摩擦力的作用，根据实际工程中的受力状况和截面特征，可近似地按均布荷载作用下的简支深梁进行计算，深梁的跨度取柱两侧托换梁中心的距离。

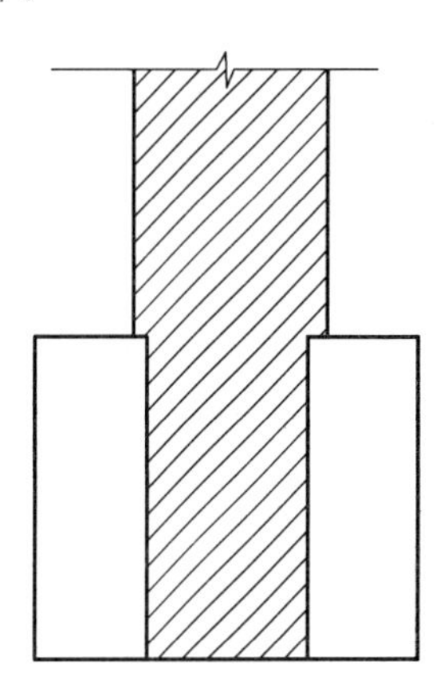

图4-50　托换梁与柱的连接

考虑到移动过程中根据轨道的平整度，进行柱下托换结构设计时，柱下荷载宜乘1.5～2的放大系数。

对于滚动式、滑动式平移和顶升移位，托换梁的混凝土还应满足局部抗压要求。通常在托换梁与滚轴或滑块设置钢板或槽钢，来提高托换梁的局部抗压能力，并可防止建筑物移动过程中托换梁的碾压破坏。

（3）顶升点的设计

砌体结构可根据线荷载分布布置顶升点，顶升点间距不宜大于1.5 m，应避开门、窗、洞及薄弱承重构件位置。

框架结构应根据柱荷载大小布置顶升点。顶升点数量可按下式进行估算：

$$n=k\frac{Q}{N_a} \tag{4-18}$$

式中：n——千斤顶数量（个）；

Q——顶升时建筑物总荷载标准值（kN）；

N_a——单个千斤顶额定荷载值（kN）；

k——安全系数，可取1.5～2.0。

（4）其他构件的设计

托盘结构中的其他构件主要是将托盘结构联成一个整体的连梁和斜撑，其所起的作用一方面是传递水平力，另一方面就是在托盘节点受力不平衡，起协调和调整作用。其内力计算在平移工程中主要是按水平力作用下的桁架进行。设计时，还应充分考虑到托盘节点受力不平衡可能产生的附加内力。其截面形式应选用两轴抗弯刚度接近的方形或长宽比较小的矩形。对于混凝土结构，构件的长细比不宜超过30。

5. 底盘结构设计

（1）设计原则

底盘结构的作用就是为上部结构提供移动的道路，同时把上部结构的荷载传递到地基，因此它的设计必须满足：

1）和建筑物的移动方向一致，顶面尽量地平整光滑，以减小建筑物移动的摩擦力；

2）在平移工程中，能提供水平反力。

3）具有足够的承载力，保证在上部结构荷载和牵引荷载的作用下不发生破坏。

4）具有足够的刚度，不能因其变形过大而在上部结构中产生附加应力，造成上部结构的破坏；或增大移动阻力。

（2）底盘结构及地基基础的设计

底盘基础的设计可分为三部分，即建筑物新址处的基础，移动过程中的中间基础和建筑物原位处的基础，见图4-51。底盘梁应对应托盘梁采用单梁或双梁，底盘梁的宽度宜大于托盘梁的宽度。

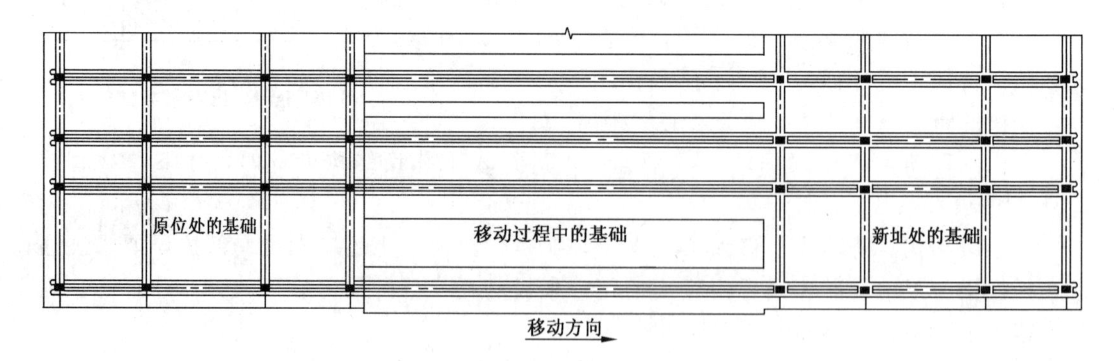

图4-51 建筑物平移基础示意图

对与建筑物新址处和移动过程中的基础，如是新建建筑物，基础的形式只需要根据上部荷载与地基承载力的关系确定，采用独立基础、条基、筏基或桩基、箱基。而移位建筑物必须要考虑到底盘梁的形式，与底盘梁协调一致，因此基础应优先考虑与建筑物

移动方向一致的条形基础。条基不满足时，可采用筏基或桩基。

在建筑物新址处，底盘梁（地基梁）及地基基础应满足现行 GB 50007《建筑地基基础设计规范》的要求。其底盘梁（地基梁）按上部荷载作用在各个不利位置时的内力包络图设计，地基基础的承载力和沉降应要保证上部荷载作用移到最不利位置时、仍能满足要求。若建筑物到达新址后，部分仍落在旧基础上，设计时应严格控制地基的地基不均匀沉降，充分考虑可能出现的地基不均匀沉降对上部结构的影响。一般情况下可将新加部分的基础扩大，必要时可设置防沉桩或锚杆来减小地基的沉降量。

建筑物移动过程中的基础，其设计方法和新基础一样。不过由于建筑物在平移施工时其可变荷载并没有达到最不利的数值，且建筑物在此段基础上作用的时间比较短。因此，此段基础的设计可按建筑物移位时的实际荷载状况设计。

建筑物原位处的基础，其设计原则就是要尽量利用原基础来承载，不足的部分进行加固处理。由于原基础的形式不同，其加固处理方法也不同。当建筑物原基础为条基时，由于建筑物原来可能是纵横双向承重，而现在变成了沿建筑物移动方向一个方向承重，因此基础的承载力可能不足，需做加宽处理或在大房间的中间增加下轨道，见图 4-52。如建筑物的原基础为柱下独立基础时，一般的处理方法为在两基础之间增加钢筋混凝土条基或桩基，见图 4-53。如建筑物原基础为桩基，通常是将地基承载力不足的地方进行补桩处理，见图 4-54。

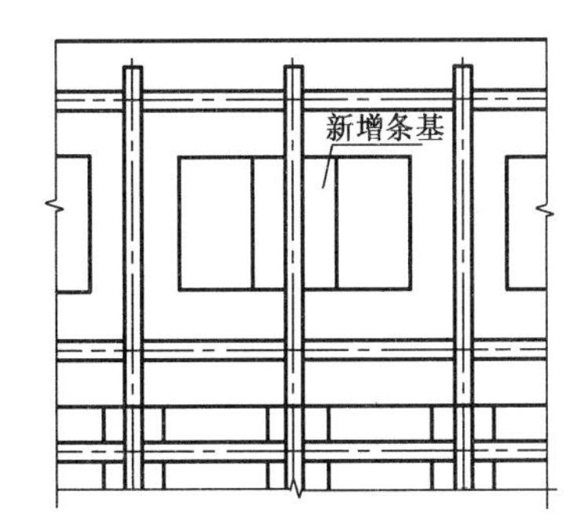

图 4-52　原基础为条基时

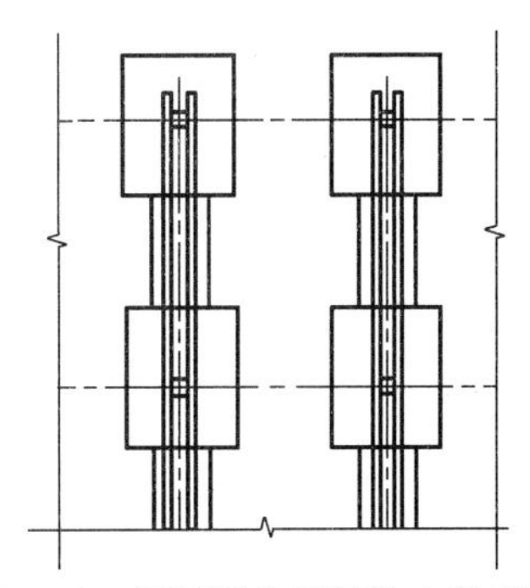

图 4-53　原基础为柱下独立基础时

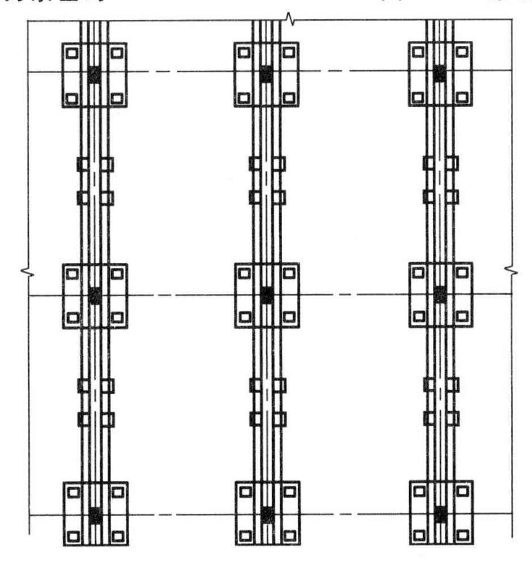

图 4-54　原基础为桩基时

建筑物的底盘梁可按倒连续梁或弹性地基梁计算，必须保证上部荷载作用在各个不利位置时其承载力都能满足要求。为了保证其顶面的平整性和局部抗压性能，底盘梁顶面一般做20 mm～50 mm厚细石混凝土找平层。建筑物重量较大时，找平层内应铺设钢筋网。

6. 迁移到新址的地基基础设计

移位工程的地基基础加固处理，主要是移位行走路线上地基基础的加固处理和新移位到新址的建筑物基础的地基基础加固两部分。

（1）行走基础的设计原则。行走基础的设计，要满足地基承载力和地基变形的要求。行走基础的荷载作用时间较短，不能简单地直接沿用永久基础的设计原则，特别是在软弱地质条件下，应当以变形控制为主。过大的地基变形将会导致移动过程中过大的不均匀沉降，引起建筑物墙体开裂，但地基变形控制得过于严格，又会使得地基加固的成本过高，所以应当根据上部结构的抗变形能力合理地选择基础形式和地基加固方式，使得当建筑物在短时间内经过时，地基产生的沉降量在一个合理的范围内。同时也应当根据建筑物在行走基础上停留时间的长短来区别对待，例如横向行走区域、纵向行走区域和旋转区域的基础设计都不应当完全相同，行走基础的最后设计将综合考虑不同平移方式的不同影响。

（2）当有多栋房屋移位时，建筑物的移动路线往往相互重叠，同一行走基础最多有多栋楼经过，但每栋楼的轴线不是完全重合，如果做成条形基础也是互相重叠，因此在设计中直接采用钢筋混凝土平板基础，根据不同建筑物的移动路线与行走梁轴线，再铺设行走轨道。

在建筑物纵向移动过程中，由于建筑物的外纵墙开设规则的窗户洞口，对纵墙的刚度有较大的削弱，建筑物对移动过程中地基的不均匀沉降相当敏感，根据设计原则，在移动过程中要严格控制地基的不均匀沉降量。地基基础的加固，当土质较差时可采用水泥搅拌桩加固，土质较好时可碾压加固或蛙式打夯加固。

工程中虽然对地基进行了加固处理，但当建筑物进行行走基础时，沉降仍然是不可避免的。结构产生不均匀沉降的原因包括：

1）建筑物移动前一般已经使用多年，原地基的沉降已经完成，而行走基础虽然进行了加固，当荷载施加时，沉降也是不可避免的，新老基础之间还会存在差异沉降。

2）即使建筑物全部离开原基础，移动过程中，由于沉降有一时间过程，因此建筑物的前部变形滞后于后部，在建筑物移动方向的前部和后部会出现较大的不均匀沉降。当这种不均匀沉降超出结构所能承受的范围，特别是对于受到门窗洞口削弱的纵墙，就极易出现墙体开裂。

图 4-55 为建筑物移动过程中不均匀沉降示意图。由图 4-55a）可以看出，建筑物在脱离老基础前呈现两头翘的形式，中间部位的沉降量则相对较大，根据现场实际测量结果，在建筑物整体移动后部还有两个开间未离开老基础时，中间部位与后部的沉降量还产生差值。由图 4-55b）可以看出，当建筑物离开老基础后就呈现出前部向上翘的形式，而后部则相对比较平坦。因此对行走基础进行地基处理以减小建筑物移动过程中的沉降量是至关重要的。另外，除了对行走基础采用水泥粉喷搅拌桩或碾压地基进行加固外，还在建筑物移动过程中加强施工监测，发现有局部沉降过大现象及时在行走轨道上进行补偿。

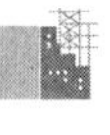

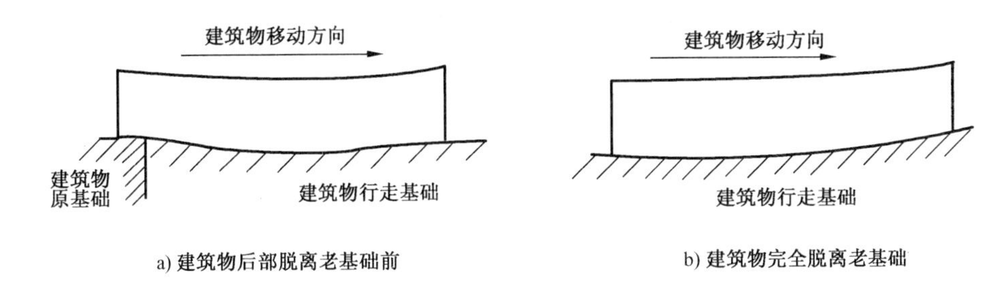

图 4-55　建筑物不均匀沉降示意

行走基础的沉降量不能简单地按照永久基础的方法计算，而是要根据作用时间的长短进行折减，因此行走基础和永久基础虽然都是采用水泥粉喷搅拌桩进行地基加固，但桩的直径、间距、桩长和水泥用量都是不同的。

3）对移位后的建筑物永久基础的加固尽量应采用静压桩（预应力管桩）或挖孔桩（桩长小于 10 m），不要采用冲孔灌注桩，这类桩因存在桩底的沉渣，容易产生不均匀沉降，对移位建筑不利。

7. 新旧结构连接设计

建筑物就位后的连接，应满足稳定性和抗震的要求。

对于多层砖混结构（高宽比不大于 2，层数小于 6 层）的墙体和基础的空隙应用不低于 C20 细石混凝土填密实确保建筑物的安全；层数超过 6 层（高宽比大于 2）的砖混结构、框架结构等，需经计算分析确定其连接形式。

计算时，应根据基础对建筑物上部结构的实际支承情况，对建筑物进行整体分析，确定承重墙或柱与基础的连接方式与配筋。目前，框架柱固结连接常采用的连接方式为在托盘梁和底盘梁上分别预埋钢筋或设置预埋件，等建筑物到达新址时，用钢板或短钢筋将托盘梁和底盘梁的预埋钢筋或预埋件进行连接。见图 4-56。

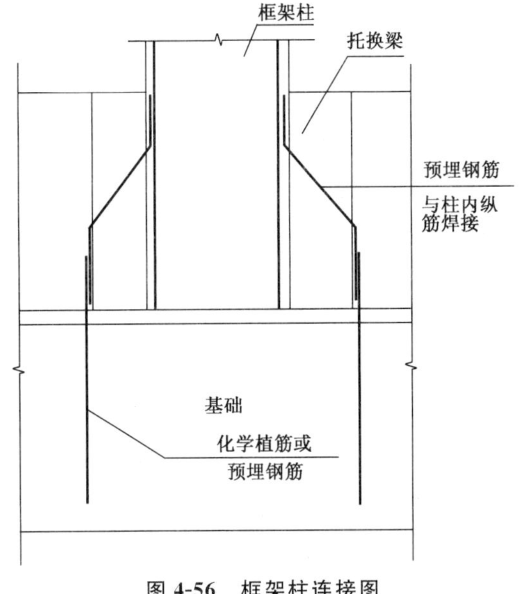

图 4-56　框架柱连接图

建筑物就位后，托盘结构体系需拆除时，砌体结构的构造柱和框架结构柱的纵向钢筋应与基础中的预设锚固筋连接或采取其他可靠连接措施。

地震烈度较高（大于7度）的地区，宜考虑托盘结构体系和基础间设置减震装置。

8. 动力设备及控制系统设计

（1）动力设备

目前建筑物平移所使用的动力设备主要有液压动力设备和机械动力设备两大类。随着液压动力设备技术的不断完善，特别是液压自动控制技术的推广应用，目前国内外的建筑物整体平移工程中，主要采用同步液压系统作为平移的动力设备。机械式的动力设备由于动力小且很难实现同步控制，目前已很少采用。近几年，国外甚至出现了一种自带动力设备且具有液压升降功能的多轮平板拖车，既是行走机构又能为移动提供动力。

1）液压动力设备

液压动力设备根据其动力源的不同又可以分为同步液压动力设备和手动液压动力设备。同步液压动力设备的动力源为液压泵站，施力设备为同步液压千斤顶，液压泵站通过油管、控制阀与千斤顶相连；手动液压动力设备即手动液压千斤顶，其动力源为千斤顶自带的手动式油泵。由于手动液压动力设备无法保证各施力点的移动动力同步施加，且施力的大小由于操作人员操作时间和用力大小的差异很难控制，所以手动液压动力设备在平移工程中很少使用。在此主要介绍同步液压动力设备。

同步液压动力设备主要由液压泵站和同步液压千斤顶组成。

① 液压泵站

液压泵站又分为定量泵和变量泵两种。定量泵站即泵站在整个工作过程中高压油的输出流量不变；变量泵站即泵站在工作过程中高压油的输出流量是改变的，变量泵站又可以分为双流量泵站和变频泵站。双流量泵站一般是在低压时为大流量输出，而在高压时为小流量输出；变频泵站则是通过变频电机和变频泵实现泵站输出流量的改变，即通过改变动力电机的工作频率改变油泵的流量输出。由于变频泵站一般可以在一定的流量范围内实现输出流量的连续可调，能够使泵站的输出流量与千斤顶工作所需的流量尽可能地一致，减少泵站输出高压油的溢流，进而降低能源的消耗和因高压油溢流产生的热量，提高设备的运行可靠性和使用寿命。因此，建筑物平移中应优先采用变频泵站作为同步液压千斤顶的动力源。

液压泵站是同步液压千斤顶的动力源，液压泵站通过油管、控制阀与多台同步液压千斤顶连接，液压泵站可以是单油路输出，也可以是多油路输出。单油路输出油泵即一台油泵只有一种压力输出，其所连接千斤顶的供油压力是相同的；多油路输出油泵即一台油泵可以有两种以上的压力输出，不同的供油油路可以提供不同压力的液压油，每一个油路连接的千斤顶的供油压力是相同的。一台泵站连接的千斤顶数量应根据泵站的流量、油箱的容量以及所需的平移速度综合确定。

当需要多台千斤顶的动力不同时，如所用的液压泵站是单油路输出时，可以采用多台泵站也可以采用不同型号的千斤顶实现；如所用的液压泵站是多油路输出时，只要泵站的供油流量和供油压力满足设计要求，可以用一台泵站提供不同压力的高压油实现多台千斤顶的不同动力输出。目前，国外发达国家的建筑物平移一般多采用一台多油路泵

站，其输出油路可以多达几十个，操控方便且自动化程度很高。

根据最高供油压力的不同，用于建筑物整体移位的液压泵站一般有高压泵站和超高压泵站。国内高压泵站的最高供油压力一般为 31.5 MPa；超高压泵站的最高供油压力可达 60 MPa～80 MPa。实际使用时，应根据同步液压千斤顶的额定工作压力合理选用液压泵站。一般来说，高压泵站系统比较容易实现同步、压力和流量的自动控制，而超高压泵站系统实施自动控制的难度相对较大。但采用超高压泵站系统时，千斤顶的体积和重量较小，方便现场的使用和移动。

② 同步液压千斤顶

根据千斤顶工作方式的不同，液压千斤顶主要有两种：同步顶推液压千斤顶和同步张拉液压千斤顶。顶推千斤顶用于采用顶推法的平移工程中，张拉千斤顶主要用于采用牵引法的平移工程中。采用张拉千斤顶时，一般还要有合适的锚具（或夹具）、牵引钢绞线（或钢索）与之配套使用。

如 1999 年 6 月，位于美国卡罗莱纳州海岸的一座高 61 m、重达 48 000 kN 的灯塔为了免于不断的海岸侵蚀，直线移动距离 487.69 m，由于地形的原因，实际移动轨迹达 883.93 m。其移动动力设备为同步液压顶推千斤顶，动力施加均衡、平稳，移动速度达到 0.76 m/min。

再如 1999 年 12 月，位于山东省临沂市的一座高 34 m、重达 60 000 kN 的 8 层办公楼，为了临沂市人民广场建设的需要，先向西移动了 99.6 m，又向南跨过一条马路移动了 74.5 m，移动时采用了 12 台同步张拉千斤顶，移动平稳，平移速度约 2 m/h，是当时国内平移建筑物最高、移动速度最快、高层建筑物移动距离最远的平移工程，在国内外引起了极大的轰动。

2）机械动力设备

能够用于建筑物整体平移的机械式动力设备一般有螺旋千斤顶、专用的卷扬机和机械牵引车。螺旋千斤顶在国内外早期的楼房平移工程中应用比较普遍，采用螺旋千斤顶虽然不能保证各施力点动力的同步，但可以基本做到位移的同步，保证建筑物的同步移位。国外早期的平移工程中，有的曾采用卷扬机或牵引车作为建筑物移动的动力设备。

（2）控制系统

目前，国内外的平移工程多采用 PLC 液压控制系统进行控制。PLC 液压控制系统的原理如下：

同步液压顶推控制系统工作原理（图 4-57）：通过控制器 A 设置每个同步液压顶推千斤顶 H 的工作油压和高压油的流量，工作时，液压泵站 E 通过高压油管 F、控制阀组 G 向千斤顶 H 供油，控制阀组上的液压传感器实时检测供向千斤顶的油压并通过电器盒 B 反馈给控制器 A，在高压油的作用下千斤顶的活塞伸出并推动建筑向前移动，此时位移传感器 D 实时检测各位移监控点的实际位移量并通过电器盒 B 反馈给控制器 A。若移动速度过慢，可通过控制器 A 调整液压泵站增加向千斤顶的供油量；若移动速度过快，可通过控制器 A 调整液压泵站减小向千斤顶的供油量；若某个位移监控点的移动速度过慢，则控制器 A 可相应调增该处千斤顶的供油量，加快该处的移动速度；若某个位移监控点的移动速度过快，则控制器 A 可相应调减该处千斤顶的供油量，减慢该处的移动速度。整个移动过程中控制器 A 实时监测、显示千斤顶的供油压力及各位移监测点的移动距离及移动速度，并可以保证建筑物的同步移动。

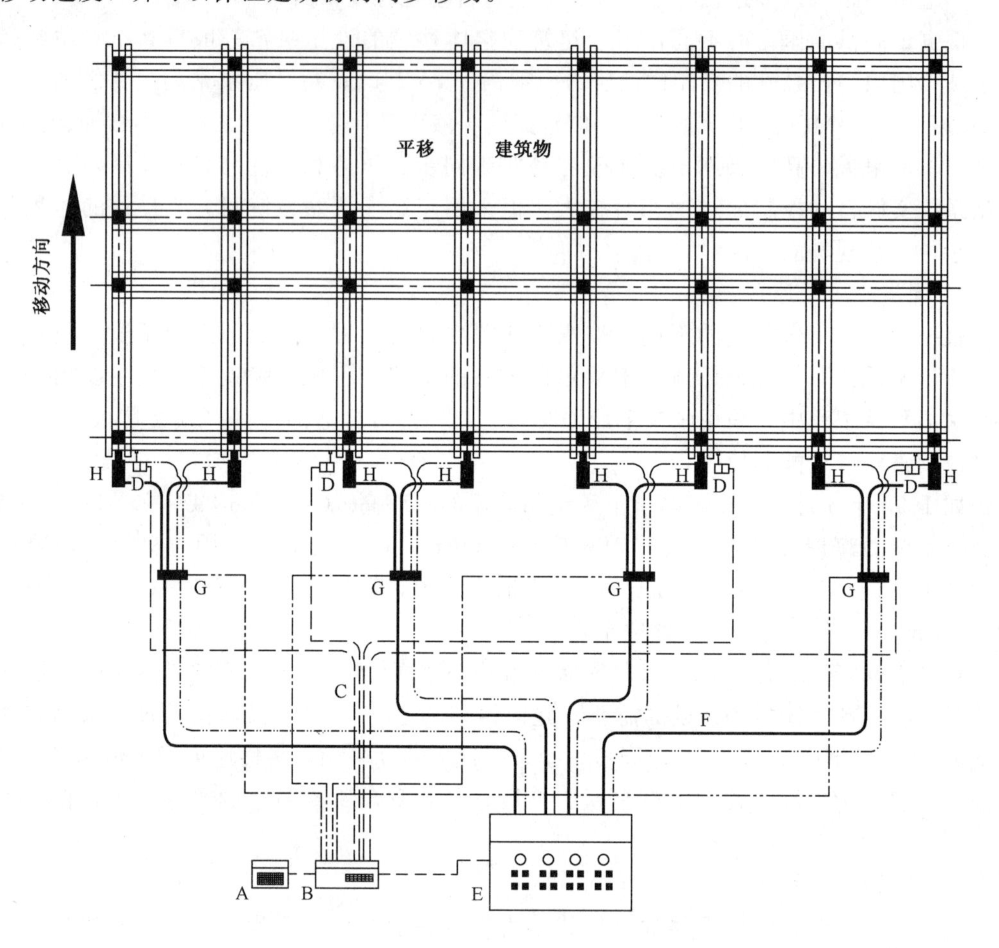

A—控制器；B—电器盒；C—信号电缆；D—位移传感器；
E—液压泵站；F—高压油管；G—控制阀组；H—顶推千斤顶

图 4-57　同步液压顶推控制示意图

同步液压牵引控制系统工作原理（见图 4-58）：通过控制器 A 设置每个同步液压顶推千斤顶 H 的工作油压和高压油的流量，工作时液压泵站 E 通过高压油管 F、控制阀组 G 向千斤顶 H 供油，控制阀组上的液压传感器实时检测供向千斤顶的油压并通过电器盒 B 反馈给控制器 A，在高压油的作用下千斤顶的活塞伸出并通过夹具 J 牵引钢绞线 K 牵引建筑物向前移动，此时位移传感器 D 实时检测各位移监控点的实际位移量并通过电器盒 B 反馈给控制器 A。若移动速度过慢，可通过控制器 A 调整液压泵站增加向千斤顶的供油量；若移动速度过快，可通过控制器 A 调整液压泵站减小向千斤顶的供油量；若某个位移监控点的移动速度过慢，则控制器 A 可相应调增该处千斤顶的供油量，加快该处的移动速度；若某个位移监控点的移动速度过快，则控制器 A 可相应调减该处千斤顶的供油量，减慢该处的移动速度。整个移动过程中控制器 A 实时监测、显示千斤顶的供油压力及各位移监测点的移动距离及移动速度，并可以保证建筑物的同步移动。

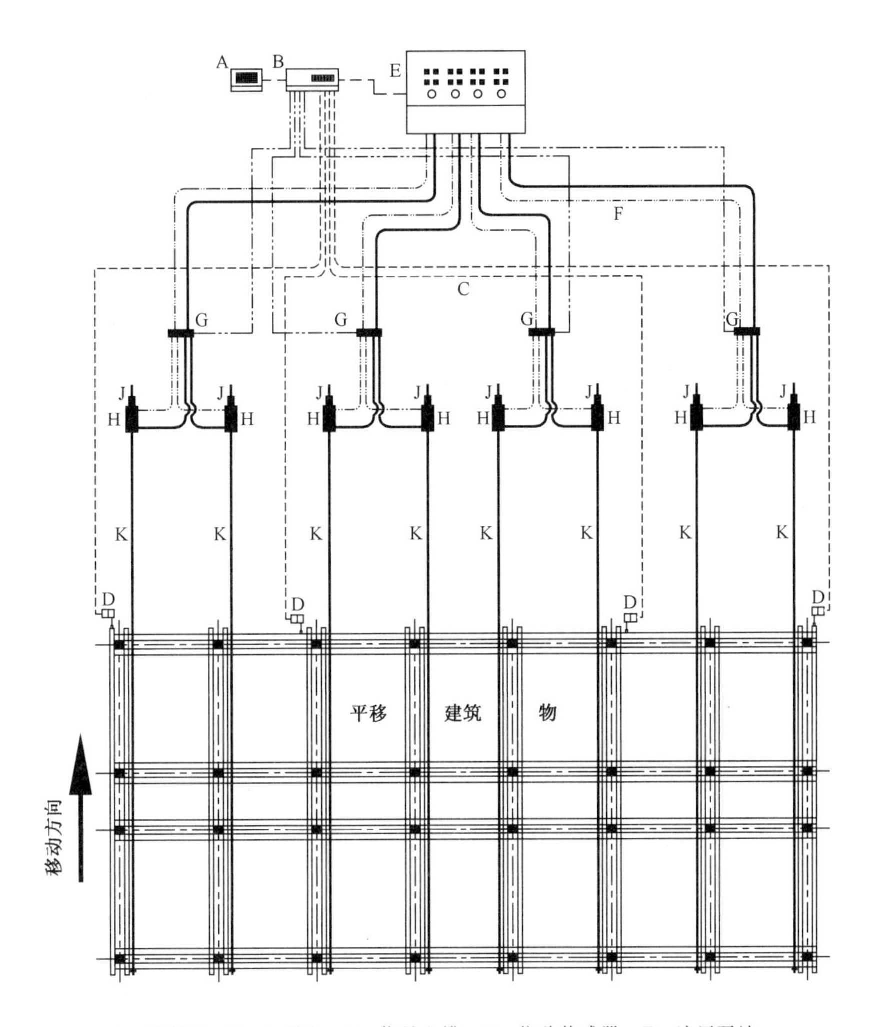

A—控制器；B—电器盒；C—信号电缆；D—位移传感器；E—液压泵站；
F—高压油管；G—控制阀组；H—牵引千斤顶；J—夹具；K—牵引钢绞线

图 4-58 同步液压牵引控制示意图

平移施工时，应先对各轴线平移阻力进行测试。正式平移前先进行试平移，以准确测定每个轴线的平移阻力。现根据理论分析初步确定每个轴线的平移阻力，并根据理论阻力及千斤顶的数量初步确定每个轴线上千斤顶的供油压力。试平移时，先加至理论油压的 50%，并以 10%的步幅缓慢增加，在逐渐加压的过程中，由计算机实时监测每个轴线前后端的位移变化，建筑物开始移动后，根据每个轴线的移动速度调整相应轴线上的千斤顶的供油压力，直到所有轴线的移动速度完全相同。比例调整各油路的供油压力，使移动速度控制在 60 mm/min，并以此时的供油压力作为正式移动的供油压力。

根据试平移确定的供油压力分别向千斤顶同时供油，推动建筑物向预定的方向移动。移动过程中位移传感器实时地将每个轴线的精确移动距离转换为电信号并反馈到监控计算机，若各轴线的移动速度（距离）全部一致，则计算机向伺服液压控制台发送的调控信号为零（不调控油压）；若某个轴线的移动速度变慢，则计算机根据位移传感器反馈来的信号控制伺服液压控制台调增相应油路的供油压力，提高该轴线千斤顶的动力及该轴线的移动速度；若某个轴线的移动速度变快，则计算机根据位移传感器反馈来的信号控制伺服液压控制台调减相应油路的供油压力，降低该轴线千斤顶的动力及该轴线的移动速度。测控系统在整个移动过程中实时监测、调控建筑物的移动速度及距离，可以保证平移过程中平稳性和同步性。

第五章　移位工程施工

一、移位工程施工要点

移位工程施工前应编制施工技术方案和施工组织设计，并应对移位过程可能出现的各种不利情况制定应急措施。

1. 在出现下列情况时应事先制定应急措施

（1）房屋结构发生意外的开裂、变形、沉降、偏斜时；

（2）托盘和底盘梁出现意外的开裂、变形或不均匀沉降时；

（3）机械设备故障、意外断电时；

（4）出现暴雨、雷电、强风、地震等灾害性状况时；

（5）发生漏电、火灾等意外事故时。

2. 移位施工分类

（1）移位施工按其移位方式分类

移位施工分水平移位、平面转向移位、垂直升降移位三大类。

结构移位根据新位置和原位置的关系可以分为结构的整体平移、顶升和旋转。

整体平移是指把结构从一处整体沿水平向移动至另一处，在移位的过程中，结构的任何一点始终在某一水平面内运动。通常采用的方式为：将建筑物托换到托盘系统上，并设置上轨道系统，在新址处建造永久基础，从原址到新址位置设置下轨道系统。在上下轨道梁系间安放移动装置，如滚动式的滚轴或滑动式的钢板、滑脚等，将托盘系统下建筑物墙、柱切断后支承在下轨道梁上，在移位方向上设置动力系统，如千斤顶或卷扬机，克服摩擦阻力从原址移动到新址。整个过程中没有竖向力做功，然后在新址对建筑物和基础进行连接。当结构平移路线由于某些客观原因在平移过程中需要变向时（如采用 L 形路线）时，应考虑平移方向的先后顺序，以保证结构在平移过程中的安全可靠，应尽量使结构在平移过程中各部分位于相同的地基状况和基础类型上，以防止发生不均匀沉降等。目前在国外，对于一些小型、轻型结构，使用最多的移动设备是多轮平板拖车，一般由汽车或挖掘机等做牵引，后来又出现了一种自身可提供动力的多轮平板拖车，并在多个工程中应用取得了理想的效果。

整体顶升是指把结构从一处整体沿竖向移动至另一处，在移位的过程中，结构的任何一点始终在某一铅垂线上运动。多数是由于建筑物经过多年沉降，或周围新建筑地坪较高，建筑物使用受到地下水或降雨积水的影响，故将建筑物抬高后继续使用。通常采用的方式是：在建筑物下部设置托盘系统对建筑物进行托换，对原有基础进行检测加固后作为建筑物移位后的永久基础，在永久基础和托盘系统间用千斤顶和垫块顶紧后切断建筑物托盘系统下的墙、柱，以千斤顶提供动力将建筑物抬高，到达指定高度后重新连接墙、柱，待达到强度撤去千斤顶或垫块。或者当房屋改造中，需要增加层高或提高屋架时，均可采用整体顶升的施工工艺。

整体转动是指把结构以某一根轴为中心整体转动一个角度，又分水平转动和垂直转动。水平转动通常用于结构转向，垂直转动通常用于建筑物纠偏。水平转动方法和结构的整体平移相似，只是需要根据新旧址位置通过几何方法确定旋转中心，旋转中心可以在原结构内部也可以在结构外部，然后以该点为圆心设置同心圆的圆弧轨道。为了安全，轨道宽度往往达到平移轨道的两倍，且在移位的过程中，动力方向在不断改变，需要设置更多的反力装置，各点的位移量也因其到旋转中心的距离不同而不同。当建筑物由于不均匀沉降等原因需要垂直转动时，往往通过基础开挖将结构较高的一面放低，或采用物理方法（用千斤顶将建筑物柱或基础顶起，然后再与基础进行连接或采用高压注浆技术在地基中注入可凝固浆液，利用液压将建筑物连基础顶起，达到预定位置后把液压系统封闭），或采用化学方法（在地基中埋入化工材料，当需要顶升时在化工材料中注入反应剂，材料在化学反应时产生较大的膨胀力将建筑物基础顶起）将较低的一面抬起，以恢复建筑物的安全性和使用功能。

水平移位方式有：滚动、滑动等。

——滚动式移位：在建筑物移位过程中，上下轨道系统间在移动方向的摩擦力主要为滚动摩擦的移位方法。滚动方式分滚轴滚动、滚动轮滚动等。

——滑动式移位：在建筑物移位过程中，上下轨道系统间在移动方向的摩擦力主要为滑动摩擦的移位方法。滑动方式分为钢轨式滑动、移动悬浮式滑动支座、铁滑脚与新型滑动材料组成的滑动方式。

（2）移位系统组成

托盘系统：对上部结构进行托换，在结构墙、柱切断后作为临时基础对结构进行承托，由托换梁系和连系梁组成平面框架或形成筏板。又可称为托换梁、托换体系、托盘等。

上轨道系统：移动面与托盘系统的连系部分，可以为托盘系统的部分，也可以在托盘系统间或托盘系统下制作，通常由上轨道梁、滑脚与连系梁组成。又称为上轨道或上滑道。

下轨道系统：移动面与地基基础的连系部分，承受移动中的竖向荷载和水平力，可以为筏板也可以由下轨道梁与其间的连系梁和支撑组成。又可称为下轨道或下滑道。

移位装置：为便于施工在上轨道梁下与下轨道系统间制作的并与之相接触的装置，可为钢结构也可为与上轨道梁一起浇筑的混凝土结构，可以固定在上轨道梁上也可楔于上下轨道梁间，作为上轨道梁的支座。通常称为临时支墩、靴子等。

3. 移位施工要求

建筑物移位前应根据设计方案编制移位施工技术方案和实施性施工组织设计，并结合移位工程特点，对移位施工过程中可能出现的各种不利情况制定应急措施和应急预案。主要可归纳为以下几个方面：

（1）地基基础处理及施工质量控制

在移位工程中造成建筑物损伤的原因很多，其中地基不均匀沉降是一项重要因素。在上部结构形心与重心基本重合、地基基础比较均匀的情况下，建筑物在移位过程中一般不会出现损伤。但由于建筑物新旧基础往往存在沉降差异，因而当建筑物平移到达新旧基础结合部时，总会出现不均匀沉降，使轨道系统产生负弯矩和较大的挠度，导致建筑物出现开裂等损伤。当某些原因造成建筑物移位中不得不在新旧基础结合部较长时间停滞时，问题尤为突出。因而在工程前期施工中，对基础加固时，应充分考虑到地基处理对上部结构的影响。施工过程中，应对地质情况进行验证，严格控制基础施工质量，并制定相应的应急措施和应急预案，防止不均匀沉降对移位建筑物结构造成的危害。

（2）移位过程中结构受力的控制

钢筋混凝土框架结构虽然整体刚性较好，承受竖向荷载能力较强，但是在抵抗水平动力荷载、扭曲荷载却相对较弱；砖混结构和砌体结构这方面的能力则更弱，而平移时正是产生这些不利荷载的过程。由于建筑物结构在平移过程中是非匀速直线运动，会使结构产生剪力，导致房屋前后倾斜摇摆。当其超过建筑物抗剪能力时，将导致建筑物结构出现水平裂缝，危及建筑物自身的安全。

目前所采用顶推式平移方式其行程有限，调整设备过于繁杂，某些人为因素可能造成平移不同步，施工过程中很难实现各点完全协同且连续的顶推；而当采用牵引式移位时，钢丝绳和钢绞线张紧过程中变形较大，这些均会造成各受力点实际所受水平力产生偏差。如果建筑物的托盘系统及对结构加固施工时未能严格控制其施工质量，致使建筑物结构产生的相对变形超过其承受范围，就会导致托盘系统和建筑物结构的开裂，因而在托盘系统施工及对建筑物结构加固时，应制定相应的措施以确保其施工质量。

在顶升托盘系统施工时，由于千斤顶故障或其他原因往往会造成某柱下顶力小于或大于原轴力，因而托换系统施工时，应严格按照设计要求制定施工方案，确保托盘结构施工质量，防止可能造成竖向力传递的变化，并由此产生结构构件的损伤或破坏。

（3）轨道梁（或下滑梁）施工

轨道梁（或称下滑梁）在一般可视为布置在地基上的行车梁，施工过程中，应在充分考虑轨道梁承受建筑物结构的竖向荷载的同时，对其在平移过程中承受的水平力、摩擦力、振动以及轨道不平整度所产生的附加力等采取必要的控制措施，确保其结构质量和平整度，防止因轨道梁的局部破坏或失稳而危及移位建筑物结构的安全。

（4）轨道梁（下滑梁）表面平整度的控制

轨道系统表面的平整是结构顺利平移的必要条件，但施工中由于控制不严，往往出现轨道系统表面平整度达不到要求。当轨道系统表面局部不平整时，滚轴无法均匀受力，上轨道系统受力支座跨度增大，上部结构局部变形过大、开裂。由于滚轴与轨道的接触面较小，还可能造成轨道的局压破坏或滚轴被压坏；若轨道系统向上倾斜，则平移建筑物如同上坡，千斤顶推力可能无法满足要求；若轨道系统向下倾斜，则建筑物如同下坡，平移的可控性差。轨道系统表面不平还会造成瞬时的加速度增大，对结构非常不利；因而在施工过程中应采取有效措施，严格控制其表面平整度，为其自身进而为建筑物结构的安全提供保障。

（5）特别强调地基基础处理

要求新基础能够承受建筑物长期荷载，新旧基础处置妥当，不致产生超出规范要求的不均匀沉降；基础能承受建筑物整体移动荷载，要求上部荷载位于任何位置时，地基基础均能够承受而不发生影响移动的变形。考虑到新旧基础不均匀沉降，新基础可增大基础底面积或提高混凝土强度等级，兼作轨道的原地梁可按轨道要求作局部加固处理，如采取局部加锚杆静压桩补强等措施。

根据地质情况和荷载设计轨道系统基础，避免发生超出允许的不均匀下沉。注意基础施工时超挖对原结构的影响。必须制定周密的施工方案，减少平移前施工对上部结构及基础造成的不利影响。

二、移位施工机具及控制系统

移位需要支承建筑物或抬高建筑物的施工机具，如垫木、辊杠、千斤顶、楔子顶铁等。移动机具例如滑车、卷扬机等。辅助材料有钢筋混凝土块、螺栓、钢丝绳支撑等。

截断施工时宜采用百分表等仪器监测。

移动装置一般指千斤顶、卷扬机、顶铁等。

卸荷装置一般指千斤顶、构件和测力装置。

动力系统一般指泵站、油管路总成、电动机等。

控制系统一般指机械控制、电脑控制等。

相关参数一般指顶推速度、静摩擦系数等。为减少摩擦阻力，可适当选择润滑剂，如润滑油、硅脂、石蜡、石墨等。

同步精度：应根据平移建筑物的重要性及其本身的强度、刚度来决定。

三、托盘结构体系施工

有的也称底盘结构。

1. 材料与施工要点

对托盘结构体系施工，对原材料的质量控制是控制工程质量的前提。托换工程中，对材料必须严格把关。托换形式要求施工工艺简单、操作方便。托盘系统宜在平面内组成框架体系，梁段节点要有足够的刚度和强度，保证托盘系统的整体性；对凸出部分宜设置斜向系梁，在允许的情况下应尽量提高托盘系统截面高度，确保托盘系统的水平和竖向刚度，保证即使动力系统行程不同步的情况出现时也不会使结构产生较大的相对变形。在采用常规托换方法时应充分考虑打孔穿钢筋对原结构的损伤，在施工时会使结构截面减小，降低安全度。近期很多柱托换工程采用“钢筋混凝土包柱式梁托换结构”，该方法是通过托换梁与结构柱之间的混凝土界面咬合，使新老结构牢固地连接在一起并共同工作，一般不需要在结构柱上打孔造成伤害。其要点简述如下：

（1）足够的剪切面高度，合理的配筋方式；

（2）要将施工界面处混凝土表面凿毛，并严格把握凿毛的标准；

（3）清除界面杂物、松动石子和砂粒等，用水冲洗干净，浇水湿润；

（4）用高强度等级水泥砂浆引浆；

（5）超灌适当高度的混凝土，并添加少量微膨胀剂。

断柱一般采用人工开凿为主、机械钻孔为辅的方式，以减小振动对结构的损伤。最新的“金刚石线切割锯切割断柱技术”，对结构产生的振动很小，施工速度快，操作空间也很小，是值得推荐的断柱方法。考虑到断柱后，由于应力滞后，柱子经过一定变形后各构件间才能可靠地传递荷载，可采用先外后里，先断钢筋后断混凝土核心区的断柱方法。随着核心区混凝土逐渐被压碎，实现建筑物的“软着陆”。总之，断柱的顺序、方法、程序都应该以尽量减小对原结构损伤为前提。

砌体墙托换时，在支模前要将所夹墙体表面剔深 5 mm～10 mm，且各单位梁段间隔施工。

在墙长度方向上每隔 1.5 m 左右设置一条小系梁，以增强托梁与墙体之间的连接。

2. 底盘结构体系施工

（1）施工前应在建筑物一定高度处设置标高标志线。

（2）在建筑物原址施工地基与基础时，必须考虑开挖、托换、桩基等对原建筑物的影响。

（3）移位路线及新址的地基与基础的施工，应满足有关施工规范的规定。

（4）施工时应严格按施工方案的要求分段、分批施工。底盘梁的表面平整度应不大于 1/1 000 且不宜超过 5 mm。

（5）底盘结构体系完成后，应及时安设滚动或滑动装置。

（6）底盘梁系施工宜对称进行，避免建筑物结构受力不均。每条梁尽量一次浇筑完成，如需分段、接茬处应按施工缝处理。

（7）底盘梁系施工时，与原梁和柱相邻部位应表面凿毛、清理干净、涂刷界面处理剂。

（8）底盘梁钢筋不宜在移位支承点处切断，施工缝宜避开弯矩最大处。

（9）卸荷支撑宜设测力装置，并加强施工过程中的监测。

（10）修复施工时要开凿的墙洞等，也要按施工规范进行施工。

3. 底盘结构形式

（1）底盘结构的设计原则

底盘结构是建筑物在移位过程中的基础，它应能可靠地对上部结构进行托换和传递牵引力，因此它必须满足：

1）与原结构的竖向受力构件有可靠的连接，保证原结构的荷载能有效的传递到托盘结构上；

2）在平移工程中，能明确而有效地传递水平力，不对上部结构产生影响。

3）具有足够的承载力，保证在上部结构荷载和牵引荷载的作用下不发生破坏。

4）具有足够的刚度，不能因其变形过大而在上部结构中产生附加应力，造成上部结构的破坏；或增大移动阻力。

5）具有足够的稳定性。

(2) 底盘结构的形式

为保证底盘结构具有足够的整体性和稳定性，既能有效地传递牵引或顶升荷载，又能适应各底盘节点可能产生的不均匀位移，通常将各底盘结构彼此进行连接设计成沿水平方向的桁架体系。该体系包括：柱下的托换节点或墙下的托换梁，水平连梁和斜撑，见图 5-1。

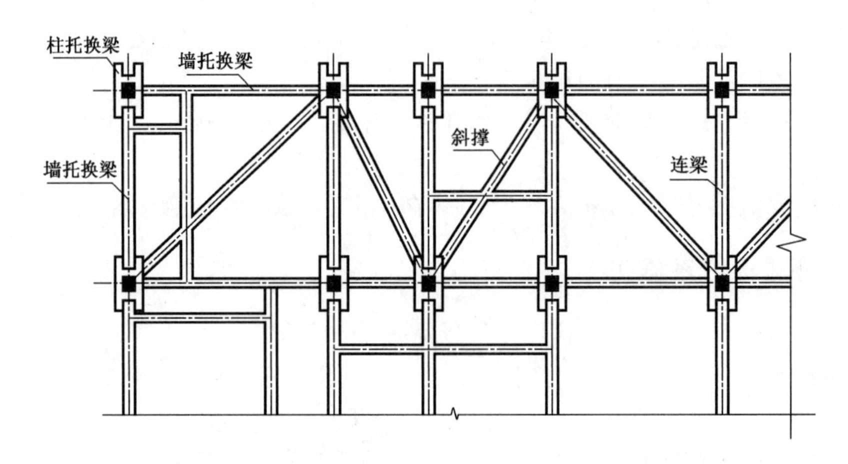

图 5-1　底盘结构图

对于墙、柱等不同的受力构件，采用的托换形式也不同。承重墙下一般设托换梁，沿建筑物平移方向的托换梁可兼做上轨道梁，墙柱下托换梁的有单梁式（又包括内式和外式上梁）和双梁式两种，见图 5-2、图 5-6、图 5-7。单梁式传力途径明确，计算简单，但其施工难度大，墙体不能一次性掏空，需分段分批地进行，施工周期长。双梁式施工速度较快，但其托换梁的受力比较复杂。框架柱一般采用包裹式托换，沿建筑物平移方向可将外包梁适当延长，以将建筑物的上部荷载均匀地传递到下轨道和基础上，见图 5-4。当柱下荷载较大时，可考虑采用带竖向斜撑的托换方式，以便更均匀地传递荷载，减小较大的局部压力和作用在下轨道上的弯矩，见图 5-5。对于柱下荷载较小而建筑物又有特殊要求的情况下，也可采用在柱下直接托换的单梁式托换方式，但其托换梁和建筑物上下分离时的施工难度较大，见图 5-3。

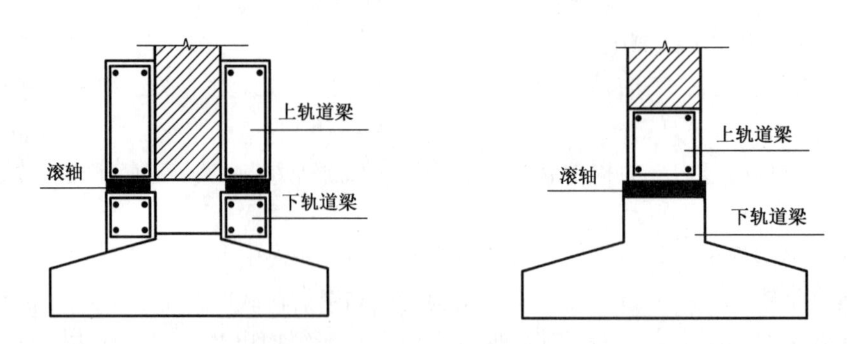

图 5-2　墙体托换方式

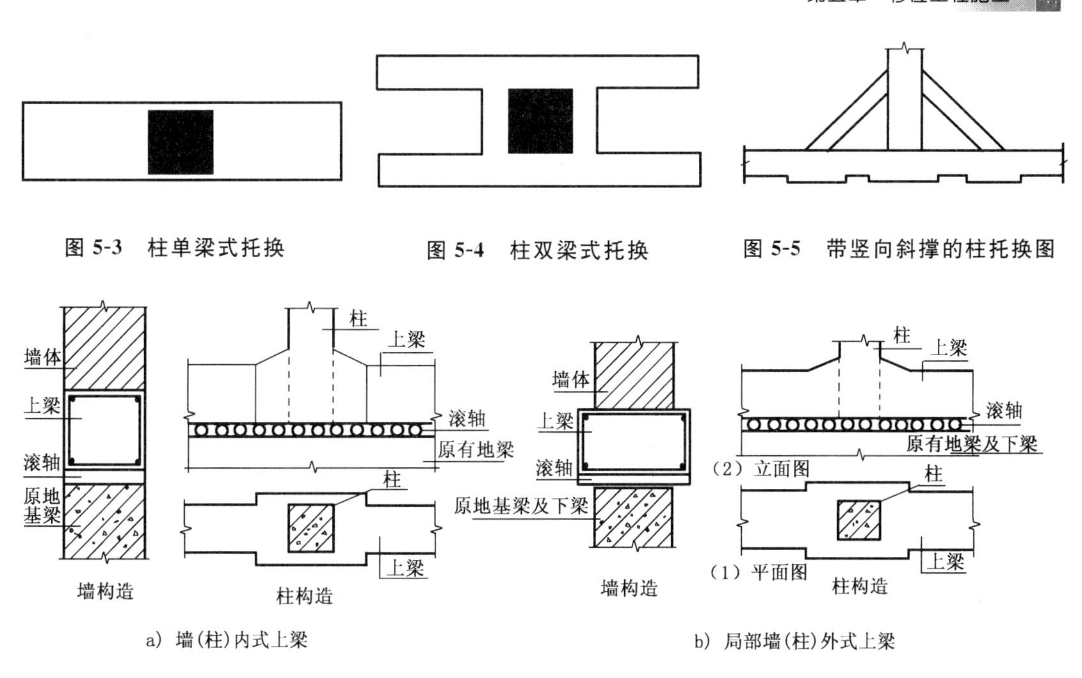

图 5-3　柱单梁式托换

图 5-4　柱双梁式托换

图 5-5　带竖向斜撑的柱托换图

图 5-6　柱单梁式托换

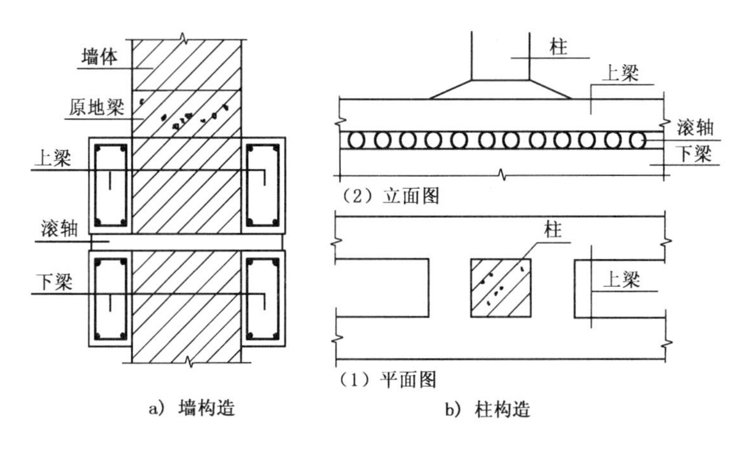

图 5-7　墙（柱）外包式上梁

四、截断施工

（1）底盘结构体系的混凝土达到设计强度时方可开始截断。

（2）截断施工前，应检查托换结构的可靠性，有条件时宜预先卸载。

（3）截断施工的顺序，必须按施工方案进行。

（4）截断施工时，应严密监测墙、柱、托盘及底盘结构变化。

（5）截断的方式宜力求减少对相邻部位结构的损伤或破坏。

（6）施工时需要妥善处理原建筑物内的水暖、电等管线，以便恢复。

五、水平移位施工

1. 移位方式选择

这里的移位方式主要指的是上下轨道体系之间的接触方式，也可以简单看作上下轨道体系间连接装置的性质。

目前水平移位施工常用的方案有滚动平移；支座式滑动平移；低阻力液压悬浮式滑动平移三种方案，其各方案的优缺点比较见表 5-1。

表 5-1　三种移位方法优缺点对比表

序号	移位方法	图例	优点	缺点
方案一	滚动平移	凿钢 上滑梁　滚轮 下滑梁　钢板 滚动平移	即在上下滑道之间摆放滚轴，下滑梁上设置钢板，上滑梁设置槽钢或钢板，滚轴采用实心铸钢材料或钢管混凝土。优点是： ① 摩擦系数较小，摩擦系数为 0.04～0.1，需提供的移动动力较小； ② 造价低	① 易产生平移偏位，移动过程中经常需人工调整钢管位置，从而增加了辅助工作时间，也不易达到要求精度； ② 钢管由于滑道不平及上下滑梁不平行引起受力不均，个别钢管可能变形或压坏；当压坏时不易置换，从而引起荷载分布变化较大，甚至引起上部结构开裂或损坏； ③ 由于钢管受力较小，当房屋荷载大时，需要布置很多钢管或加大钢管直径及管壁厚度来承受上部荷载； ④ 平整度要求较高
方案二	支座式滑动平移	上滑梁　钢结构支座 下滑梁　钢板 支座式滑动平移	即在上下滑道之间摆放支座，支座采用钢构件，下滑梁上设置钢板，平移时在滑动面上涂抹黄油等润滑介质。其优点是： ① 平移时比较平稳： ② 偏位时易于调整，便于纠偏，适用于高精度同步控制系统； ③ 平移过程中辅助工作少，平移速度快	① 摩擦系数较大，摩擦系数为 0.1～0.15，平移需提供很大的推动力； ② 对施工时下滑道的标高、平整度要求非常高

续表 5-1

序号	移位方法	图例	优点	缺点
方案三	低阻力液压悬浮式滑动平移	上滑梁 液压千斤顶 下滑梁 不锈钢板 液压悬浮式滑动平移	即在上下滑道之间摆放支座，支座采用液压千斤顶，千斤顶下垫德国进口的聚分子材料，下梁道上设置镜面不锈钢板。其优点是： ① 平移时比较平稳； ② 偏位时易于调整，适用于高精度同步控制系统； ③ 平移过程中辅助工作少，平移速度快，可以缩短总体工期； ④ 摩擦系数很小，摩擦系数在 0.02～0.06 够之间，需提供的移动动力很小； ⑤ 液压千斤顶在行走时能够自动调整滑脚高度及额定反力，对下滑道的平整度要求相对较低	平移时对计算机控制系统要求较高，平移造价高

通过表 5-1 对比，可以结合整体移位建筑物的重量及特点和难点择优选用。

2. 水平移位施工

水平移位施工应满足下列条件：

（1）托盘及底盘结构体系移位前必须通过验收。

（2）对移动装置、反力装置、卸荷装器、动力系统、控制系统、应急措施等，各方面进行认真检查，确认完好。卸荷装置一般指卸荷柱及测力系统；动力系统一般指泵站、油管路总成、电机等；控制系统一般指机械控制、电脑控制等。

（3）检测施力系统的工作状态和可靠性，在正式平移前应预先进行试验平移，检验相关参数与平移可行性。

（4）平移施工应遵循均匀、缓慢、同步的原则，速率不宜大于 60 mm/min，应及时纠正前进中产生的偏斜。

（5）移动摩擦面应平整、直顺、光洁，不应有凸起、翘曲、空鼓。

（6）为减少移位阻力，应选择摩擦系数较小的材料并辅以润滑剂，为减少摩擦阻力，可适当选择润滑剂，如润滑油、硅脂、石蜡、石墨等。

为减少摩擦一般有钢板-钢板、聚四氯乙烯等高分子材料-不锈钢、或钢滚轴-钢板等。

（7）平移设备应有测力装置，应保证同步精度。

（8）平移到位后，应立即对建筑物的位置和倾斜度等进行阶段验收。

3. 升降移位施工

升降移位施工应满足下列条件：

（1）根据荷载情况在顶升点上、下部位设置托架，避免原结构局部裂损。

（2）顶升设备应安装牢固、垂直。

（3）顶升设备应保证顶升的同步精度，避免托盘结构体系的变形破坏。

（4）顶升过程中应采取有效措施，确保临时支撑的稳定。

（5）顶升或下降应均匀、同步、施力缓慢，标志明确。

六、连接与恢复施工

连接与恢复施工是托换的逆过程，其工序是原柱子钢筋与预留接柱子钢筋焊接——一次浇筑混凝土——二次捻浆混凝土——拆除上轨道梁——恢复地下室墙体地面。

1. 钢筋焊接

无论焊接工作多么到位，但是有一点是无法达到规范要求的，这就是焊接接头的位置在同一平面内，这使得柱子在此位置的水平向抗剪能力下降。为弥补这一损失，施工中可采用了以下的补救措施：

（1）用高一级别的钢筋去替代原有钢筋，替代方式不变。

（2）焊接长度加大，按规范要求 HRB335 级钢筋的双面焊接长度应大于 $5d$，施工过程中我们严格控制，双面焊接长度达到 $10d$。

（3）增加箍筋，除了采用箍筋加密的办法外，施工中采用柱子中间配备 S 筋，加强约束。

（4）焊接 C 型钢筋，在连接空间内部绑扎 C 型钢筋，增加主筋的配筋量（图 5-8）。

（5）采用斜拉筋，保证主筋质量。

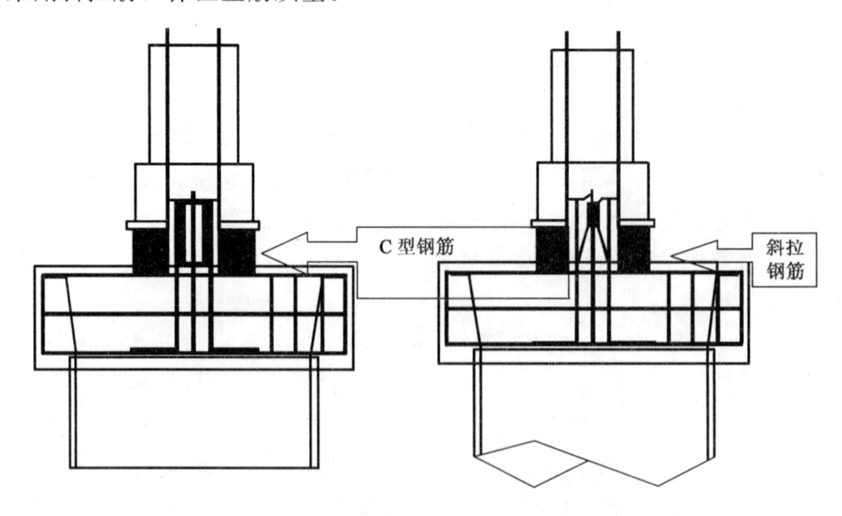

图 5-8

2. 一次浇筑混凝土

在下轨道梁之间支Y形模板后，从两侧浇筑混凝土，混凝土强度比原柱子混凝土高一个等级，边浇筑边振捣。当混凝土顶面与原有柱子的截断面之间有5 cm空隙时，停止浇筑混凝土。用铲子将混凝土表面整平，大块的石子清掉，方便下一步施工。

3. 二次捻浆混凝土

混凝土在调制时手握成团，落地即散，方为加水适当。施工人员先用手将团状的混凝土送到第一步施工留下的5 cm空隙边缘，然后用腊木杆将其送到柱子中间，两个工人同时配合，从两边往中间送料。当混凝土成为5 cm宽的一个条带位于柱子中间时，两边的工人用腊木杆相对冲击混凝土，直到干硬性的混凝土出浆。这一条混凝土的上表面与待接的柱子下表面密实充填后，再向两个方向各加一个混凝土条带，同样相对冲击，直到整个柱子底面全部为捻浆混凝土充填。

4. 拆除上轨道梁

当浇筑和捻浆混凝土达到设计强度时，开始拆除上轨道梁，拆除时注意不能振动过大，更不能伤害柱子。

5. 恢复

按照原图纸结合甲方要求进行恢复施工。

七、移位工程的施工监测

(1) 移位过程中应对沉降及裂缝进行监测，对重要的建筑物，宜对移位造成的结构振动和构件内力变化进行监测。

(2) 测点应布置在建筑物结构对移位较为敏感、结构主要受力部位或结构薄弱的部位，测点的数量及监测频率应根据设计要求确定。

(3) 对建筑物各轴线移位的均匀性、同步性、移位方向等进行监测，当出现偏移或倾斜时应及时调整处理。

(4) 移位过程中，应对托盘结构体系进行监测，发现安全隐患及时处理。

(5) 移位前，应根据具体情况设置监测数据的预警值、报警值，并及时根据检测反馈信息调整、处理消除安全隐患。

(6) 托换结构及移位基础施工质量应保证满足移位规范及设计要求。

(7) 建筑物移位时，应引入液压同步控制技术实施建筑物的移位，以确保建筑物结构的安全，使各移位控制点同步。

(8) 顶升和平移尽量在良好的气候条件下进行，保证机械操作人员能够独立熟练操作，施工时保证所有人员就位。严格控制各点顶升量，正式顶升前要进行一次试顶升。监理工程师现场跟踪和巡视，统一操作程序和规定动作口令。每条前进路线设专人进行行程统计和方向统计。建筑物在过渡段的任意位置停留最多2～3天，超过时应考虑其造成的影响并采取相应措施。在平移工程的施工期间和完成以后，都必须保证被迁移房屋和人员的安全。

1. PLC 液压同步控制技术

这是一种力和位移综合控制的移位方法，这种力和位移综合控制方法，建立在力和位移双闭环的控制基础上。由高压液压千斤顶，精确地按照建筑物的实际荷载，平稳地使移位过程中建筑物受到的附加内应力下降至最低，同时液压千斤顶根据分布位置分成组，与建筑物各控制点的位移传感器组成位置闭环，以便控制建筑物的位移和姿态，同步精度为±2.0 mm，这样就可以很好地保证移位过程的同步性，保证结构的安全性。

PLC 液压同步控制系统由液压系统（油泵、油缸等）、检测传感器、计算机控制系统等几个部分组成，见图 5-9。

液压系统由计算机控制，可以全自动完成同步位移，实现力和位移控制、操作闭锁、过程显示、故障报警等多种功能。

2. 系统特点

该系统具有以下优点和特点：

（1）具有友好 Windows 用户界面的计算机控制系统

整个操纵控制都通过操纵台实现，操纵台全部采用计算机控制，通过工业总线，施工过程中的位移、载荷等信息，被实时直观地显示在控制室的彩色大屏幕上，使人一目了然，施工的各种信息被实时记录在计算机中，长期保存。由于实现了实时监控，工程的安全性和可靠性得到保证，施工的条件也大大改善。

（2）整体安全可靠，功能齐全

软件功能：位移误差的控制；行程控制；负载压力控制；紧急停止功能；误操作自动保护等。

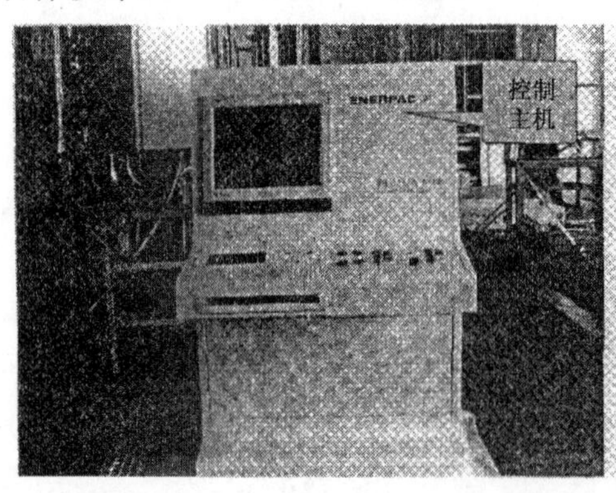

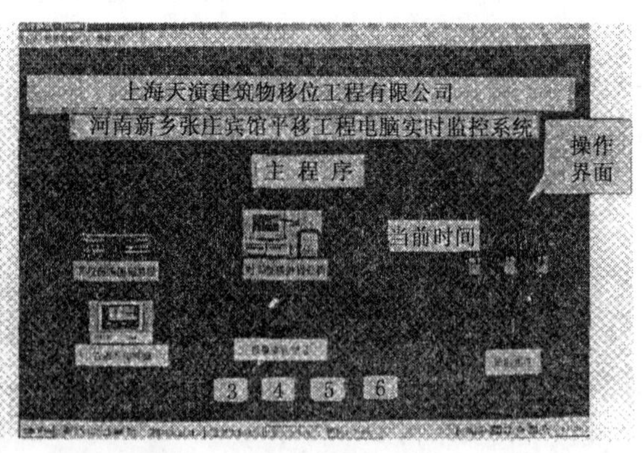

图 5-9 PLC 液压同步控制

硬件功能：油缸液控单向阀可防止任何形式的系统及管路失压，从而保证负载有效支撑。

（3）所有油缸既可同时操作，也可单独操作。

（4）同步控制点数量可根据需要设置，适用于大体积建筑物或构件的同步位移。

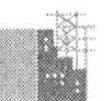

3. 主要技术指标

（1）一般要求

液压系统工作压力：　31.5 MPa

尖峰压力：　35.0 MPa

工作介质：　ISOVG46＃抗磨液压油

介质清洁度：　NAS9级

供电电源电压：　380VAG；50 Hz；三相四线制

功率：　65 kW（max）

运转率：　24小时连续工作制

（2）顶升装置

顶升缸推力：　200 t

顶升缸行程：　140 mm

偏载能力：　5°

顶升缸最小高度：　395 mm

最大顶升速度：　10 mm/min

组内顶升缸控制形式：　压力闭环控制
压力控制精度≤5%

组与组间控制形式：　位置闭环控制
同步精度±2.0 mm

（3）操纵与检测

常用操纵：　按钮方式

人机界面：　触摸屏

位移检测：　光栅尺

分辨率：　0.005 mm

压力检测：　压力传感器
精度0.5%

压力位移参数自动记录。

4. 液压同步控制系统

图5-10是顶升系统的组成示意图。顶升系统的组成示意图中，顶升施工的第一步是移位建筑物称重，通过调节减压阀的出口油压 P_{out}，缓慢地分别调节每一个液压缸的推力，使建筑物抬升。当建筑物与原立柱刚发生分离时，液压缸的推力就是建筑物在这一点的重量值，称出建筑物的各顶升点的荷载，并把减压阀的手轮全部固定在 $P_D = P_{out} - P_{co}$ 的位置，便可转入闭环顶升。依靠位置闭环，建筑物可以高精度地按控制指令被升降或悬停在任何位置。

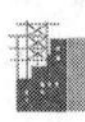

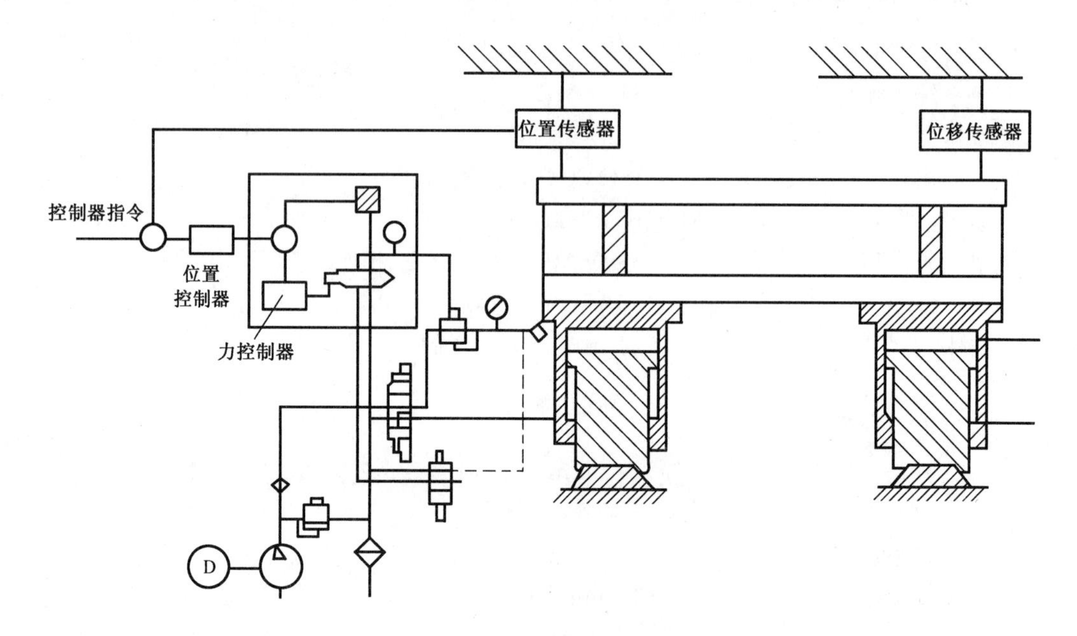

图 5-10　顶升系统组成示意图

5. 移位系统控制原理

图 5-11 为移位系统控制原理。

比例阀、压力传感器和电子放大器组成压力闭环，根据每个顶升缸承载的不同，调定减压阀的压力，3 个千斤顶组成一个顶推组。但是如果仅有力平衡，则建筑物的移位位置是不同步的。为了稳定位置，在每组安装光栅尺作精密位置测量，进行位置反馈，组成位置闭环。一旦测量位置与指令位置存在偏差，便会产生误差信号，该信号经放大后叠加到指令信号上，使该组总的举升力增加或减小，于是各油缸的位置发生变化，直至位置误差消除为止。由于组间顶升系统的位置信号由同一个数字积分器给出，因此可保持顶升组同步顶升，只要改变数字积分器的时间常数，便可方便地改变移位、顶升或回落的速度。

6. 电控系统

图 5-12 为整个电控系统的组态图。

核心控制装置是西门子 S7-200 系列的 CPUS7-224，触摸屏可以显示各个顶升油缸的受力参数，并可连接打印机，记录移位过程数据。系统安装了 UPS 电源，即使意外断电，也可确保数据和工程的安全。

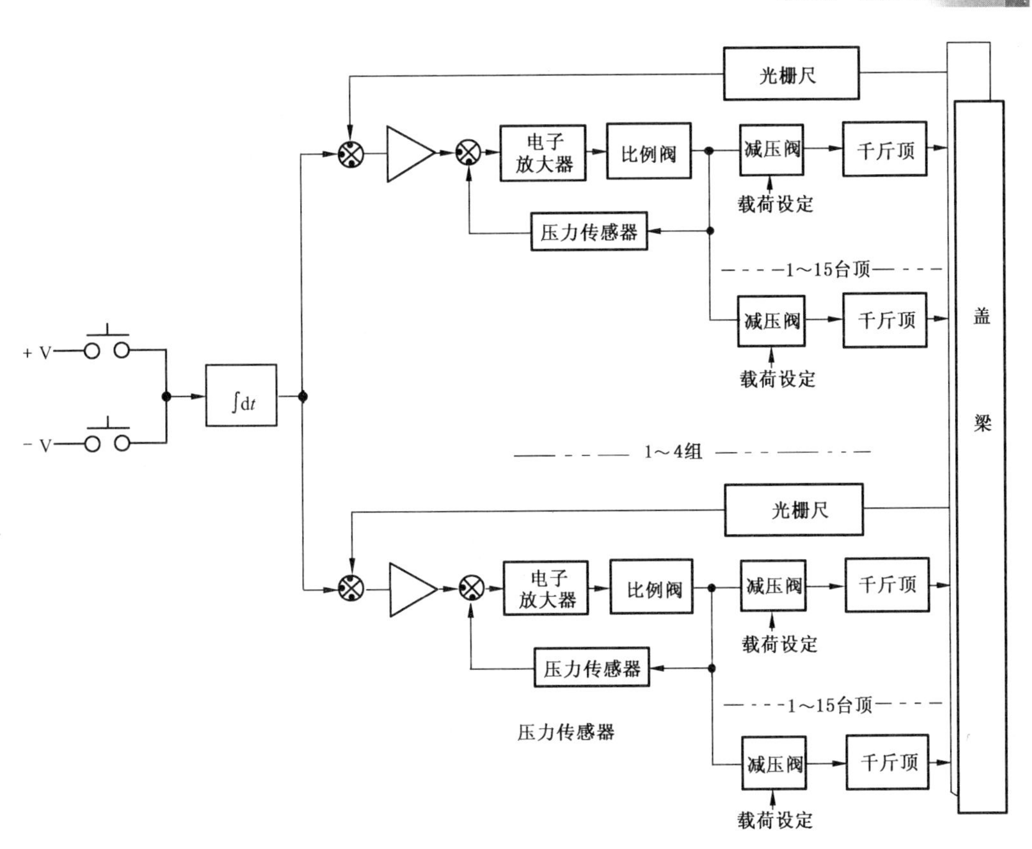

图 5-11　移位系统控制原理图

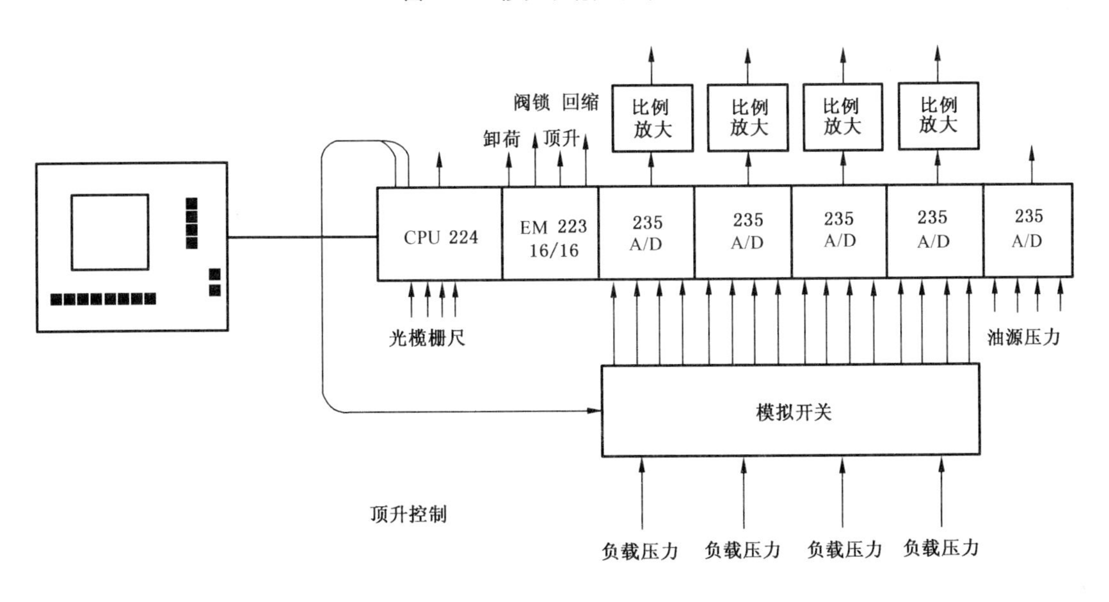

图 5-12　顶升控制图

7. 移位监测

控制监测精度，认真做好测量工作，是确保平移工程成功的关键一环。监测时要重点注意结构的薄弱环节或敏感环节，如柱截断时的沉降，轨道梁的沉降，柱边、墙角、托架和轨道梁内钢筋的应力等。设定报警值为结构出现危险提供预警，正常情况下当构件受拉钢筋的应变超过 500 $\mu\varepsilon$ 时，受拉区混凝土会出现第一批微裂缝，但构件远未破坏，把托梁应变超过 500 $\mu\varepsilon$ 作为警戒线一般是比较安全的。观察建筑物的整体状况，如顶部与底部相对位移变形，记录楼体各点的前移距离、前移方向、楼体倾斜状况及裂缝情况。这些都属于静态监测；动态监测主要是振动加速度的测试，了解结构在动力作用下的响应。

此外，还应注意移位工程对场地周围的建筑物和市政设施的影响。

第六章　移位工程的监测与验收

一、工程监测

1. 监测工作的目的是监测房屋移位施工全过程的有关参数，合理评价结构受外力（基坑开挖、墙柱切割、平移等）作用的影响，及时、主动地采取措施降低或消除不利因素的影响，以确保结构的安全。

2. 监测的主要内容包括：

（1）变形监测：即平移过程中对结构整体姿态的监测，包括结构的平动、转动和倾斜。

（2）沉降监测：在基础、上下滑梁施工阶段，平移阶段，对基础、上下滑梁进行沉降监测。

（3）应力监测：在托换及平移进程中，针对结构、抱柱梁、卸荷柱、上下滑梁及一些关键部位进行应力监测，预设报警值，保证房屋结构的绝对安全。

（4）对建筑物实施移位前所进行的检测及鉴定，主要包括地基基础、上部承重结构和围护结构三部分。监测的内容主要是材料强度、构件尺寸、变形与裂损情况。

（5）地基基础检测鉴定制约条件较多，应突出重点。对于因条件限制而无法检测的，可重点检查上部结构的反应，并通过查阅原有设计图纸或资料了解基础类型、尺寸和埋置深度等。对于特别需要检测基础的项目，可采取特殊的方法进行检测。

（6）施工监测应符合下列规定：

1）应进行沉降和裂缝监测。对于特别重要的建筑物，还应对结构内力进行监测。

2）测点应布置在对移位较敏感或结构薄弱的部位，测点的数量和监测频率应根据设计要求确定。

3）应对建筑物各轴线移位的均匀性、方向性进行监测，有偏移或倾斜应及时调整处理。

4）应对托盘和底盘结构体系进行监测，发现安全隐患应及时处理。

5）根据具体情况规定预警值、报警值，并及时反馈监测结果。

6）现场应设专职人员监测整个移位过程，及时发现和排除影响移位正常进行的因素。

7）为了保证平移及顶升过程建筑物的安全，在施工中对以下项目进行监测：基础沉降、房屋姿态、结构裂缝变化、结构应力应变、自振频率、平移起始加速度、千斤顶承受荷载、压力、移位速度、距离、偏移量及精度等。在称重阶段及柱切割阶段，对顶点位移和抱柱效果分别进行监测。施工实践表明，这些监测措施是保证了整个移位过程结构的安全。

二、鉴定与验收

1. 结构可靠性鉴定和抗震鉴定是根据检测结果，综合考虑结构体系、构造措施以及建筑现存缺陷等，通过验算、分析，找出薄弱环节，对结构安全性、适用性和耐久性等作出评价，为建筑物病害治理、工程加固维修或改造提供依据。

国家现行鉴定标准有GB 50292《民用建筑可靠性鉴定标准》、GBJ 144《工业厂房可靠性鉴定标准》及GB 50023《建筑抗震鉴定标准》等。

2. 结构鉴定与设计时的主要差别在于，结构鉴定应根据结构实际受力状况和构件实际材料性能和尺寸确定承载力，结构承受的荷载通过实地调查结果取值，构件截面采用扣除损伤后的有效面积，材料强度通过现场检测确定；而结构设计时所用参数均为规范规定的或设计人员拟定的设计值。

3. 既有建筑经过多年使用后，其地基承载力会有所变化，一般情况可根据建筑物已使用的年限、岩土的类别、基础底面实际压应力，考虑地基承载力长期压密提高系数。

4. 当所鉴定的建筑物可靠性等级为Ⅰ级、Ⅱ级，且综合抗震能力达到抗震要求时，可进行建筑物的移位、纠倾和增层改造；当所鉴定的建筑物为Ⅲ级、Ⅳ级或抗震能力达不到要求时，应先对其进行加固处理，在达到相关规定后，才可进行建筑物的移位、纠倾和增层改造。

三、移位工程质量控制

1. 建筑物就位后的水平位置偏差应控制在±40 mm以内。

2. 建筑物就位的标高偏差应控制在±30 mm以内。

3. 因移位产生的原结构裂损应进行修补或加固。

第七章　建构筑物整体移位技术与工程应用

我国应用整体平移技术的首例是在1992年，重庆地区某四层砖混结构（建筑面积约2 000 m^2）平移了8 m，而且，平移后还水平转动了约10°。

1992年8月中国统配煤气总公司第12工程处在山西常村煤矿成功将高65 m、重6 200 kN巨型井塔平移75 m，这是文献记载上我国移动最大的一个建构筑物。

1992年11月，我国移动了第一个规模比较大的框架结构工程，晋江市糖业烟酒公司综合办公楼，为五层框架结构，建筑面积1 700 m^2，平移7 m。

从1995年到1998年之间陆续平移了几个比较大的工程，如河南省孟州市市政府办公大楼平移，河南省许昌市公路总段办公楼平移，济南市某建筑组团整体平移工程，广东省阳春市阳春大酒店平移，福建省莆田市某小学教学楼平移等。

2000年12月23日，我国移动了迄今为止规模最大的一座工程，山东省临沂市国家安全局办公大楼，建筑物高度为34.5 m，建筑物总重约60 000 kN，其先向西平移96.9 m，然后换向向南平移74.5 m，采用了许多成功的施工技术，对移位工程很有借鉴作用。

2001年9月，南京市的江南大酒店由于华商大会的召开，需要将其向南平移26 m，此平移工程在就位连接时采用了一项新技术——滑移隔震技术，通过理论分析，表明此隔震结构在多遇水平地震作用下与基础固定结构的动力特性能基本一致，在罕遇水平地震作用下，具有明显的隔震效果。

近几年的平移工程很多，如上海音乐厅工程、南昌铁路局工会曙光俱乐部、西安一同汽车租赁公司、辽河油田兴隆台采油厂办公楼等，均为建筑物平移提供了宝贵的经验。

以下介绍部分移位工程应用实例。

【工程实例1】　上海音乐厅平移与顶升施工技术

1. 概述

在大规模城市改造和房地产开发过程中，常常涉及一些保护性的文物建筑和近代优秀建筑。由于这些建筑的特殊性及其在地块中的特殊位置，常使规划设计中对这些建筑采取何种保护措施产生矛盾并直接关系到规划设计的总体布局，影响到城市改造及房地产开发的社会效益。

2. 上海音乐厅移位概况

上海音乐厅建于1930年，是中国著名建筑师设计的西方古典建筑形式的实例之一。1989年上海市政府公布，定为市级近代优秀文物建筑保护单位。音乐厅占地1 254 m^2，建筑面积3 000 m^2，结构总体为框架-排架混合结构。由于上海市人民广场综合改造及音乐厅本身功能改善的需要，需将音乐厅整体平移66.46 m，顶升3.38 m，并在新址增建两层地下室，建筑面积扩大 4 倍。总体移位方案是：先在原址顶升 1.7 m，然后平移 66.46 m 到达新址，最后顶升 1.68 m。迁移总重量为 5 850 t。

音乐厅结构空旷，刚度差，且结构强度低。将如此风格和结构类型建筑整体移位，在国内尚属首例。其综合施工难度堪称国内之最，顶升高度在世界上也属罕见。

音乐厅移位采用了结构限位、PLC 液压控制全悬浮滑移、全姿态实时监控等多项新技术。PLC 液压同步控制技术是首次应用于建筑物移位领域，代表了目前国内的最高水平。

该工程于 2002 年 12 月开工，2003 年 7 月平移顶升就位。目前已完成修缮及改造扩建。于 2004 年 10 月恢复演出。平移前的上海音乐厅如图 7-1 所示。

图 7-1　平移前的上海音乐厅

3. 技术特点

（1）移位施工方案

施工总流程框图（如图 7-2 所示）。

（2）总体设计方案

1）移位路线。上海音乐厅属近代优秀保护建筑，为保护其原有的建筑风貌不受任何损坏，经反复论证最后确定如下移位路线：先在原地顶升，以争取下滑梁施工的空间；平移 66.46 m；到达新址后再顶升。

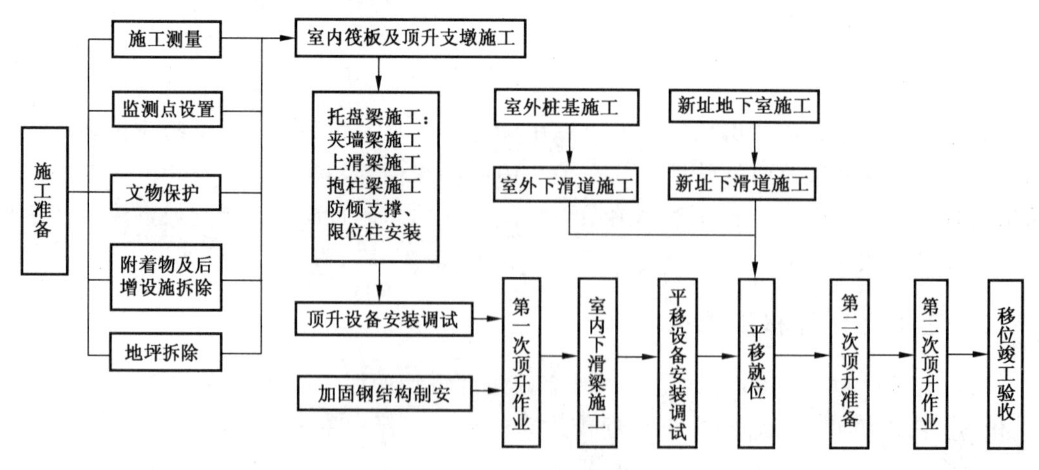

图 7-2　施工总流程框图

2）地基加固。经过方案比较，确定室外采用静压桩，室内采用筏板基础。静压桩按群桩布置，根据滑道荷载大小，每墩布置3桩或4桩。施工时合理安排压桩顺序，以避免压桩时的挤土效应对该建筑基础的不利影响。筏板基础施工前要对不良地质进行换填处理。遇原基础时要对新旧混凝土界面认真处理，保证新老基础共同受力。

3）托盘梁施工。托盘梁由上滑梁、夹墙梁、抱柱梁、卸荷梁、支撑梁、抬梯梁、限位梁等组成，用于承受移位过程中建筑物的全部动静荷载。它应具有足够的强度、刚度和稳定性。托盘梁宽因部位和受力不同而有所差异。

4）空间刚度加固。建筑物的大厅、舞台及东西立面空间刚度较差，墙柱之间缺少拉结，抗震性也较差。为保证移位过程中的绝对安全，采用轻型空间钢桁架对上述部位进行重点加固。形成撑位结合的结构体系；并通过加固加强柱间的连接降低柱的自由度。从而提高结构的整体性及抗震性。

5）液压控制系统。上海音乐厅属混合结构，占地面积较大，结构及荷载分布极不对称且荷载差异较大，整体刚度差，因此其各顶升点的顶升荷载差异也比较大。经过反复计算和论证，最终确定采用59个顶升点，共布置59台千斤顶。

图7-3是顶升系统的组成示意图。顶升施工的第一步是建筑物的称重，通过调节减压阀的出口油压 $P_D = P_{out} - P_o$ 缓慢地分别调节每一个液压缸的推力，使建筑抬升，当建筑物与原地基刚发生分离时，液压缸的推力就是建筑物在这一点的重量，称出建筑物的各顶升点的荷重，并把减压阀的手轮全部固定在 $P_D = P_{out} - P_o$ 的位置，便可转入闭环顶升，依靠位置闭环，建筑物可以高精度地按控制指令被升降或悬停在任何位置。

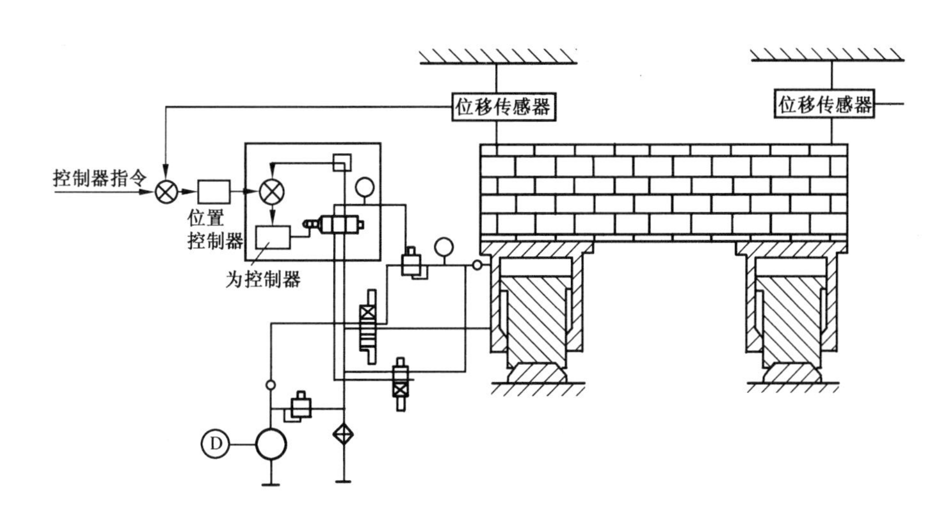

图 7-3　顶升系统图

6）计算机控制系统。无论是顶升过程还是顶推过程，整个操纵控制都通过操纵台实现，操纵台全部采用计算机控制，通过工业总线，施工过程中的位移、载荷等信息，被实时直观地显示在控制室的彩色大屏幕上，使人一目了然，施工的各种信息被实时记录在计算机中，长期保存。由于实现了实时监控，工程的安全性和可靠性得到保证，施工的条件也大大改善。顶升系统的计算机控制系统为传统的位置闭环系统。

由于本系统设备分布分散，控制、检测点多，采用了工控网络，检测和操纵等信号通过总线传至控制室，4 个顶升子站和一个顶推子站各由西门子控制器 S7-214CPU 组成，主控制器由西门子 S7-315D 构成，主站与子站之间使用 PROFIBUS 工控总线连接。在 PLC 控制系统上另挂接有工控机，以便记录和监视顶升、顶推全过程的数据变化。

7）第一次顶升。共设置 59 台 2 000 kN 的千斤顶进行顶升，千斤顶行程为140 mm。在顶升过程中为便于控制，根据结构特点和荷重分布情况，将 59 台千斤顶分成 4 组，每组 14 台～16 台千斤顶，为保证顶升过程中各组间的位移同步，每组设 1 台位移监测光栅尺。另外，为了避免顶升过程中该建筑产生水平位移或偏转，在室内设置了两处限位柱。

在正式顶升前对建筑物进行了称重，以便每个千斤顶的调定顶力与其上部荷载大致平衡，从而减少上滑梁的协调变形，确保顶升的同步性和上部结构的安全。

8）下滑梁施工。下滑梁为建筑物走行的基础，沿平移方向共设置10 条下滑道。根据其具体位置可以分为原址段、新址段和过渡段下滑道。原址段下滑道施工于顶升筏板基础之上，梁按叠合梁设计，与筏板基础共同受力，第二次顶升结束后方可施工。过渡段下滑梁支承于静压桩基础之上，梁高及梁宽同原址段。新址段下滑梁支承于设在地下室底板之上的临时支撑柱、永久柱或地下室边墙、围护之上。

为满足平移及第二次顶升的需要，沿下滑梁设置了一定数量的导向墩及活动后背，新址顶升支墩与下滑梁一起浇筑。为了减少平移摩擦系数，下滑梁顶面找平后铺一层 10 mm厚的钢板，钢板上再覆一层不锈钢板作为滑动面。下滑梁布置如图 7-4 所示。

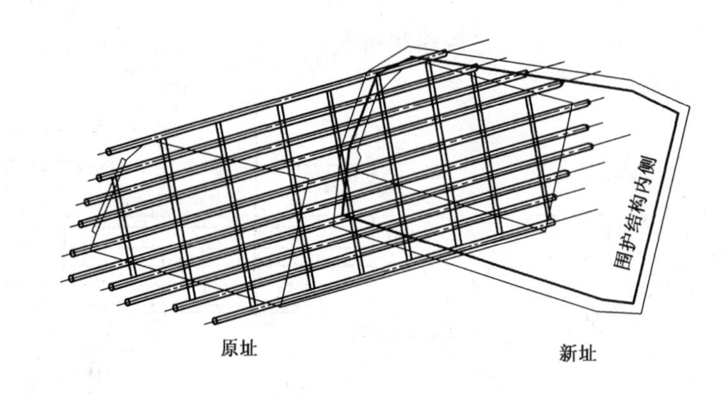

图 7-4　下滑梁布置

9）平移。自原址至新址间斜向直线平移。采用了 PLC 液压控制全悬浮滑移技术，即在平移过程中，房屋的荷重全部作用在由电脑控制的 59 台液压千斤顶上。顶升液压系统仍处于工作状态并可根据监测数据随时对建筑物姿态进行调整，顶升千斤顶即为平移时的滑动支点，千斤顶下安装钢制滑脚，滑脚底面覆一层四氟乙烯板与不锈钢板形成摩擦垫。试平移阶段，采用 10 台千斤顶作为顶推动力，包括 4 台 3 200 kN 和 6 台 1 000 kN 的千斤顶。为了保证位移的同步进行，将 10 台千斤顶分成 4 组，每组设 1 台位移光栅尺。根据试平移结果，四氟板对不锈钢板的摩擦系数远小于预想值，平移所需的实际推力也远小于预先设定的值，于是在正式平移时将千斤顶减为 6 台 1 000 kN，其总推力不超过 2 000 kN。平移全景如图 7-5 所示。

10）第二次顶升。与第一次施工程序基本相同，只是第二次顶升是在新址地下室上进行的，顶升基础形式和垫块支撑高度不同。

图 7-5　平移全景图

11）施工监测。为了保证平移及顶升过程中建筑物的安全，在施工中对以下项目进行了监测：基础沉降、房屋姿态、结构裂缝变化、结构应力应变、自振频率、平移起始加速度、千斤顶承受荷载、压力、移位速度、距离、偏移量及精度等。在称重阶段及柱切割阶段对顶点位移和抱柱效果分别进行监测。施工结果表明，这些监测措施保证了整个移位过程结构的安全。

4. 经济与社会效益分析

上海音乐厅通过平移，其交通条件更加便利。通过扩建，其配套设施大大改善。通过提升，使其更加雄伟、壮观、适用。对建筑物采用整体移位，只需付出新基础建造费用及建筑物移位费用，可大大节约投资，缩短施工周期，改善自然环境，具有极佳的社会效益与经济效益。

【工程实例 2】 高层建筑整体移位技术的实践——广西梧州市人事局综合楼移位

建筑物位移技术始于前苏联、东欧及欧美国家，我国在 20 世纪 90 年代初开始研究并应用这项技术，到目前为止，已成功地完成百余栋建筑物的移位。据不完全统计，我国已完成的移位工程项目比国外所有国家移位工程项目的总和还多，该项技术在我国已得到了长足的发展，但移位工程项目一般都是多层建筑物（8 层以下），高层建筑物一般是指 10 层和 10 层以上的建筑物，其基础的埋置深度一般为建筑物的 1/18～1/15，所以一般高层建筑物都设有地下室，且一般都采用深基础。高层建筑物的移位工程项目因为自重大，受地震、风荷载的影响比较大，尤其是高层建筑物结构复杂、基础埋深比较大，所以高层建筑物的移位技术有其自身的特点和规律。本例通过对广西梧州人事局 10 层框架结构的平移设计和施工总结得到一些经验。

该项目为广西梧州市人事局综合楼，建筑面积 8 836 m^2，重达 13 254 t，高度为 36.8 m，10 层框架结构，2004 年 5 月 25 日平移到位（见图 7-6），平移距离 30.276 m。本文通过该工程的设计和施工，对高层建筑的平移原理进行研究和探讨，对高层建筑物平移的设计和施工中的技术可行性和安全性进行了讨论。

图 7-6 综合楼外貌实景图

下面对该项技术进行分析探讨。

1. 建筑物移位原理

建筑物平移的基本原理是在建筑物基础的顶部或底部先施工下轨道梁系（下底盘），然后施工上轨道梁系（上托盘），下底盘和上托盘之间采用辊轴或钢轨作滑道，最后把建筑物底部的柱子或墙体完全断开，使建筑物的全部荷载转换到上托盘上，然后用千斤顶顶推使其在下底盘上水平位移，直至到新址。应该说它的原理是比较简单的，由于它的平移速度通常只有 0.8 mm/s～1.6 mm/s，非常的缓慢，在平移过程中对下轨道平整度要求是非常严格的，整个场地下轨道的高差一般不超过 5 mm，且平移轨道非常平滑，因此，整个平移过程是非常的平缓，人一般是无法感觉到的。

2. 关于切断位置的确定

高层建筑物一般都设有地下室。一般切断位置设在地下室底板上或顶板上。分别讨论如下：

（1）切断位置在地下室底板上。该方案的优点是主要作业面在地下室内，基本对上部结构没有影响而且对首层的正常工作秩序没有影响，其地下室底板及梁系可充分利用作为下轨道梁系。但是因为上、下轨道梁都在地下室底板位置，所以向前移动的上、下轨道梁都需在深基坑中施工，如果平移的距离比较长，则深基坑的土方和支护工程量比较大，如果平移的距离比较小，地下室底板埋深较浅，应优先选择该方案。

（2）切断位置在地下室顶板上。利用地下室顶板作下轨道梁系的底面，上轨道梁系在首层室内，该方案的缺点是主要作业面在首层室内，对首层的正常工作造成很大影响，且上轨道梁系的施工将占据首层大部分空间，各类管线及电梯等设施皆受较大影响。

3. 关于移动方式的确定

建筑物移位方式一般有两种即滚动和滑动。

（1）滚动方式。它的移动装置是在上、下轨道梁之间设置辊轴，在推力或牵引力的作用下，通过辊轴的滚动使得建筑物移位。它的优点是阻力小，移动速度较快，平移过程中振动相对较小，施工简单，缺点是如果建筑物自重较大，其辊轴承受的荷载亦较大，由此将导致上、下轨道梁的宽度增加，截面增大。

（2）滑动方式。它的移动是通过上、下轨道梁的钢板和钢轨（一般用起重机钢轨）之间相对滑动来实现建筑物移位，其优点是平移安全、抗振动、抗风荷、抗突发性地震能力强。缺点是移位阻力较大。高层建筑物移位应首选该方案。

4. 关于动力形式的确定

建筑物移位的动力形式有三种：

（1）牵引式。适用于多层以下建筑物移位，其优点是施工操作相对简单，方向性强，建筑物移位过程中不容易跑偏。

（2）顶推式。适用于多层及高层建筑物移位，施工操作比较方便，但容易出现跑偏现象。

（3）综合式。即牵引式和顶推式相结合，适用于高层及荷载较大的建筑物，但设备投入较大，造价较高。

综上所述，鉴于高层建筑物荷重大，起动阻力较大，结构复杂，因此应首选综合式。

5. 上下轨道梁的设置模式及线性平移和点式平移的讨论

上下轨道梁的设置模式有单梁式和双梁式两种。

单梁式虽然节省材料但施工比较繁琐，双梁式施工方便，能够缩短工期，而且安全可靠，所以高层建筑物移位应优先选择双梁式。

滚动或滑动装置的布置形式一般有线式和点式两种形式，即轨道梁方向满布和局部布置。线式平移一般适用于多层砖混结构，轨道梁应力分布均匀，运行平稳。高层建筑物的结构形式一般为框架、框架-剪力墙结构等，所以宜采用点式平移。框架结构可以考虑在框架柱托换下布置滑点，即局部布置滚动或滑动装置，滑点的设置可根据框架内力及跨度考虑，布置单个或多个；框架-剪力墙结构的剪力墙部分可考虑线式平移方案。点式平移受力合理，施工方便，节省材料，为高层建筑物移位首选。

6. 关于技术可行性、安全性论证

（1）关于惯性力影响的问题。对于多层建筑物的移位，在平移过程中，可基本不考虑惯性力的影响。但是对于高层建筑物，则应考虑在平移过程中惯性力的影响。

在平移过程中，其加速度分布为三个阶段（见图 7-7）：

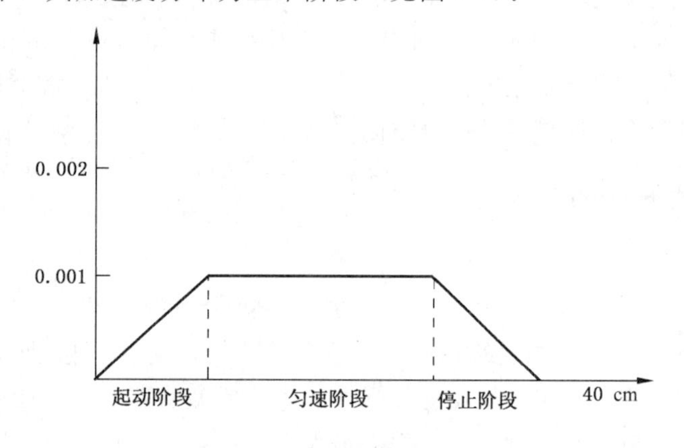

图 7-7　平移过程的三个阶段

1）起动加速度阶段。

2）匀速前进阶段。

3）停止加速阶段。

通过图 2-7 可以看出，在起动加速阶段，其加速度为 0.000 6 m/s^2。以 7 度设防的由地震引起的建筑物受到的加速度为 0.1 g 即 0.98 m/s^2。由此可见，建筑物平移时的加速度远小于 7 度地震时的加速度，是它的 1/1 633，因此平移是安全的。

（2）关于风荷载作用的论证。通过对水平风荷载的实例计算证明，高层建筑物在平移过程中具有较大的抗倾覆能力，能保证平移过程中，在遭遇强风作用时有较大的安全稳定性。

（3）关于突发地震对建筑物影响的论证。移位设有平移轨道，建筑物沿着平移方向可前后自由移动。当地震作用方向和建筑物平移方向相同时，可消耗地震能量。故在此方向上可不考虑地震水平力对该建筑物的不利影响。当地震作用方向和建筑物的平移方向垂直时，设置有抗震支墩，阻止上轨道梁和其上的建筑物产生过大的水平位移。这样可保证在平移过程突发地震时该建筑结构同样具有较强的抗震能力。

7. 小结

综上所述，随着建筑物的移位技术和理论研究的不断完善和发展，不仅保证了高层建筑物的移位稳定和安全，而且带来较好的经济效益和社会效益，为我国城市的规划建设锦上添花。

【工程实例 3】　砖混结构住宅楼群整体移位工程的设计与施工

1. 工程概况

郑州某住宅小区总建筑面积为 3 万多 m^2，由 7 栋住宅楼组成，均为砖混结构，其中 1＃、2＃、4＃和 5＃楼均为 7 层，高度为 22.5 m，长度为 74.58 m，每栋楼有四个单元；6＃楼和 7＃楼为 6 层，高度为 19.5 m，长度为 24.34 m，每栋楼各 1 个单元；3＃楼为地上 6 层，地下 1 层高度为 19.5 m，长度为 37.12 m。共有住户 272 户。

由于规划中的城市道路由南向北穿过小区，有关方面要求该小区全部拆除，在规划道路西侧重新建设。经过估算，拆除重建加上拆迁安置费等至少需要 2 500 多万元，而进行整体移动总造价为 1 100 万元，经济效益明显；整体移位方案避免了大量建筑垃圾出现，并且在移位过程中除底层外其他层住户均可以在楼内正常生活，社会效益显著。最后决定，将小区 7 栋住宅楼平移至新位置，如图 7-8 所示。建筑物首先沿纵向向西移动，通过规划道路，然后旋转一定角度，使朝向与规划道路平行，再向南横向移动，到达新设计位置。由于新小区室外地坪要与新建公路的标高相适应，每栋住宅楼均整体向上提升一定高度。建筑群按照施工先后顺序具体移位路线见表 7-1 和图 7-8 所示。

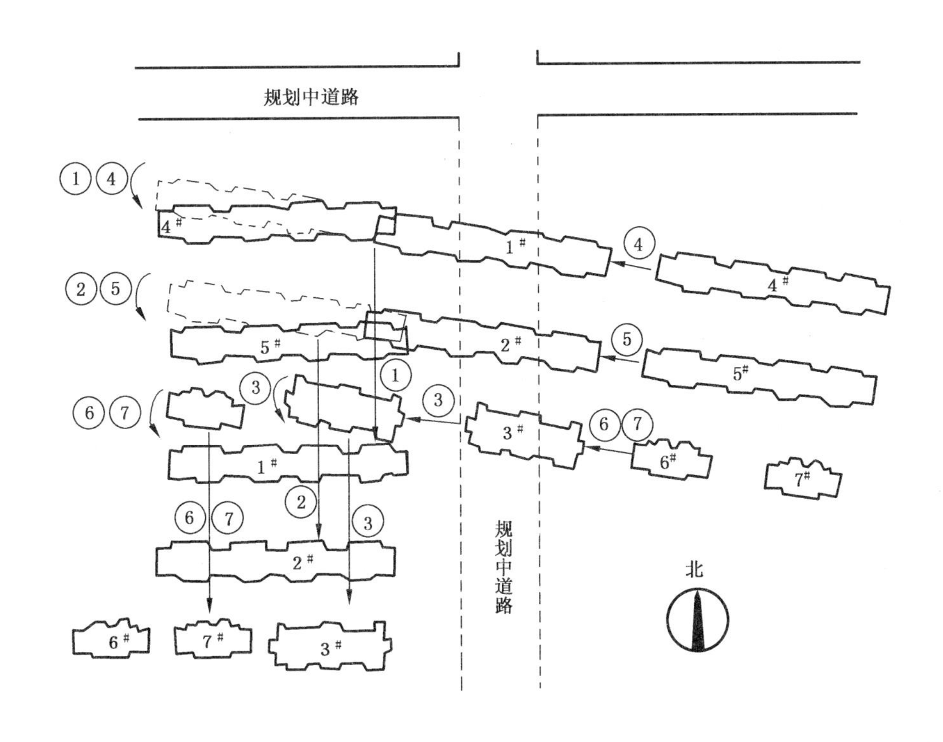

图 7-8　平移总平面图

7 栋楼总计移动距离为 1 315.5 m，其中沿建筑物纵向移动 869 m，横向移动 446.5 m，转换移动方向 8 次，旋转 7 次，提升 7 次，累计提升高度 12.1 m。

表 7-1 各楼具体移动位移一览表

序号	楼号	向西/m	逆时针旋转/(°)	向南/m	向上/m
1	3	58	9.62	93.5	1.9
2	6	148	7.59	91 (31)	1.9
3	7	190	7.59	91	1.9
4	2	62	9.62	83	1.6
5	1	69	9.62	78	1.6
6	5	152	9.62	10	1.6
7	4	159	9.62		1.6
注：括号内数据表示向南平移后，再向西平移 31 m。					

2. 工程地质条件

工程场地地势平坦，场区所处地貌单元为黄河冲洪积泛滥平原。土层基本性能见表 7-2。场地地下水位埋深为 1.8 m，为潜水。由水质分析可知地下水对混凝土无腐蚀性。

该区抗震设防烈度为 7 度，由地质勘察资料可以看出，该场地地层为新近沉积层，强度较低，高压缩性。层①粉土虽然强度相对较高，但其厚度较小，而且层②～④粉土强度低，作为下卧层难以满足要求。因此不宜采用天然地基。设计中采用粉喷桩进行处理，以土层⑤粉土作为持力层。

表 7-2 土层基本性能

土层	厚度/m	f_k/kPa	E_s/MPa	土质状态
①粉土	1.7～2.5	120	7.1	稍湿—湿，稍密
②粉土	0.6～1.5	85	3.6	湿，稍密，高压缩性
③粉土	1.6～3.0	105	5.6	湿，中密，中等压缩性
④粉土	1.6～2.8	85	3.6	饱和，中密，中高压缩性
⑤粉土	2.0～3.5	110	6.2	饱和，中等压缩性
⑥粉土	1.7～4.5	95	4.5	湿，中密，中等压缩性
⑦粉质黏土	未揭穿	130	5.1	中密，可塑
注：f_k 为土层的承载力标准值，E_s 为压缩模量。				

3. 平移楼工程的特点

(1) 数量多。平移工程包含 7 栋建筑物。

(2) 体量大。单体建筑物的体量大，层数为 7 层，长度为 74.58 m，中间设有一道温度缝的四单元住宅楼有 4 栋，每栋住宅楼的重量达 12 000 t，是国内平移重量最大的建筑物之一。

(3) 距离长。7 栋楼总移动距离为 1 315 m，其中 7＃楼的移动距离达到 281 m，是目前国内移动距离最远的建筑。

(4) 工艺复杂。所有的建筑物都要经过纵向移动、旋转、横向移动和整体提升才能

最终达到设计位置，其中建筑物的纵向移动和整体提升最为复杂。

(5) 地质条件差。该小区是处于黄河冲洪积泛滥平原，沉积年代短，地下水位高，地基承载力低，压缩性高，给建筑物的移动带来了很大的困难。

4. 建筑物的托换体系设计

要进行建筑物的移动，就必须将上部结构与原基础分离，原结构上部荷载由直接传给基础改变为通过行走梁将上部荷载传给下部基础。行走梁相当于托换结构，在建筑物平移、旋转和提升过程中，行走梁不仅起到托换作用，而且能加强上部结构刚度，是建筑物能否成功平移的关键因素之一。工程中采用钢筋混凝土行走梁，根据具体情况采用两种托换方式：

(1) 钢筋混凝土双梁托换。沿移动方向墙体两侧设置行走梁，并且每隔 2 m 设置一道抬梁，这种托换方法施工比较简单，建筑物对地基压力较分散、均匀，除了 4 号楼外均采用该方法，由于每栋楼都要进行纵向和横向两个方向的移动，所以在建筑物的主要纵横墙下均设置行走梁，见图 7-9。

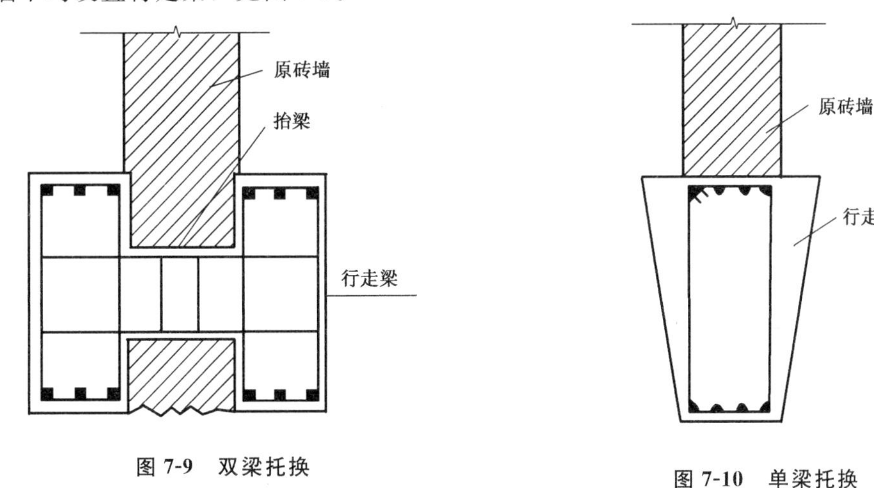

图 7-9　双梁托换

图 7-10　单梁托换

(2) 钢筋混凝土单梁托换。由于 3＃楼下有地下室，若设置双梁托换将影响地下室的使用空间，因此采用图 7-10 所示单梁托换。由图 7-10 可见，在行走梁绑扎钢筋浇注混凝土前要首先拆除所在位置的墙体，使得上部结构在此阶段都是处在悬空状态，需先采用临时托换体系，待行走梁达到设计强度后，再进行二次托换，因此施工难度很大。在工程中，首先在圈梁下垂直于墙体每隔一定距离设置临时托换工字钢梁，两端用预制钢筋混凝土柱支撑，等行走梁达到设计强度后再拆除。

5. 平移工程的设计原则

(1) 行走梁的设计原则

1) 纵向移动和横向移动。建筑物纵向移动时，横向行走梁相当于一连续墙梁，荷载通过横向行走梁传到纵向行走梁，由纵向行走梁担任行走移动任务。由于滚轴间距通常小于其截面高度，滚轴对行走梁的支承反力可近似看作均布荷载，横向行走梁对纵向行走梁的作用可视为铰支座，故纵向行走梁的计算简图应为一倒置的连续地基梁。当建筑物横向移动时，纵横向行走梁的作用恰好相反。

2）旋转和提升。行走梁的设计除了要考虑平移时建筑物上部荷载作用，还要考虑在旋转和提升过程中不同步的影响。虽然在施工中通过合理配置千斤顶和控制千斤顶的顶推速度尽可能使整个建筑物同步旋转和提升，但局部较快和较慢也是难免的，这时就要由纵向和横向行走梁构成的钢筋混凝土平面框架的平面内和平面外刚度来调节。设计中为了加大其平面内刚度，增加了斜向支撑，取得了很好的效果。

由于建筑物提升高度较大，如果在与基础连接时不采取有力措施，将会在提升高度范围内出现薄弱层。工程的连接措施主要有：①加大构造柱的截面和配筋；②将构造柱中的钢筋上部与行走梁、下部与行走基础可靠地连接；③构造柱与墙体之间通过拉接钢筋可靠地连接。将该连接部位作为建筑物的底层与上部原结构共同组成新的建筑物，利用 PKPM 软件重新建模分析，建筑物提升后结构的抗震性能应满足规范要求。

当建筑物的移动过程的同时包括纵、横向移动，旋转和提升时，行走梁的设计就要兼顾各个阶段的受力特征，选择最不利内力进行截面设计和配筋。一般情况下，沿行走方向的行走梁下部每隔 250 mm 设置直径 ϕ100 mm 的工程塑料合金滚轴，梁中内力较小；垂直于行走方向的行走梁及在提升过程中下部完全悬空的行走梁内力较大。

（2）行走基础的设计原则

行走基础的设计，要满足地基承载力和地基变形的要求。行走基础的荷载作用时间较短，不能简单地直接沿用永久基础的设计原则，特别是在软弱地质条件下，应当以变形控制为主。过大的地基变形将会导致移动过程中过大的不均匀沉降，引起建筑物墙体开裂，但地基变形控制得过于严格，又会使得地基加固的成本过高，所以应当根据上部结构的抗变形能力合理地选择基础形式和地基加固方式，使得当建筑物在短时间内经过时，地基产生的沉降量在一个合理的范围内。同时也应当根据建筑物在行走基础上停留时间的长短来区别对待，例如横向行走区域、纵向行走区域和旋转区域的基础设计都不应当完全相同，行走基础的最后设计将综合考虑不同平移方式的不同影响。

6. 行走基础的设计与加固

由图 7-8 可以看出，建筑物的移动路线相互重叠，同一行走基础最多有 5 栋楼经过，但每栋楼的轴线不是完全重合，如果做成条形基础也是互相重叠，因此在设计中直接采用钢筋混凝土平板基础，根据不同建筑物的移动路线与行走梁轴线，再铺设行走轨道。

在建筑物纵向移动过程中，由于建筑物的外纵墙开设规则的窗户洞口，对纵墙的刚度有较大的削弱，建筑物对移动过程中地基的不均匀沉降相当敏感，根据设计原则，在移动过程中要严格控制地基的不均匀沉降量。

工程中虽然对地基进行了水泥搅拌桩加固，但当建筑物进行行走基础时，沉降仍然是不可避免的。结构产生不均匀沉降的原因包括：

（1）建筑物移动前一般已经使用多年，原地基的沉降已经完成，而行走基础虽然进行了加固，当荷载施加时，沉降也是不可避免的，新老基础之间会存在差异沉降。

（2）即使建筑物全部离开原基础，移动过程中，由于沉降有一时间过程，因此建筑物的前部变形滞后于后部，在建筑物移动方向的前部和后部会出现较大的不均匀沉降。当这种不均匀沉降超出结构所能承受的范围，特别是对于受到门窗洞口削弱的纵墙，就极易出现墙体开裂。

图 7-11 为建筑物移动过程中不均匀沉降示意图。由图 7-11a）可以看出，建筑物在脱离老基础前呈现两头翘的形式，中间部位的沉降量则相对较大，根据现场实际测量结果，在建筑物整体移动后部还有两个开间未离开老基础时，中间部位与后部的沉降量差值最大达到 43 mm。由图 7-11b）可以看出，当建筑物离开老基础后就呈现出前部向上翘的形式，而后部则相对比较平坦。因此对行走基础进行地基处理以减小建筑物移动过程中的沉降量是至关重要的。因此，除了对行走基础采用水泥粉喷搅拌桩法进行加固，还在建筑物移动过程中加强施工监测，发现有局部沉降过大现象及时在行走轨道上进行补偿。

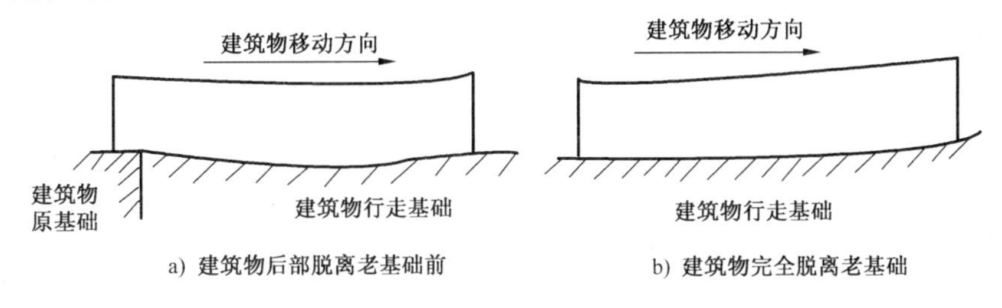

图 7-11　建筑物不均匀沉降示意

行走基础的沉降量不能简单地按照永久基础的方法计算，而是要根据作用时间的长短进行折减，因此行走基础和永久基础虽然都是采用水泥粉喷搅拌桩进行地基加固，但桩的直径、间距、桩长和水泥用量都是不同的。

7. 建筑物移动施工

（1）建筑物的平移。在结构的托换和基础施工完毕，并且地基加固桩和行走梁混凝土达到设计强度后，开始进行建筑物移动。移动采用的动力是 2 000 kN 液压千斤顶，千斤顶的数量根据建筑物的重量和滚动摩擦系数确定。建筑物平移过程中，所需千斤顶的顶推力不是一成不变的，主要与轨道的平整程度有关，遇到轨道上有障碍物时，顶推力会急剧加大，因此移动时应及时检查，排除障碍物，同时在确定千斤顶数量时要留有余地。

（2）沉降监测。由于沉降差在建筑物的前部和后部比较大，在移动过程中每前进一个行程就做一次沉降观测，根据沉降观测的结果及时进行沉降补偿，将建筑物相邻轴线间的沉降差控制在 $L/1\,000$（L 为相邻轴线的间距）的范围内。

（3）建筑物的旋转。旋转前在靠近建筑物几何中心位置作一旋转中心，旋转过程中，各轴线的行程与其至旋转中心的距离成正比。由于作用在各个轴线位置处的千斤顶的顶推速度要求各不相同，要想在旋转过程中建筑物的纵轴仍然保持为一条直线是相当困难的，工程中采取的措施主要有两点：①设计中加大上行走梁托换框架的平面内刚度，除沿纵横墙设置的行走梁外，还在由纵横向行走梁构成的水平托换框架内设置了斜向支撑；②在旋转过程中加强监测，及时调整，发现个别轴线超过或落后于预定的位置 5 mm，就要及时减速或加速。

实践证明，这两个措施作用明显，特别是对于第 4 栋有 70 多米的长楼，由于建筑物过长，平面内刚度相对较小，在旋转过程中难免有不同步的情况，经过及时调整，结构都安全地完成了旋转。

（4）建筑物的提升。局部提升过快或过慢都会在结构中产生较大的附加应力，而托换体系中的行走梁在提升时利用的平面外刚度却较小，工程采取的主要措施是加强在施工中的监测，每个纵横墙的交汇点作为一个提升高度监测点，合理配置千斤顶，放慢速度，加强观测，发现局部过快通过关闭该处千斤顶及时进行调整。在4栋长楼的提升中，每栋楼设置500 kN液压千斤顶240个，设泵站6个，每个泵站控制40个千斤顶。为了确保建筑物的安全，在施工的开始阶段提升速度较慢，约10 mm/h～20 mm/h，等到施工熟练后可以提升到50 mm/h。整个提升工程经过了50天。

8. 小结

在建筑物移动的设计施工过程中要特别注意以下几个方面的问题：

（1）施工图设计前要进行地质勘察，勘察范围不仅是在设计的新位置，而且要包括行走区域；

（2）设计中要考虑建筑物移动全过程中可能遇到的各种不利因素，特别是行走梁的设计不能只考虑上部荷载传递的安全性，还要考虑地基不均匀沉降和旋转提升中不同步的影响；

（3）施工过程中要加强对沉降和移动、旋转和提升过程中的同步观测和及时调整。

在设计与施工过程中以下问题有待于进一步解决：

（1）如何选择经济合理的行走基础及地基加固方法；

（2）建筑物移动过程中如何在托换体系中设置简单易行的调节不均匀沉降的装置；

（3）如何考虑以变形控制为主的设计原则等。

【工程实例4】 辽宁盘锦市兴隆台采油厂办公楼建筑物分体、转向平移工程施工

1. 工程概况

拟移位建筑物位于盘锦市兴隆台采油厂的办公楼，建于1980年，为四层砖混结构建筑，每层设有圈梁。基础形式：中央厅房为独立基础；其他处为毛石条形基础。基础埋深1.8 m，建筑总面积约3 278 m^2，总荷重约4 900 t。

拟移位建筑物位于厂院的中心部位，距新建的采油厂机关大楼49 m。机关大楼共7层，装修美观。原办公楼遮挡了机关大楼的视线和外观，影响了厂院的整体对称布局和规划，决定对其进行移位施工（见图7-12）。

2. 工程地质条件

在进行移位工程设计之前，对建筑物移位的路线及就位的场地进行了岩土工程勘察，该场地地质条件如下：

场地地貌属辽河河口三角洲，海陆交互相沉积。地下水埋深较浅，稳定水位埋深1.10 m，属第四系孔隙潜水，具微承压性。地层分布为：

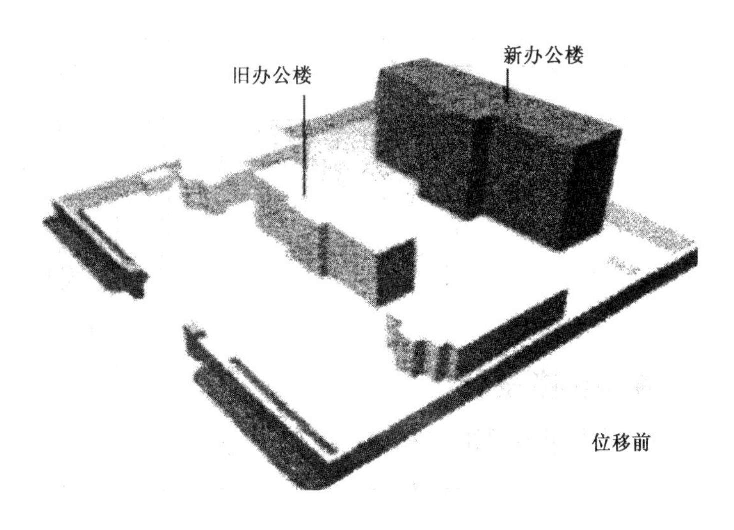

图 7-12　平移前示意图

(1) 杂填土：杂色，主要由沥青路面、混凝土矿渣、碎石及砾砂构成。分布普遍，钻孔揭露厚度 0.4 m～0.7 m。

(2) 粉质黏土：灰褐色～黄褐色，呈软塑～硬塑状态，属中压缩性土，厚度为 0.8 m～2.1 m。承载力标准值 f_k=130 kPa。

(3) 黏土：灰黑色，呈软塑～流塑状态。该层分布普遍、均匀，属中高压缩性土，厚度为 1.5 m。承载力标准值 f_k=90 kPa。

(4) 粉土与粉质黏土互层：具层理，以粉土为主，呈稍密状态，属低缩性土。最大揭露厚度为 1.0 m。承载力标准值 f_k=150 kPa。

(5) 细砂夹黏土：灰色，饱和，细砂呈松散～中密状态，厚度为 2.5 m～4.5 m。承载力标准值 f_k=135 kPa。

(6) 细砂：灰～深灰色，饱和，呈稍密～中密状态，该层厚度大，钻孔未揭穿。承载力标准值 f_k=195 kPa。

(7) 黏土混细砂：灰色，呈软塑状态，混有细砂成分。该夹层仅在一个钻孔内有所揭露，揭露厚度为 1.0 m，承载力标准值 f_k=90 kPa。

3. 比选后的平移方案

根据多个方案的比较，选择了如下平移方案。

首先将被移建筑物分解为两部分，舍弃中间的厅房（楼梯在厅房内），将分解的两侧楼体均向南平移 35.3 m，至厂院门口的位置。然后将东侧楼体向东平移 29.48 m，将西侧楼体向西平移 30.15 m，使楼体靠近东西围墙的位置。并在东、西两侧楼体内各建造一组楼梯。建筑物平移前后平面位置见图 7-13。平移后整个院落呈现主次分明，左右对称的布局。

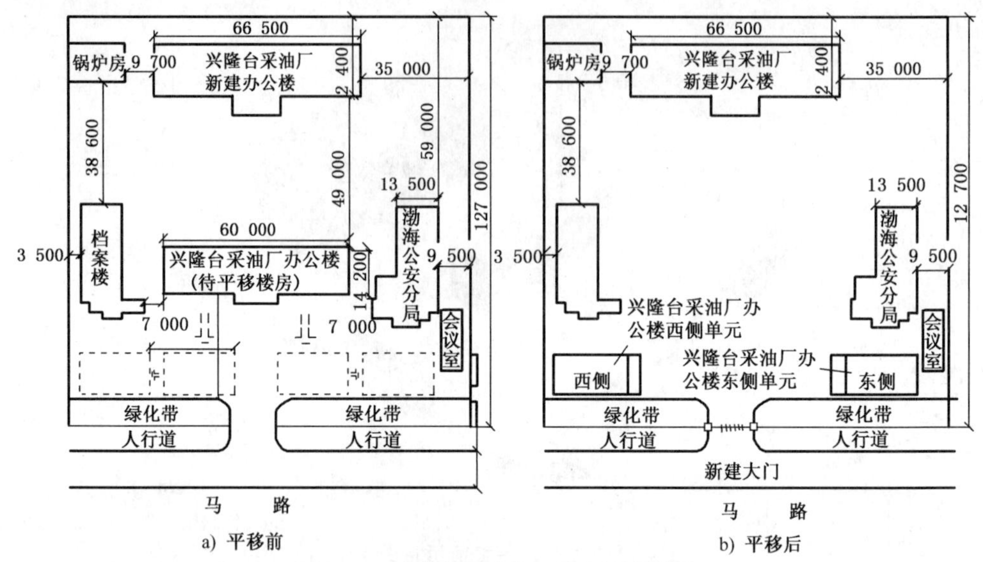

图 7-13 建筑物平移前、后平面布置圈

4. 平移设计

根据建筑物结构及基础形式，该平移工程采用滚动式平移方法。做法是将建筑物沿基础面水平切开，将整体建筑分为基础部分和上部建筑部分。在墙底设置托换梁作为上轨道，原基础作为下轨道，上、下轨道之间辅设滚轴，并在建筑物平移的路线上做好前移下轨道，在建筑物就位的位置处施作永久基础，利用动力设备使上部建筑在滚轴上沿前移，下轨道方向向前移动，直至建筑物设计位置。

建筑物平移工程属特种专业工程，涉及多个学科的不同专业，无现成理论可依，许多工作是探索性的，具有较大风险，一旦某个环节出了问题，其后果严重，因此需要设计者仔细、认真、谨慎，且需掌握所涉及的不同领域的专业知识。该工程较全面地考虑了各方面存在的问题，提出以下设计原则，使工程取得了圆满成功。

（1）设计原则

1）建筑物分体后，其结构强度和刚度不应降低，如有变化，应采取措施使其大于原结构强度和刚度。

2）托换梁应满足上部荷载和移位推力的要求。

3）前移轨道应满足瞬间加荷的要求。

4）永久基础应满足总荷载的要求。

5）转向时必须安全、可靠。

6）动力设计应大于阻力的 3 倍～5 倍。

7）新基础与上部结构连接应满足原抗震要求。

8）水、电、供暖等管线应满足原设计及有关规范要求。

（2）具体设计

1）下轨道。建筑物首先向南平移，然后向东、西方向平移，故下轨道由 4 部分组成。①原基础改造的下轨道；②新布置的南北向下轨道；③新布置的东西向下轨道；④楼体就位处的永久基础作为下轨道。分解后的东、西两侧楼体各有南北向横墙 8 道，间距

3.3 m。故南北向下轨道各布设 8 根，其位置与横墙位置对应。东、西两侧楼体各有东西向纵墙 4 道。经验算东西向 4 道上轨道不能满足楼体东西向移位要求，在每个开间内又增设 1 道东西向上轨道，故与上轨道对应的东西向下轨道各布设 6 根。东侧楼体下轨道及支顶支座平面位置见图 7-14。

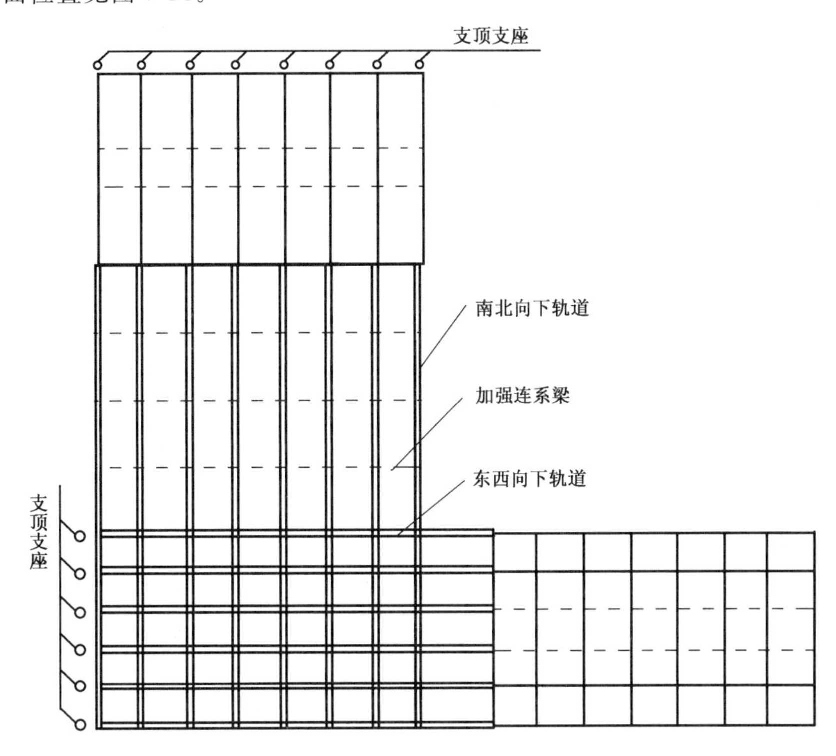

图 7-14　东侧楼体下轨道及支顶支座平面位置图

① 原基础改造的下轨道：原基础为毛石条形基础，经验算满足楼体南北向平移要求，不需加固，可直接作为下轨道使用。

② 新布置的南北向下轨道：应能承受建筑物整体平移时的短期荷载，即滚轴到达任何位置，基础梁板系统及其下的地基土均能承受移动荷载而不发生影响平移的变形。设计基础埋深 1.8 m，基础宽度 2.2 m。并在轨道间增设 3 道加强系梁，以增加下轨道的空间刚度和整体性。

③ 新布置的东西向下轨道同 2）新布置的南北向下轨道。

④ 永久基础作为下轨道：除承受建筑物平移的短期荷载外，并应能承受建筑物的长期荷裁，同时考虑上部荷载是一次性到位的。设计永久基础为筏基，基础埋深 1.4 m，底板厚 300 mm。下轨道梁高 400 mm，宽同上轨道梁，其上固定 5 mm 厚钢板。

2）上轨道。在墙底所做的托换梁上轨道。应能承受建筑物移动时的水平荷载，应能承受建筑物的自重及楼面荷载，应能承受滚轴的反作用力。本工程布设南北向上轨道两侧楼体各 8 根，东西向上轨道两侧楼体各 6 根，其中东西向上轨道有两道是在开间中间位置增设的。其上部无墙体，目的是增大楼体整体刚度及增大上轨道与滚轴的接触面积，确保楼体在平移过程中不受破损。上轨道的位置与下轨道的位置是相互对应的。上部有墙体的上轨道梁高 400 mm，宽同上部墙厚，主筋为 $6\times\phi22$ mm。上部无墙体增设的上轨道，其高 600 mm，宽 500 mm，主筋 10×ϕ22 mm。上轨道底面固定 5 mm 厚钢板。

3）滚轴。楼体的移动系通过滚轴的滚动来实现的。滚轴位于上、下轨道之间，与钢板直接接触，设计滚轴直径为 60 mm 的圆钢，长度与上轨道宽度相等，布设滚轴间距为 300 mm。施工上轨道的同时布设好滚轴。上、下轨道及滚轴施工完成后，滚动系统即形成。

4）支顶支座。支顶支座、千斤顶、支顶垫块组成楼体移动的动力系统。支顶支座给千斤顶提供足够的反力才能推进楼体。由于本工程楼体移动距离较远，故支顶支座由固定支顶支座和可移动支顶支座（钢支架）组成。固定支顶支座位于楼体前进的反方向，与上、下轨道在同一轴线上，同下轨道连成整体。设计南北向固定支顶支座两侧楼体各 8 个，东西向固定支顶支座两侧楼体各 6 个，总计 28 个。钢支架通过钢插销与下轨道连接，在施工下轨道时，每隔 2.0 m 预留一个插销孔，这样楼体每移动 2.0 m，便可调整一次钢支架及千斤顶的位置，使千斤顶与楼体的距离不大于 2.0 m。其优点在于支顶垫块长度不大于 2.0 m，减少垫块总用量，同时避免垫块过长受力后不稳定的缺点，施工简单、方便。钢支架数量与固定支顶支座数量相等，总计为 28 个。

5）支顶垫块。巨大的推力由千斤顶提供，而千斤顶行程是有限的，本工程选用的千斤顶行程为 400 mm，因此，必须设置支顶垫块。每次千斤顶顶推楼体 400 mm，就要回缩千斤顶增加一个支顶垫块（或换一个支顶垫块），使千斤顶重新具有推移 400 mm 的能力。本工程支顶垫块由直径 146 mm 壁厚 5 mm 的钢管制成，钢管两侧焊有厚度 10 mm 钢板。其优点是重量小，便于移动，长度为 400 mm、800 mm、1 200 mm 三种成一组，可组合成以 400 mm 为模数的各种尺寸，共制作支顶垫块 16 组。

6）动力设备。楼体移动可采用滑轮系统移动法或液压缸移动法，所需要的设备可采用卷扬机或千斤顶。

本工程采用液压千斤顶作为动力设备，其优点是移动量直观，容易控制。共用 16 台 100 t 卧式千斤顶和 4 台液压泵站。

5. 平移施工

平移工程是一项风险较大的特种专业工程。因此，施工中各个环节必须按设计要求严格执行，尤其是实施前，要仔细检查各个环节是否存在问题，制定详细的施工组织设计。

（1）分体。平移前将建筑物中央厅房拆除，使建筑物成为东、西分离的两个单体建筑，拆除过程中不得损伤建筑物结构。

（2）切断。

1）施工上轨道（托换梁）、下轨道（原基础梁）。将墙体与地梁连接处分段断开。将原基础梁改造成下轨道，其表面必须水平且平整，并铺设钢板。其上布置圆钢滚轴，滚轴上铺设上轨道钢板并浇注上轨道，每段施工完毕后待其强度达到设计要求时再施工相邻的下一段，直至全部完成。

2）切断与楼体相连的上、下水管线、供电管线等。

（3）前移轨道及永久基础。施工前移轨道、加强连系梁、支顶支座及永久基础。

（4）监测。

1）平移前对建筑物垂直、水平状况进行测量，做好移前调位工作，确保平移工程安全。

2）检查楼体裂缝。对已有裂缝预先处理，增加房屋整体刚度，防止移位时继续裂损。

（5）移位。完成各种准备工作后，安放千斤顶及应力扩散垫板，用千斤顶向前推移楼体。开始推移时应逐级增加推力，并保持各千斤顶同步工作，直至楼体开始移动。楼体移动速率不大于每分钟 50 mm/min。移位的同时应对楼体进行全面监测（包括楼体各点的前移距离、前移方向、楼体倾斜状况及楼体裂缝情况），根据监测结果及时调整施工工艺，使楼体沿着前移轨道安全、平稳、准确无误地移至设计位置。

（6）转向。转向时将滚轴换至东西向轨道下面。

（7）连接。楼体就位后，对楼体倾斜状况和位置进行测量，达到设计要求后立即进行结构连接，分段浇注混凝土，施工楼梯间，恢复各种管线及室内外地坪等，使建筑物尽快恢复使用功能。

6. 平移效果

该工程自开工至楼体移动就位共用时 85 d，其中平移实施 19 d，完成了两幢楼的平移转向，平移总距离 130.23 m。楼体到达新址后，经测量就位误差小于 3 mm。平移后其楼体的原有裂缝无任何变化，更未出现新增裂缝。楼体到达设计位置后，辽宁省建设科学院对该楼进行了鉴定，其鉴定意见为：

（1）现场宏观检查两部分结构无明显结构性裂缝，结构现状良好。

（2）经计算该两部分结构满足受力及 7 度抗震设防要求。

（3）两部分构造设置满足现行规范要求。

7. 小结

（1）对于形体较大建筑物是可以分体、平移转向的。

（2）平移工程是风险较大的特种专业工程，在设计前应确定各个环节的设计原则，然后制定详细的施工设计和施工组织设计。

（3）移位前及移位过程中必须对建筑物的倾斜、裂缝进行监测，如出现异常，应立即停止，分析原因，并采取相应的措施。

（4）新基础与主体连接应满足原抗震设计要求。

【工程实例 5】　北京英国使馆旧址整体平移工程

工程地点：北京东长安街 14 号中华人民共和国公安部 6 号楼

工程类型：（平移、转向、旋转、升降）平移转向

工程设计单位：上海天演建筑物移位工程有限公司

工程施工单位：上海天演建筑物移位工程有限公司

工程完成时间：2005 年 10 月

施工主要内容：房屋第一步先整体向西平移 5.162 m，第二步向南平移 21.5 m，第三步向东平移 15.486 m，第四步向南平移 40 m。共转向 3 次。

一、工程概况

1. 地理位置及周边环境

英国领使馆旧址现位于公安部院内，编号为公安部 6 号楼，1903 年修建，属国家一级文物。因公安部办公楼建设需要，拟将该建筑整体向东南方向平移。平移过程中，要避让东南角一颗古树。

2. 建筑及结构概况

该建筑属欧式风格，两层，建筑物长 74.6 m，宽约 17.4 m，高 15.95 m，建筑总面积约 1 800 m^2，移位总重量估算约 3 300 t。

该建筑为砖木结构，砖墙，木屋架。木屋架仅简支在外墙上，与外墙无有效连接；正立面饰墙均为砖砌拱形窗洞，拱脚间无拉结。外立面饰墙与主体连接较差，与走廊墙通过砖柱、木梁连接并无有效拉结，且多数拱中部已有裂缝，未发现抗震加固构件和加固措施。正立面中三处三角形墙段墙体较厚但高度很高，最高点近 16 m，高出檐口达 8 m，高出屋面最高达 2.6 m。建筑物平面纵向墙共 5 行，横向包括厨房墙在内共 26 列，建筑物平面布置图可参见图 7-15。原墙基均为条形砖基础。

图 7-15　建筑正立面图

3. 平移场地地质条件

工程的地下水位较深，对混凝土无腐蚀性；地质情况自上而下分别为：①0 m～1.5 m为粉质黏土，1.7 m～4.0 m 为房渣土；②2.6 m～5.7 m 为粉质黏土；③5.4 m～11.1 m 为中砂；④10.9 m～14.2 m 为卵石；⑤14.2 m 以下为砾砂层。

4. 工程特点和难点

(1) 是国内目前历史最久、规模最大、文物级别最高的砖木结构建筑物平移工程；

(2) 行走路线下有人防、地下通道及地下室；

(3) 长度较长，纵向刚度较差，平移过程中需避免不均匀沉降；且对平移设备的同步控制精度要求较高；

(4) 正立面是重点保护部位，但该部分整体性较差，平移前需进行重点加固，如何解决好加固与保护形成一对突出矛盾；

(5) 移位路线复杂，平移过程中需多次转向。

二、总体设计方案

1. 移位路线

根据工程规划，房屋先放置在离现房屋东侧 10.324 m，南侧 21.5 m 的中间处位置。由于房屋在平移时需避开东南角的一棵古树，故平移路线为先向西平移 5.162 m，然后向南平移 21.5 m，最后再向东平移 15.486 m，共转向两次。到达中间处移位路线见图 7-16。

2. 移位方式设计

建筑物移位方式通常有滑动与滚动两种方式，下面是对这两种移位方式的介绍与比选。

(1) 滚动平移

即在上下滑道之间摆放滚轴，滚动的优点是摩擦系数小，需提供的迁移动力小。其主要不足之处是：

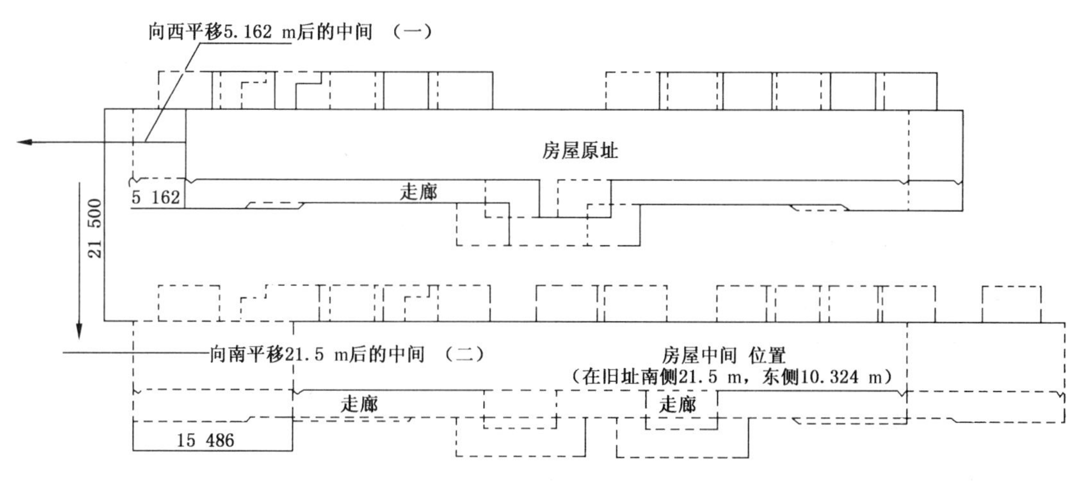

图 7-16　房屋移位路线图

1) 滚动产生竖向振动，对建筑物安全不利；

2) 易产生平移偏位，平移进度较慢，且不利于建筑物的转向。

（2）滑动支座平移

即在上下滑道面之间设置滑动钢结构支座，在滑动面上涂抹润滑介质。见图 7-17。其主要优点是：

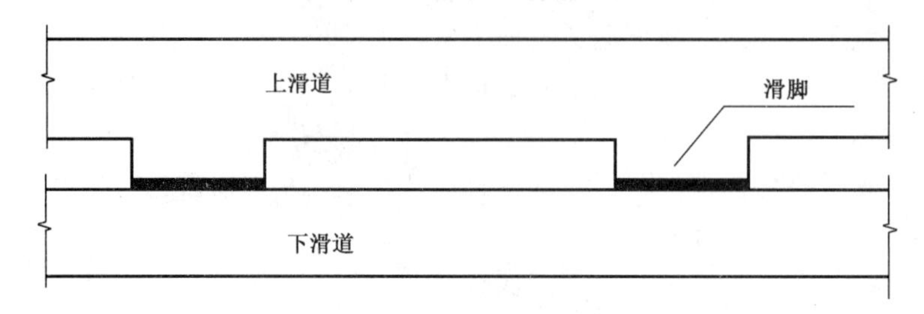

图 7-17　滑动平移

1）滑动摩擦的优点是平移时比较平稳，偏位时易于调整，安全性高；

2）平移过程中易于转向，便于纠偏，适用于高精度同步控制系统；平移速度快，可以缩短总体工期。

在上海四明公所、上海刘长胜故居、上海音乐厅等保护文物平移工程中均采用滑动支座平移法。实践证明，滑动支座平移特别适应于文物保护建筑这类要求更高的平移工程，结合本建筑的自身特点及多次转向控制需要，决定采用滑动支座平移。

3. 下滑梁系设计

（1）下滑梁平面布置

纵向共设置 6 条下滑道，横向共设置 17 条下滑道。下滑道基本沿墙轴线两侧布置，纵向沿 A、1/A—B、C、D、E 墙两侧布置，在 C—D 轴的壁炉中间处设一条纵向下滑梁；横向沿 1、1/2、4、1/5、8、1/10、2/11—12、1/12、1/14、1/15～15、1/16、19、1/21、23、1/24、26 轴线墙两侧布置，在 1/12、1/14 轴之间增设一条横向下滑道，建筑平面见图 7-19。

（2）下滑梁断面设计

根据与墙体的平面位置关系，下滑道又可分为沿墙线段下滑道和非墙线段下滑道，如图 7-18 所示。下滑梁顶面标高－1.104 m，底部与三合土混合物面持平。下滑梁钢筋混凝土断面为 250 mm×450 mm，其余为素混凝土。为保证下滑梁的平整度，混凝土梁施工完毕后，在其上方抹 2 cm 的砂浆找平层，见图 7-18。

4. 上滑梁系设计

（1）上滑梁系平面布置

纵向共设置 6 条上滑梁，横向共设置 17 条上滑梁，分别与室内下滑梁相对应。除与室内下滑梁相对应的上滑梁外，其余墙段两侧均需设置夹墙梁。本设计中的上滑梁大部分均为夹墙梁，在墙两侧的夹墙梁需用系梁连接，在木楼梯处需设置楼梯抬梁，上滑梁系平面布置见图 7-19。

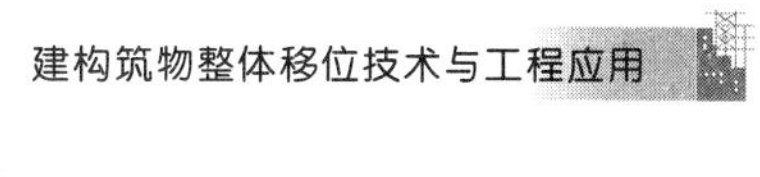

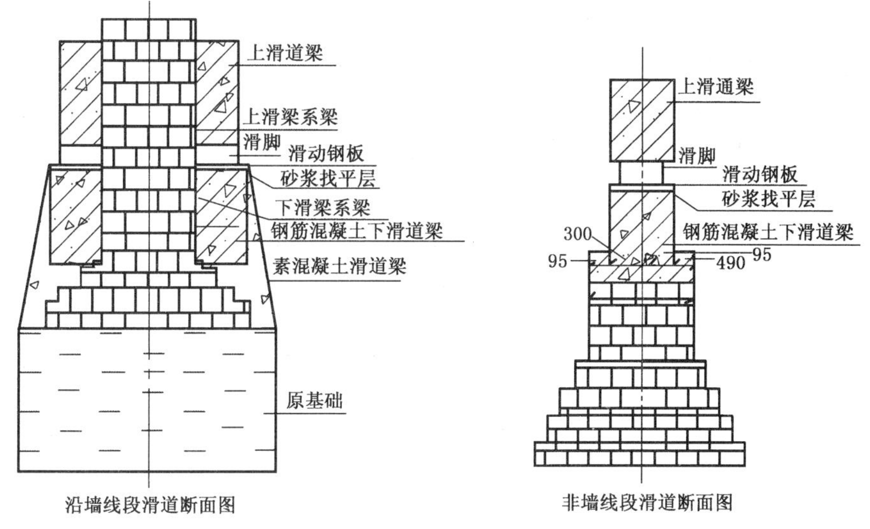

图 7-18　滑道断面图

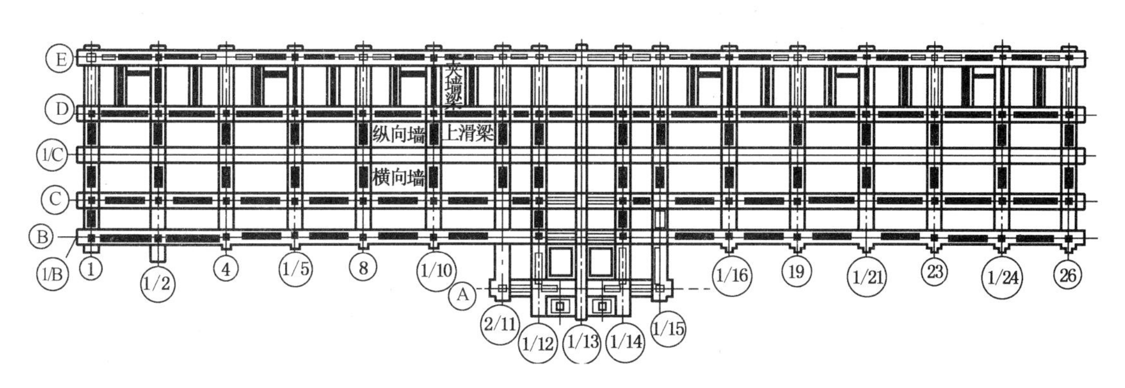

图 7-19　上滑梁布置图

（2）上滑梁系断面设计

上滑梁断面设计：所有上滑梁的底面标高均为－1.00 m，滑脚安装在上滑梁底部，滑脚底部标高为－1.104 m；上滑梁在墙两侧的钢筋混凝土断面为 200 mm×（400～550）mm，在非墙两侧的钢筋混凝土断面为 300 mm×400 mm。

夹墙梁断面设计：夹墙梁底面标高均为－1.00 m，上滑梁以外的夹墙梁底部均无滑脚，夹墙梁在墙两侧的钢筋混凝土断面为 200 mm×（350～500）mm。

连系梁断面设计：在墙两侧的夹墙梁及上滑梁之间需用连系梁连接，连系梁的钢筋混凝土断面为 200 mm×200 mm。上滑梁断面见图 7-19。

5. 房屋加固设计

如前所述，由于该建筑物在结构上存在许多薄弱之处，为保证平移过程中结构的安全，平移前必须对房屋进行加固，加固措施如下：

（1）一、二楼的 1 轴及 26 轴、B 行 1—4 轴、23—26 轴、A 行 13—14 轴之间拱洞用 240 mm 砖墙封堵。A 行进门处拱跨较大，拱圈已出现数处裂缝，因此用砖封堵并留门，便于施工进出。见图 7-20。

（2）A行+3200、+7200处12—15轴间，12、15轴+7200处A—C行间，13、14轴顶层顶棚下面处A行一走道间，8、19轴顶层顶棚下面处B—C行间，1、26轴+7 000处1/A・C行间，6、10、17、21轴顶层顶棚下面处B—C行间，1/A行顶棚下面处1—4、23—26轴间，B行顶棚下面处12—15轴间，D行厨房处1/1—1/3、1/4—1/7、1/9—1/11、2/15—1/18、1/19—1/22、1/23—1/25轴间，C行顶棚下面处12—15轴间，用钢筋进行拉结，并用方木支承。见图7-21。

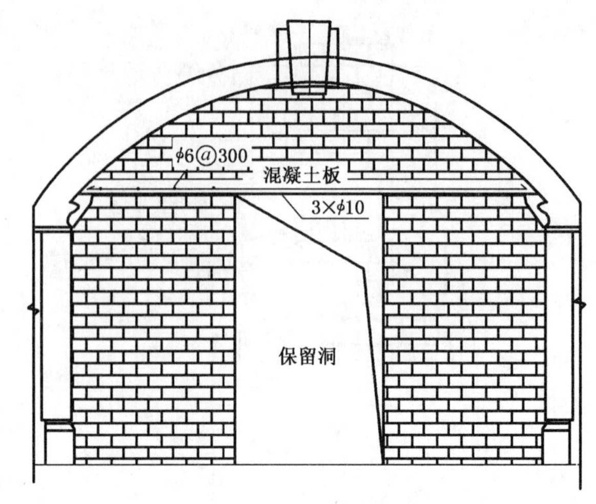

图7-20　拱洞封堵图

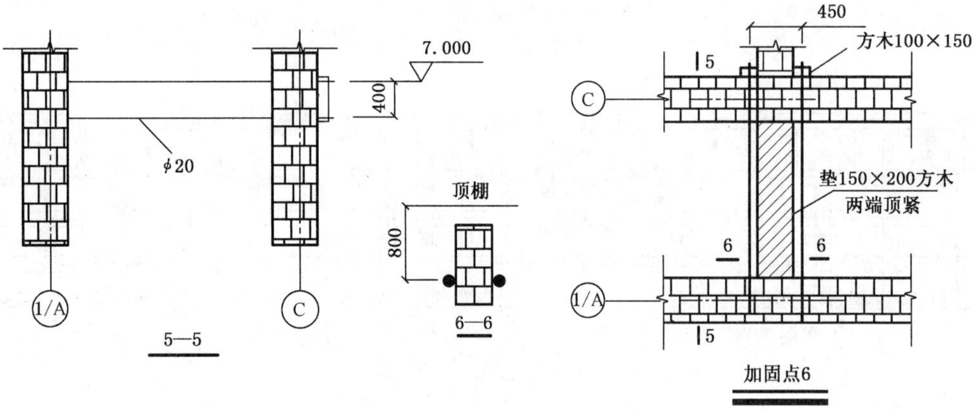

图7-21　钢筋拉结、方木支承加固局部图

（3）正立面（1/A、B行）山墙三处三角形封檐墙既高又重，在外侧加型钢柱将砖墙支撑，防止外倾。见图7-22。

（4）屋架正立面简支在1/A、B行墙上，木屋架与1/A、B行墙用钢筋进行拉结，使其与墙连为一个整体。见图7-22。

6. 平移动力

（1）推力计算

根据初步计算，房屋移位总重量约3 300 t，取启动时滑动摩擦系数为0.2，所需总推力为660 t。

（2）千斤顶选用

根据上述计算结果，纵向平移时拟选用7台100 t和1台50 t的千斤顶，可提供750 t的总推力；横向平移时选用17台50 t的千斤顶，能提供850 t的总推力。以上配置能够克服启动阻力。

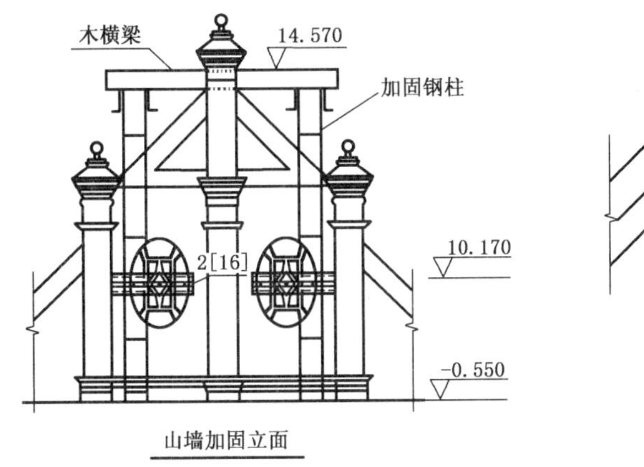

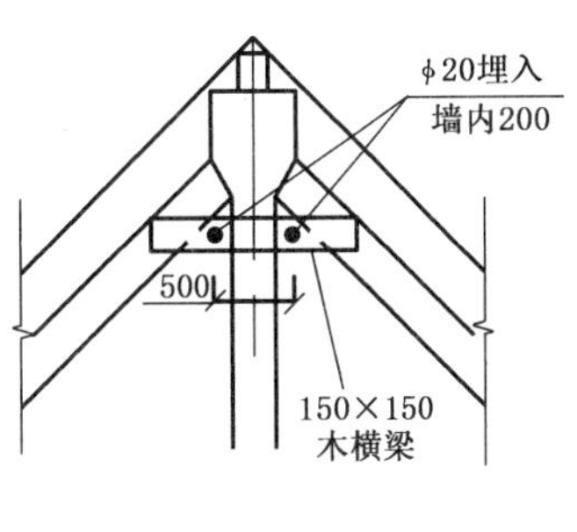

图 7-22　山墙加固立面，木屋架与墙连接

7. 平移控制系统设计

国内建筑物平移中大多采用人工控制液压泵站及千斤顶，采用计算机控制的较少。

该工程拟采用 PLC 控制液压同步顶推系统，该系统已在上海音乐厅整体顶升与平移工程、天津市海河狮子林桥整体顶升工程等项目中成功应用。采用 PLC 控制系统，能够对平移进行有效的控制并能保证平移的精度，该系统有以下特点：

（1）同步系统组成

PLC 控制液压同步系统由液压系统（油泵、液压千斤顶等）、检测传感器、计算机控制系统等几个部分组成。

液压系统由计算机控制，可以全自动完成同步位移，实现力和位移控制、操作闭锁、过程显示、故障报警等多种功能。

（2）系统特点

该系统具有以下优点和特点：

1）具有友好 Windows 用户界面的计算机控制系统；

2）整体安全可靠，功能齐全；

3）软件功能：位移误差的控制；行程控制；紧急停止功能；误操作自动保护等；

4）硬件功能：油缸液控单向阀可防止任何形式的系统及管路失压，从而保证负载的有效支撑；

5）所有液压千斤顶既可同时操作，又可单独操作；

6）同步控制点数量可根据需要设置，适用于大体积建筑物或构件的同步位移。

（3）主要技术指标

1）一般要求

液压系统工作压力：31.5 MPa；尖峰压力：35.0 MPa；工作介质：40 号液压油；清洁度：NAS 9 级。

2）顶推系统

顶推缸推力：100 t/50 t；顶推缸行程：1 200 mm；顶推控制速度：0 mm/min～60 mm/min。组内各顶推缸：压力连通；组与组之间：位置同步控制；同步精度：±1 mm。

3）操纵和检测

常用操纵：按钮方式，人机界面；位移检测：光栅尺，压力、位移参数自动记录。

8. 监测系统设计

姿态监测：即平移过程中对结构整体姿态的监测，包括结构的平动、转动和倾斜。

沉降监测：即房屋在整个平移施工中房屋的沉降状态。

位移监测：即房屋在整个平移过程中所行走距离的监测。

荷载监测：即在房屋的静态与动态过程中，对房屋的局部薄弱部位进行应力监测；在平移过程中，对上、下滑梁的关键部位进行应力监测。

三、结语

英国使馆旧址整体平移工程于2003年12月底开工，于2004年4月14日顺利平移至中间位址，平移到位后房屋原有裂缝没有扩大，也没有发现新的裂缝；平移到位后房屋位置偏差在10 mm以内。如此年代久远的建筑能够完善地平移到位说明方案的设计是成功的、有针对性的；尤其是对文物有针对性的加固、采用PLC同步控制系统、系统的监测是确保文物安全平移的关键；在房屋多次转向的情况下，房屋平移到位的位置偏差仍在10 mm以内与采用滑动平移、PLC同步控制系统、系统的监测是密不可分的。英国使馆的顺利平移为文物建筑保护提供了一个新的选择，同时也为建筑物移位提供了一个新的参考。

【工程实例6】　天津众美制衣综合楼整体平移施工

1. 工程概况

（1）建筑概况。天津众美制衣综合楼原为津东农工商营业楼，建于1992年。为6层钢筋混凝土框架结构（见图7-23），北侧后门正中有运货电梯一座，东西两侧各有一道人行楼梯。建筑物东西长43.08 m，南北长27.65 m。除一楼层高为5.4 m，6楼层高3.9 m外，其余各层的层高均为4.5 m，大楼总高27.9 m，建筑总面积约5 200 m^2。根据规划需要，大楼整体向北平移35 m，迁移总重量约为10 346 t（见图7-24）。

图7-23　房屋原貌图

图7-24　平移示意图

(2) 基础概况。基础平面见图 7-25。原大楼④轴为 1 层裙房，④柱下为条形基础，采用倒 T 形断面（见图 7-26）。⑤～⑩轴采用 C30 钢筋混凝土梁板式筏板基础，结构尺寸见图 7-27。筏板在基础周边伸出轴线外 2.5 m。基础梁板下均设 0.1 m 厚的 CIO 素混凝土垫层。

(3) 地质情况。根据地勘报告，地质情况如下：基底标高下 0.1 m～1.89 m 为人工填土层 0.47 m～1.33 m 为坑底淤泥；－1.40 m～－2.12 m 由黏土和亚黏土组成，可做建筑物的持力层；－11.01 m～－11.82 m 主要由灰色亚黏土、轻亚黏土组成。

该场区地基土的容许承载力 [R] 值，在标高－1.63 m 以上天然土（不包括坑底淤泥）[R] ＝120 kPa；在标高－1.63 m～－7.13 m，[R] ＝100 kPa；在标高－7.13 m～－11.82 m，[R] ＝120 kPa；在标高－11.82 m～－13.72 m，[R] ＝140 kPa。

2. 分荷结构

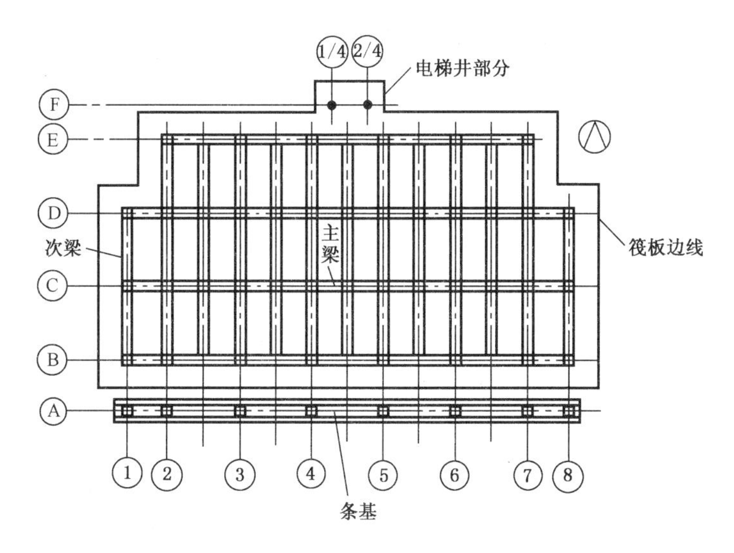

图 7-25　基础平面示意图

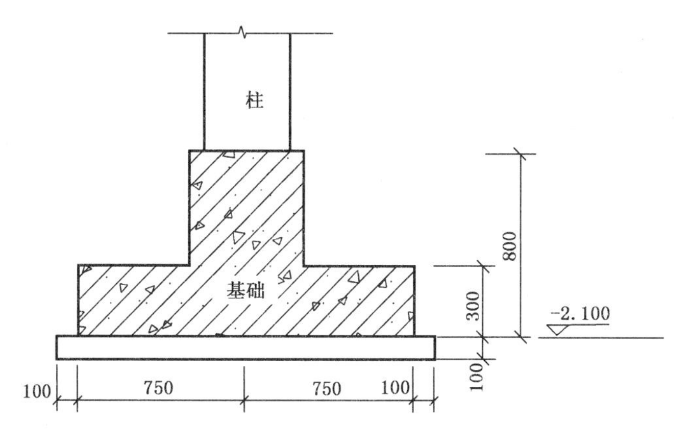

图 7-26　柱下条基尺寸

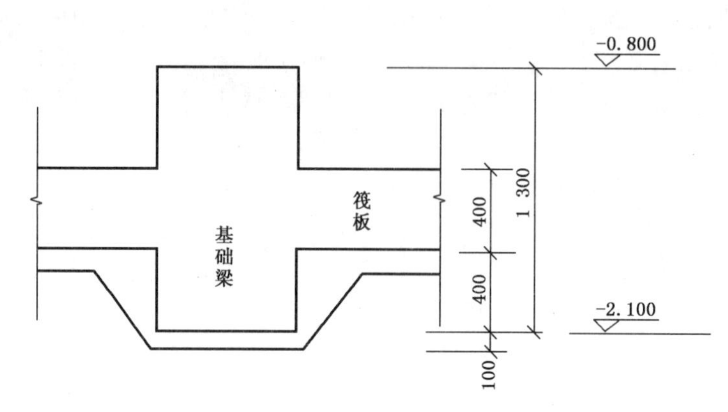

图 7-27　筏板基础尺寸

要使房屋移动，必须将其由原基础托换到可移动的上轨道结构体系上。在上轨道结构体系设计中，将框架柱的集中荷载转换为上轨道梁对下轨道梁的分布荷载，这对于柱荷载较大、地基承载力较低、移动距离较远的下轨道结构体系及其基础的设计是经济的、合理的。若仅依靠上轨道梁自身进行此荷载的转换，不但需加大上轨道梁的截面，而且还因梁的变形使荷载分布不均，柱下荷载偏大，跨中荷载偏小，荷载转换的效果不甚理想。因此合理的选择是采用分荷结构，将柱荷载经分荷结构传给轨道梁，然后近似转换为均布荷载，通过移动装置作用于下轨道梁上。

天津津东农工商营业楼平移工程中，由于柱荷载较大，个别荷载达到 4 500 kN，西 73 mm 滚轴需按 20 mm 的间距密布，而上轨道梁受室内地坪至主梁顶的高差限制，梁高只有 500 mm，必须设置分荷系统，才能满足承载要求。经过多方案的比选，放弃了传统的钢结构分荷载形式，开发应用了“钢筋混凝土分荷载结构”（见图 7-28）。

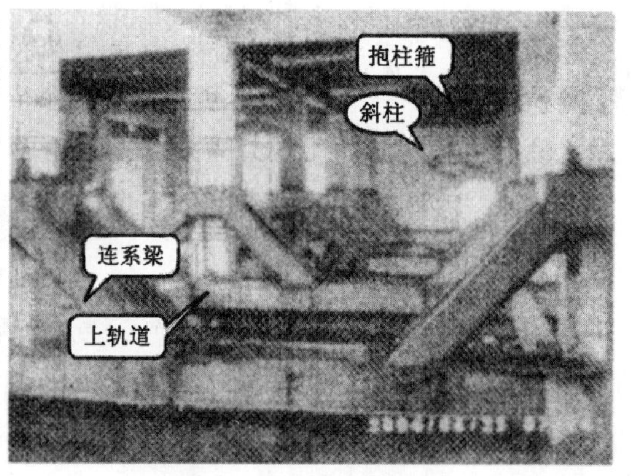

图 7-28　分荷系统示意图

钢筋混凝土分荷载结构是由框架柱前后侧对称设置的钢筋混凝土分荷斜柱和斜柱上部的钢筋混凝土抱柱箍组成，并与框架柱及上轨道梁连成完整的一体，提高了分荷结构的节点刚度和传力的可靠性。斜柱底部将上轨道梁三等分，缩短了上轨道梁的跨度，有效减少了上轨道梁的内力。斜柱顶部不像传统的分荷方法支于一层楼板框架梁的底部，而是通过抱柱箍作用于框架柱的中下部，减少斜柱长度，既提高斜柱受压稳定的性能，同时也增加了上轨道梁的侧向刚度和抗扭刚度。由于整个结构高度较低，方便了施工和平移过程中的监测。

3. 方案设计

（1）新址基础设计

新址地质勘察报告所揭示的地层和地基承载力，与原大楼地基地质勘察报告所揭示的基本一致。原大楼采用片筏基础，故在新址仍采用片筏基础应能满足建筑物的承载要

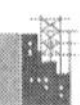

求。新址片筏基础主次梁的布置、结构尺寸与原址基础一致。而新址柱下次梁按原址柱下次梁的承载能力并结合下轨道梁的构造和承载要求重新设计。

（2）下轨道梁的设计

下轨道梁采用钢筋混凝土结构，其一方面作为整个房屋平移及托换体系的基础，同时顶推时为千斤顶提供反力。在①至⑧轴范围共设 8 条下轨道梁，下轨道梁从新址基础延伸至反力后背处。原址片筏基础的轨道梁，贴在片筏基础次梁两侧。新址下轨道梁兼作新址片筏基础次梁，新址每条下轨道梁也由两片轨道梁组成。在新旧基础上采用同一类型的下轨道梁对平移的安全性是有好处的。

（3）上轨道结构体系设计

上轨道结构体系为钢筋混凝土结构，由上轨道梁、抱柱梁、夹墙梁、分荷结构及连系梁等组成。上轨道结构体系用于承受移动部分的全部荷载，因此它应具有足够的强度、刚度及稳定性。

1）上轨道梁设计。上轨道梁采用双侧抱柱梁，采用槽钢与混凝土组合梁结构。与下轨道梁对应，共设 8 条上轨道梁。上轨道梁兼作一个方向的抱柱梁，按最不利荷载组合、多跨连续梁设计，同时考虑分荷斜梁的水平分力和平移推力引起的轴向力，每条上轨道梁由双肢组成，梁底设槽钢部分代替梁底部钢筋兼作平移滑动面，箍筋与槽钢焊接。上轨道梁断面尺寸为 250 mm×500 mm，顶面标高为－0.011 m。

2）抱柱梁设计。设计时考虑正截面的受弯承载力，局部抗压强度及周边的抗剪切强度。直接或通过连系梁与上轨道梁浇筑成整体。经过大量实践及实验证明，采用钢筋混凝土抱柱梁是进行柱托换的一种较为可靠、安全的形式。

3）夹墙梁设计。夹墙梁布置在墙两侧，相互之间通过小系梁连接，确保墙体切断之后承托墙体重量。

4）分荷结构设计。在该工程中创造性地应用了钢筋混凝土分荷结构，来解决柱荷载集中的问题。这种结构相比钢结构更能确保支点的受力可靠性，而且有很好的经济性与施工的便捷性。分荷结构的上部抱柱箍与上轨道梁的抱柱梁同时受力，对柱进行托换，抱柱箍按抱柱梁设计考虑。斜柱按 45°设置进行分荷（见图 7-29），按受压杆件考虑，钢筋按构造配筋设计。两侧斜柱间在上轨道梁处通过系梁连结，以增强整体性。钢筋混凝土分荷结构的工程成本较钢结构大大减少，但分荷效果较好。

（4）滑动面设计

该工程采用滚动摩擦，滑动面为滚轴对钢板。滚轴采用 $\phi73$ 钢管，管内灌高强度细石膨胀性混凝土，两端钢板焊接封盖。采用钢管混凝土的优点是受压后有微小的变形，可部分消除因施工精度不足造成的上下轨道梁不平整，保证上滑梁受力较均匀，减少对房屋结构产生不利影响。

（5）顶推设计

目前房屋移动有牵引法和顶推法两种，该工程采用顶推法，利用液压千斤顶作为顶推设备，采用目前较为先进的 PLC 同步控制系统，使各千斤顶的同步顶推精度控制在 2 mm以内。因该工程平移距离较远，而千斤顶行程较小，仅为 1.2 m。所以顶推反力支座采用钢筋混凝土固定支座和钢结构活动反力支座两种形式。平移 6.6 m 距离内采用更换顶铁的方法，每平移 6.6 m 后改用钢结构活动反力支座。房屋移动启动时的滚动摩擦系数按0.1考虑，根据各轴线的荷载计算，该工程共采用1 000 kN千斤顶6台，3 200 kN千斤顶2台。

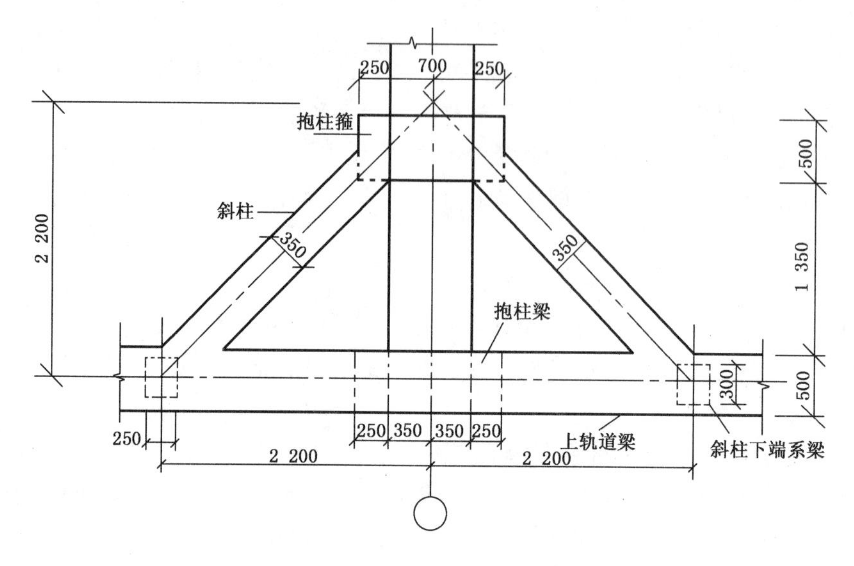

图7-29　钢筋混凝土分荷结构

4. 平移效果

该工程于2004年7月26日开始平移，于2004年7月31日平移到位，历时5天。开始启动时采用分级加载的方法。按照各轴线的荷载，分别按摩擦系数为0.02、0.03、0.04直至0.1取值计算出理论推力，然后由控制系统确定而提供的油源压力值。这种方法可以很好地保护房屋结构，避免突然的启动产生较大的加速度。实际顶推时，摩擦系数为0.04。顶推速度平均为2 cm/min，房屋一天平均移动约8 m，就位横向偏差为3 mm。

【工程实例7】　北京燕山石化与山东齐鲁石化大型高塔设备及钢构架整体液压连续平移施工

在北京燕山石化66万t和齐鲁石化72万t乙烯扩建工程中，有超高、超大、超重的四台塔器和洛阳石化扩建工程中有900 t原油钢框架的施工安装，打破常规，首次采用了SQD型松卡式千斤顶及配套设备进行整体液压连续平移技术，均取得了圆满成功。该项技术缩短了工期，特别是缩短了停产工期，确保了工程质量，降低了施工费用，开创了我国特大型塔器和大型钢结构框架整体液压连续平移施工的新途径。

1. 概述

在北京燕山石化66万t乙烯扩建工程中，其中包括超高（48.7 m）、超大（直径11 m）、超重（736 t）的两台塔器的安装施工（见图7-30）。为了缩短停产工期，打破常规，在国内首次使用了SQD型松卡式千斤顶及配套设备进行整体液压连续平移技术，取得了圆满成功。而后，在齐鲁石化72万t乙烯扩建工程中，两台千吨高塔再次采用SQD型松卡式千斤顶及相配套专用设备进行了整体连续平移，精确就位，创造了我国高塔整体平移史上重量最重（1 300多t）、高度最高（54.2 m）、速度最快（平移15.5 m的

104 塔，用时 6 h 45 min，平移 12.4 m 的 101 塔，仅用时 3 小时 10 分钟）（图 7-31）、精确度最精（轴线误差仅 2.5 mm）的业绩。中央及地方多家电视台、多家报刊做了相关报导。

图 7-30 燕山石化两高塔

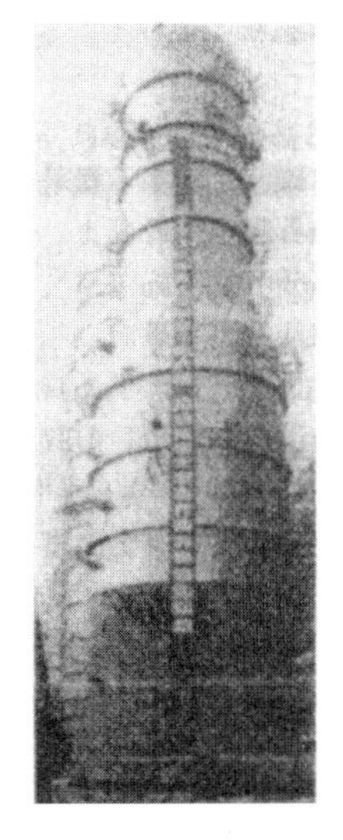

图 7-31 齐鲁石化两高塔

在洛阳石化总厂常减压改扩建工程中，新建的 900 t 原油钢框架长 28 m（5 轴线）、宽 8.7 m（3 轴线）、高 29 m，共分 4 层，每层都安装有设备，其总重量为 900 多 t，其安装就位采用了 SQD 型松卡式千斤顶及配套设备进行了该钢框架的整体液压连续平移施工（图 7-32），平移距离为 28.7 m，平移 2 天（实际平移时间为 13 h）精确就位。采用该项新技术大大缩短了停产期，为加速我国现代化工业作出了贡献；采用该项新技术克服了施工现场狭窄的困难。是我国在大型钢框架立式整体液压连续平移施工的首创。

该项平移技术不仅确保了特大型塔器及钢框架施工安装的质量，同时，确保了特大型装置平移的平稳性、安全性和可靠性；缩短了安装施工的工期、降低了费用，开创了我国特大型塔器和大型钢框架整体液压连续平移安装的新途径。本文就特大型塔器及大型钢框架的液压平移施工技术做如下介绍。

图 7-32 洛阳石化原油钢框架

2. 特大型塔器整体液压连续平移技术

（1）整体液压连续平移法的提出

北京燕山石化总厂将原有的年产 45 万 t 的乙烯装置扩建成 66 万 t 的乙烯装置过程中，其中汽油分馏塔和急冷水塔是两台重点改造设备。在乙烯装置停产大检修改造期间，拆除原汽油分馏塔和急冷水塔，新建汽油分馏塔（直径 9 m、高 41.3 m、净重 618 t）和新急冷水塔（直径 8.5 m/11 m、高 48.75 m、净重 736 t）。由于这两台高塔是关键的工艺设备，而且直径超大、高度超高、重量超重，因而造成在工厂整体制造和运输的困难，采用在现场将部件组对焊接安装施工比较合适。

在现场组对焊接安装施工的方法有三种：①常规的方法是在停产大修期间拆除旧设

备后，在新的基础上安装新设备。这种方法势必停产时间长，会造成较大的经济损失。②第二种方法是先将塔体的分片拼装组装成塔段，待停产大修期间，先拆除两台旧塔，打好新基础，然后将预制好的塔段拖至新基础近处，再用大吊车分别吊装组对成形。这种方法的问题是因现场施工场地窄小，组装的塔段无处摆放，如放在较远处还需要在吊装前将塔段拖回来，很费事而且还需大吊车，费用又高。③第三种方法，就是整体液压平移法，在需要改造的装置附近，先建起新的高塔，借鉴楼房平移的方法，整体液压平移高塔就位安装施工的新方法。

（2）整体液压连续平移法的确定

整体平移安装高塔的方法就是在停产大修前，在旧塔的某一侧一定距离处作临时基础，在临时基础上，铺设滚杠和上滚道板，然后现场组对塔体。在大修开始后拆除旧塔打新基础，最后分别将两高塔整体平移到新基础上进行就位安装。这种安装方法的优越性在于工期有保证、施工质量能大为提高，施工费用能降低；更重要的是停产时间可以大大缩短，经济损失大为减少。但这种方案的实施风险也很大。首先高塔整体液压平移在国内尚属首次，无现成的经验可借鉴，容易发生事故，一旦发生事故就无法挽回。平移楼房、高炉时，其重心低、底面大，平移时稳定性好，平移稍有差错不碍大事，而平移高塔，其重心高、底座小，平移时一旦发生事故，后果不堪设想。其次是平移中如发生偏移，致使高塔不能就位安装，也没有别的办法挽回，势必影响整个改扩建工程的实现。因此，确保高塔平稳安全地平移到位是液压平移方案的关键。

为确保高塔平移的顺利成功，设计方提出了高塔平移中控制的速度为 0.5 mm/s，加速度为 1 mm/s^2。为此，承建方经过反复调研、考察，选择了北京中建科研院研制的 SQD 型松卡式千斤顶及配套设备来完成这两台高塔的平移。因为 SQD 型松卡式千斤顶不仅是国家级科技成果重点推广项目，而且已被广泛应用在大型储油罐、钢桅杆、通讯塔、水塔等方面的液压提升施工中，且均取得了圆满成功，因此将它用于高塔平移是可行的。

采用 SQD 型松卡式千斤顶及其配套设备进行高塔整体液压平移是与采用普通千斤顶进行楼房液压平移是有区别的。简言之，前者平移是连续的，而后者是间断的。以本工程为例，原先采用普通千斤顶的方案是：既有后推系统（采用 2 台 300 kN 千斤顶进行顶推），又要前牵系统（使用 4 台 100 kN 倒链进行牵引）以及防后溜系统（使用 4 台 100 kN倒链）等一系列措施。每当千斤顶向前顶推了一个液压行程后，就需要垫上厚度与行程相应的垫块，才能进行第二个行程的运行，确实很麻烦。而采用松卡式千斤顶就很简单了，只要在距塔器一定的位置设置固定的小钢架，将千斤顶安装好再穿入牵引杆（圆钢棒），此牵引杆与塔器底部相连接即可。松卡式千斤顶工作时，就能够一个行程接着一个行程不断地拉着高塔向前运行，因为松卡式千斤顶本身具有上、下卡头（即松开和卡紧牵引杆的特殊装置，相当于人在爬杆时的双手），采用此千斤顶进行高塔平移就能发挥出这项特殊功能，因此，燕化两高塔采用该种整体液压平移技术是合理的。

（3）整体液压平移高塔的技术准备

1）安装工艺的技术准备

①平移通道的设置：在新塔就位处西侧十余米处，平移通道见图 7-33，按正式基础的要求作临时基础，新塔就位处作正式基础，并作好平移通道将两基础互相连接好。

②下滚道板铺设在两基础的表面，并与预埋钢板焊接好。

③上滚道板采用塔基环板（$\delta = 70$ mm）代替即可。

④塔裙的加固：为了使高塔在平移过程中受力比较均匀，要确保塔裙不发生变形，因而对塔裙采用H型钢进行了加固。

⑤滚杠的选择：根据计算及实践经验选取ϕ108 mm圆钢作为滚杠。

图 7-33　平移通道

2）液压平移专用设备

液压平移高塔的专用设备由如下五部分组成。

①SQD型松卡式千斤顶。4台SQD-160-100S·f型松卡式千斤顶，每台千斤顶的承载力为160 kN，液压行程100 mm。

②液压泵站（图7-34）。专门为适应平移两高塔而研制的液压泵站，该泵站具有数字化调节高塔平移速度的功能，而且调节范围也比较大。在确保高塔刚开始平移和就位时的平稳和安全的同时，又可作适当的调节，以便需要时加快平移的速度。

图 7-34　液压泵站和千斤顶

③液压管路系统。通过液压管路系统将4台千斤顶和液压泵站联结为一个整体。既可以使4台千斤顶同时工作，又可使单台千斤顶独立运行，运行速度均可调节，非常方便。

④固定小钢架。该小钢架是固定不动的，每台千斤顶分别安装在每个小钢架上。小钢架的位置根据高塔平移的距离而定。

⑤牵引杆。采用ϕ32钢棒作为平移高塔的牵引杆，其长度由平移距离而定。因钢棒超长，可以采用焊接办法将两节或多节相连接。

3）确保高塔平移稳定的措施

①松卡式千斤顶具有平稳运行的特点。松卡式千斤顶专门设置了上、下卡头的特殊结构。上、下卡头在液压力的作用下可以自动作出卡紧或松开牵引杆的动作，相当于人向上爬升时双手交替进行的作用，因此该千斤顶可以通过牵引杆将高塔一个行程接着一个行程的连续往前牵引，以确保高塔平移的平稳性。

②滚杠专用卡套。在高塔平移过程中，滚杠的运行是否一致也很重要。在高塔平移

过程中采用了若干组滚杠专用卡套，该卡套卡在滚动的相邻的两滚杆上，使两滚杠的间距相对固定，同时又不影响滚杠的滚动。使前后滚杠运行步伐尽量一致，不发生跑位现象，从而进一步确保高塔平移的稳定性。

③偏移的纠正。高塔在平移过程中，由于上下滚道板间的摩阻不一致，不可避免地会影响高塔的运行快慢而发生偏移。这时就可通过液压泵站上的相应阀或千斤顶上的阀来进行调节，以达到纠偏的目的。

（4）高塔整体液压连续平移施工

在上述技术准备工作全部完成后，新急冷水塔首先整体液压连续平移成功。开始平移时，先将平移的速度严格控制在0.5 mm/s之内，其结果是使高塔的平移相当平稳。在其运行一段距离后，将速度逐步加快，该高塔的平移依然很平稳。

在高塔运行过程中要注意解决如下问题：

1）在高塔运行过程中，由于滚杆上面或下面等各个位置的摩阻不一致，不可避免地使高塔运行速度产生差异，导致高塔发生偏移，这时可将运行较快一侧的2台千斤顶暂停工作，运行较慢的一侧继续前进。待纠偏后再使4台千斤顶一起工作。

2）在高塔连续平移过程中，需将高塔后面已退出的滚杠转移到前面按相关要求放置待用。如此循环转移直至高塔平移施工结束。

3）在高塔离就位200 mm～300 mm处，将高塔运行的速度逐步调慢，同时将纠偏工作做好，以使高塔正确无误的就位。

4）在整个平移过程中，要及时解决出现异常的情况。例如：由于有一根牵引杆的铁锈严重，加上小钢架的千斤顶定位孔与下卡座的孔不同心造成别劲，以致造成卡头打滑，影响千斤顶的正常工作，发现后立即处理解决。

先后将新急冷水塔和新汽油分馏塔分别经过大约9个多小时和5个小时的液压连续平移13.26 m和12.12 m，平稳、安全、正确地到达了就位位置。至此，两台高塔的液压平移取得圆满成功，为我国特大型塔器整体液压连续平移施工技术的首创。

3. 常减压原油钢框架整体液压连续平移施工技术

（1）工程概况

洛阳石化常减压装置改造工程中需在停产35天的工期内将原有的二层混凝土框架拆除，然后新建起900 t原油钢框架（构-3钢框架），见图7-35。其长向5轴线28 m，宽向3轴线8.7 m，四层框架内安装43台设备，高29 m，总重900多t。在本装置改造工程中，工程量比较大，需将原混凝土框架及所有的设备管道全部拆除；新施工桩基66根、结构立柱基础15个、设备基础9个；新建四层钢结构框架并在四层钢框架内分别安装换热设备38台、容器设备1台、机泵设备4台，

图7-35　常减压原油钢框架图

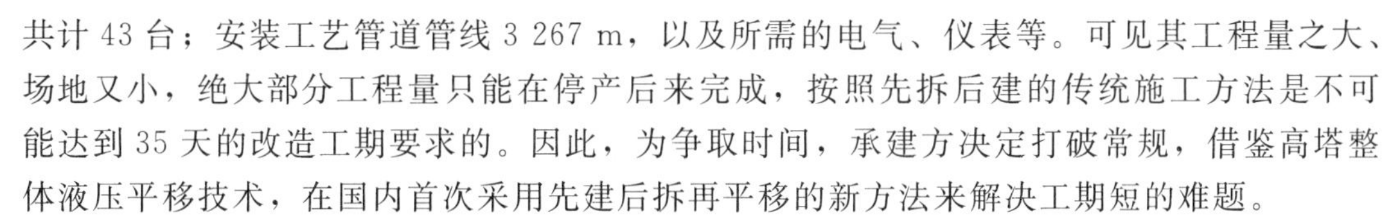

共计 43 台；安装工艺管道管线 3 267 m，以及所需的电气、仪表等。可见其工程量之大、场地又小，绝大部分工程量只能在停产后来完成，按照先拆后建的传统施工方法是不可能达到 35 天的改造工期要求的。因此，为争取时间，承建方决定打破常规，借鉴高塔整体液压平移技术，在国内首次采用先建后拆再平移的新方法来解决工期短的难题。

（2）难点及技术措施

1）难点。本工程决定采用先建后拆再平移的新方法施工，其技术难点当然地集中在平移施工技术上，平移施工的难点大体有如下五点：

①钢框架底部是 15 个独立的钢结构立柱，整体刚度差。

②钢框架内安装有 43 台设备一起平移，重量分布不均，给安装平移设备增加了难度。

③平移通道多而窄，平移用的滚钢数量多，平移同步性控制难度大。

④平移距离长达 28.7 m，增加了整体平移的难度。

⑤施工期间正值炎热夏天，作业场地狭窄且作业环境差，增加了平移作业的难度。

2）措施。针对上述五个难点采取如下技术措施：

①在钢框架底部利用立柱柱脚板需加长到 1 500 mm，并增加斜支撑进行加固，从而组成上滚道板。并在上滚道板的上表面焊接牵引耳；在钢框架的Ⓐ～Ⓒ轴间柱脚处采用国标 219×10 无缝钢管与立柱相焊接；钢框架③～④、④～⑤轴间加固钢管时，要考虑到在平移过程中加固的钢管底部不得碰到设备基础；①～②轴加固的钢管与立柱连接时只能采用插销连接的结构，以便于钢框架平移将通过设备基础时拔掉销子，暂时拿下加固钢管，待通过后再恢复插销连接；①轴 7.8 m 层与②轴 15.4 m 层加设斜撑。通过以上的加固，使整个钢框架的整体性刚度得到加强，以满足整体平移的要求。

②根据本工程的实际设备布置情况对各轴线受力状况做了认真分析后，①轴和⑤轴所受正压力各为 1 200 kN 左右，故分别设置一套牵引设备即可，②、③、④轴所受正压力各为 2 400 kN 左右，可分别设置两套牵引设备，使每套设备的牵引力大体一致。

③该工程长 28 m，共有 5 个轴线，见图 7-36，每个轴线分设一条平移通道。为了使 5 条平移通道在平移过程中同步性较好，采用了两条措施：其一在液压泵站上加设数字化调节速度的装置，使他们的平移速度尽量一致；其二为 5 条轴线的滚杠运行距离尽量一致，在每根轴线两侧的前后滚杠间加设滚杠专用卡套，使各滚杠的运行不因滚杠与上下滚道板之间的摩擦力不同而发生错位现象，从而确保钢框架平移的同步性和稳定性。

④由于平移距离比较长（28.7 m），而牵引杆为 ϕ32 的钢棒，一般钢棒购买时为 6 m，如果由 5 根钢棒连接，这样连接点太多（4 个），强度和平直度不易保证，而且平移过的牵引杆也没地方沿伸（因在施工现场，不拆除的厂房里布满了各种设备）。为此，只用一根长 6 m 的钢棒，其余的采用具有足够强度的钢丝绳与钢棒连接（活扣，可快速拆卸）而组成牵引系统。

⑤在炎热的夏天，连续平移工作一天内可能超过 10 h，化工厂的其他装置仍正常生产，场地窄小，作业环境又很差，因此用于液压平移的液压泵站必须采取制冷措施，使液压油温度控制在 55 ℃以下。

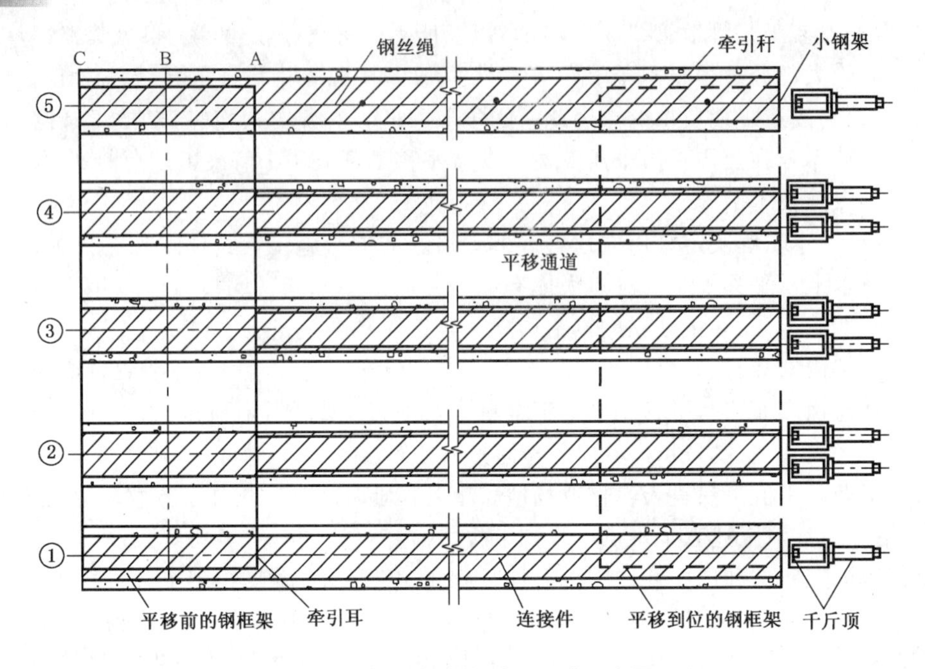

图 7-36　原油钢框架液压平移示意图

（3）液压平移的专用设备

该工程液压平移专用设备由 8 台 SQD-160-100S · f 型松卡式千斤顶；1 台液压泵站（8 台顶相配且可进行数字化调节速度及具备制冷功能）；与 8 台顶相配套又可分成 5 条轴线同时进行，并且可单独进行调节的液压管理系统；8 个固定千斤顶用的小钢架；8 根 17m 长 $\phi32$（45＃钢）牵引杆及等于 $\phi32$ 钢棒相配套的 8 根钢丝绳（$\phi32.5$）等组成。

（4）平移准备

1）施工平移支撑系统（图 7-37）。根据现场实际情况，平移支撑系统是由在临时组装位置修建临时基础和平移通道，平移通道由滚杠、下滚道板和上滚道板（柱脚钢板）组成平移支撑系统。

图 7-37　支撑系统及加固系统

①临时基础和平移通道基础施工。临时基础和平移通道基础的施工应与正式基础施工要求相同，操作要点如下：

a）地槽无回填土层时用蛙夯夯实两遍以上。

b）2∶8 灰土回填时应夯实，夯实系数为 0.95。

c）临时基础及 5 个平移通道的顶标高应在同一水平面，施工后其任意两点的标高偏差应小于 5 mm（可设找平层），为减少牵引阻力，临时基础的顶标高可高于正式基础顶标高，坡度小于 0.1%平缓地向正式基础过渡。

d）基础周围回填土除按规定夯实外，地面应有排水坡度，防止积水浸泡。

e）对于在平移通道路线上的排水井及地下管线应采取措施予以保护或破坏后进行恢复。对于地下管道在过通道处加设套管予以防护，排水井的保护、修复或改变井室位置等处理措施，应与生产车间协商后确定处理。

f）临时基础和通道基础在框架就位后对高出地面部分进行拆除，并对破坏的混凝土地面进行恢复施工。通道基础与钢框架正式基础连接部分，在拆除时，必须注意不得对正式基础造成任何影响。

②平移通道（图 7-38）。

a）下滚道板：下滚道板铺设在由临时基础、平移通道和正式基础的联合基础上组成下滚道。下滚道板采用厚钢板在 5 个平移通道基础上均匀铺满，并与联合基础上埋件连接固定，每条宽 0.8 m。

操作要点，铺设时应根据临时基础和正式基础的中心线的连线对下滚道板进行精确定位，在现场放出平移通道中心线和边缘线，根据此线铺设下滚道板。

图 7-38　临时基础及平移通道

b）滚杠的选取和铺设：钢结构框架平移的滚杠选用直径适当的圆钢，每根长度 1 200 mm，材质 45＃钢，铺设前滚杠必须进行校直。在下滚道板上表面放出每根柱脚的纵横中心线，以每根柱脚的横轴线为基准放置第一根滚杠，并以 200 mm 的间距逐根平行放置其他滚杠。

c）上滚道板：上滚道板利用钢立柱柱脚板加长至 1 500 mm，并进行加固。根据牵引的要求，在上滚道板上表面焊接牵引耳，以便连接牵引用的钢丝绳。

2）安装平移加固系统。在临时基础上安装的新原油钢框架是由 15 根钢立柱组成的总长为 28 m、宽 8.7 m、高 29 m 的三层框架。其中 15 根钢立柱柱脚之间需要加固，互相连接。操作要点如下：

①框架的 15 根钢立柱柱脚的下部适当位置，采用无缝钢管连接（焊接）成一个整体。

②整体加固。原框架上已有斜撑的，不再加固。需加固的部位，可加设斜撑，用焊接连接。

③对于垂直于牵引方向的加固件或连接管的标高设置，以平移时不影响设备基础为宜。

3）安装平移牵引系统（见图 7-39）。在正式基础施工的同时，平移通道连通正式基础，并在其外侧大于 2 m 处设置 5 个固定牵引设备的基础。根据不同的牵引荷载，设置相应的松卡式千斤顶及牵引装置。操作要点如下：

图 7-39　安装千斤顶及牵引装置

①安装松卡式千斤顶及牵引装置。

a）千斤顶分别在 5 个基础的专用小钢架上按设计要求安装就位。

b）千斤顶的上、下卡头均处于松卡状态。

e）牵引杆穿过千斤顶中心孔，并保持平直。

d）牵引杆头部与钢丝绳连接，钢丝绳再与焊接在上滚道板的牵引耳连接，并与千斤顶中心标高必须一致，且平行于平移轴线。

②液压油路连接。

a）按照液压油路示意图连接。

b）在高压胶管总成连接前，油管必须清洁。安装必须正确后，再检查进、出油路连接是否无误。

③调整液压泵站。

a）按照液压泵站原理图检查系统中各种液压元件、附件和管路安装是否正确、可靠。

b）用滤油机向油箱内注入 N32 抗磨液压油或相应的液压油至液位计上限。

c）打开压力表开关，转动手轮逆时针调至放松位置，压力表在非工作状态下油压指示为 0。

d）检查电控箱中各电器连接处，必须拧紧后，接好电源。

4）安装平移就位系统。平移施工前，先拆除原有的二层混凝土框架，再进行新柱基、正式基础的施工，并预留钢框架的基础地脚螺栓孔，为保证钢框架的基础地脚螺栓不影响滑移，将钢框架基础螺栓采用预留孔，用 DN 150 钢管预先埋入基础。

5）平移施工。

①牵引设备试压。

a）起动电机后、停开关，观察电机转动是否与箭头指示方向一致。不一致时，需改变电源接线的相位并及时纠正。

b）电机开启正确后，持续运行时间不少于 5min，然后，将调速阀开度调至最大

(300以上)。

c)将电控制柜面板上的转换开关旋转到“升”位置，再转动溢流阀手轮，使油压缓慢平稳上升至2 MPa，并注意排净空气，观察油泵工作是否正常。

d)再转动溢流阀手轮，使压力继续上升至根据实际需要设定的油压值(最高不得超过千斤顶的试验油压值)，持续观察时间不少于5 min。经试压正常后将油压调节到设定的油压值并锁紧溢流阀的锁紧螺母。

e)整个试压过程中，应观察泵站、千斤顶和油管各个接口或连接处是否漏油或异常，发现问题，及时处理、调整，确定调速阀的开度。

f)操作转换开关至“升”、“停”和“降”反复3次~5次，确定系统正常后，即可将转换开关至“停”的位置，将系统压力调至0 MPa。

②试牵引。

a)试压正常后，使千斤顶的活塞杆全部回程，处于工作准备状态，调速阀开至预定的开度。

b)在泵站运行正常状态下，将转换开关由“停”旋至“升”的位置，缓慢地向右旋转手轮，同时观察压力表的油压大小和千斤顶活塞杆是否正常运行；油压值每升1 MPa，需停顿1 min，每次升压不超过1 MPa，直至钢框架开始缓慢移动。

③正式牵引。

a)根据试牵引的油压值和调速阀的开度，确定正式的牵引油压值(一般可比试验牵引值提高0.5 MPa)和调速阀的开度值(可根据实际平移状况而适当调节，但必须确保运行平稳)。

b)按照试牵引的操作要点进行正式牵引的操作。

c)在正式牵引过程中，应密切注意整个系统运行的情况。一旦发现异常，必须立即采取必要的措施予以纠正，以便达到整个牵引工作的正常进行。

d)当连续工作时间较长，导致油温过高(超过55 ℃)，应当启动压缩机制冷或水冷却器，当采用水冷却器时，必须事先做好充分准备。一般情况下温度最高时指针调节在55 ℃，温度最低时指针调节在45 ℃。当油温达到55 ℃时，制冷工作进行，当低于45 ℃时，制冷工作停止。以此保证牵引工作连续、顺利地进行。

e)一般将旋转开关转至“停”的位置即可停止牵引工作，此时电机、油泵处于工作状态；必要时，按动“停止”按钮即可停止泵站运行；在紧急时，可迅速按动桔红色“急停”按钮停止工作。

④平移过程中的控制。

在钢结构框架整体平移过程中，为防止框架前进时的侧向偏移，要设置防偏措施和监控系统。为保证平移顺利，应对以下部分进行全过程的严密监测(见图7-40)：

a)平移过程中随时监测每根滚杠的方位、间距和受力状态。

b)采用经纬仪对钢框架钢结构框架的垂直度进行监测，垂直度要求≤20 mm，若超出要求，应停止作业查找原因并采取相应对策。

c)对钢结构框架行走的直线度进行全程监测，分别在下滚道板上画出中心线，行走时观察框架轴线中心是否偏离下滚道板上中心线，横向偏离量不得大于15 mm，超出时立即采取措施纠正。

d）在钢框架轴线方向外侧设置水平钢丝，以检测五条轴线平移速度的同步性，各柱与钢丝间原始距离的变化值≤5 mm。

e）框架最终就位偏差：立柱中心线与基础中心线偏差≤10 mm。

⑤平移安装就位（见图 7-41）。

图 7-40 防偏监测

图 7-41 平移就位

当钢框架平移至正式基础上就位后，用垫铁将钢立柱顶起，撤除滚杠加设地脚螺栓，预留地脚螺栓孔一次灌浆后对框架进行找正，然后将柱脚板下部二次灌浆使钢框架安装就位固定。

⑥质量控制。

a）平移通道质量控制：由于平移通道为每个轴线一条混凝土梁，没有连成一个整体，所以五个平移通道的标高差必须严格控制，应保证在 5 mm 之内，下滚道板铺设完毕后必须对其平整度再次进行检测。

b）框架整体性控制：框架的 15 根钢立柱必须按安装平移加固系统要求进行加固，且保证焊接质量，使钢框架形成一个整体，以便确保该框架平移施工的质量。

c）平移过程中偏差的控制。

为了使多个通道平移同步性比较好，必须在每条轴线两侧的滚杠上采用滚杠专用卡套，每轴线两侧各使用两组卡套卡在相邻的 3～4 根滚杠上，使相邻滚杠的间距相对固定，同时又不影响滚杠的滚动，使相邻滚杠运行步伐尽量一致，不因上下滚道板与滚杠的摩擦阻力的变化而发生跑位现象。另外，还可通过液压泵站上调速阀和千斤顶上的阀组，及时调整各条轴线的牵引速度。

d）平移就位偏差的控制：在钢框架即将就位时，需特别注意就位的控制。

——通过液压泵站的调速阀将牵引速度降下来。若轴线间偏差较大（50 mm～60 mm）时，应予纠正。

——将距离就位距离相对较近（20 mm～30 mm）的轴线暂停牵引，只先将相对距离较远的轴线，进行缓慢（速度 0.5 mm/s，加速度 1 mm/s^2）牵引，并密切注意就位精确程度，达到就位位置（误差控制在 1 mm 之内）时立即停止牵引，然后再将其他轴线分别牵引精确到位，最后再复核就位精度，直到各轴线全部精确就位（或符合就位要求）为止。

2005 年 6 月，洛阳石化总厂常减压原油钢框架整体连续平移 28.7 m，获圆满成功，在国内尚属首次（图 7-42）。

图 7-42 平移就位的钢框架立面图

该工程如果采用常规的施工方法需在停产后拆除原有二层混凝土框架，新建施工桩基、基础，新建钢结构框架，安装设备、管道、电器、仪表等。采用这种方法需要停产 3 个月时间，为了抢工期，还需要在现场采用大吨位吊车（如 300 t 履带吊）进行安装施工，占用场地大，还影响配合工种的施工。而采用整体液压平移方法，停产仅需 42 d（实际施工时间为 35 d），该 900 t 原油钢框架平移 28.7 m，实际平移时间不到 13 h，从而缩短了施工工期，且无需使用大吨位吊车，仅需用 50 t 汽车吊预制安装钢框架及设备，节约了人力和物力，从而大大降低了施工费用，经济效益十分明显。

4. 结束语

北京燕山石化两高塔、齐鲁石化两千吨大塔以及洛阳石化常减压原油钢框架整体液压连续平移成功的事实，充分说明了“松卡式千斤顶及配套设备”这项国家级科技成果重点推广项目的应用又得到了新的拓展。它不仅可以广泛地在石化行业的大型储油罐、氧化铝分解槽（槽罐）、电厂脱硫装置的吸收塔等的倒装法液压提升施工；大型钢结构、钢网架结构的整体液压提升（爬升）施工以及高楼上的通讯塔、钢桅杆等的整体液压提升施工；而且还可以广泛应用到建筑物、构筑物的整体平移施工中。采用松卡式千斤顶及相关技术，可以使建筑物、构筑物的平移更加平稳（采用的牵引杆是钢棒），而且可以实现步进式连续进行，省去了普通千斤顶平移时不断加垫块的麻烦，施工成本低，其优越性是显而易见的。

【工程实例 8】 山东临沂国家安全局大楼平移工程

工程名称：临沂国家安全局

工程地点：山东临沂

工程类型：平移

设计单位：山东建筑工程学院工程鉴定加固研究所

施工单位：山东建工集团六公司

完成时间：2000 年 12 月

一、工程概况

临沂市国家安全局办公楼为 8 层框架结构建筑，钢筋混凝土独立基础，建筑面积约 3 500 m^2，总重 52 243 kN，总高 34.5 m，楼顶有一 35.5 m 高的通信铁塔（图 7-43），1999 年 4 月建成并投入使用。该建筑东临沂蒙路，南临银雀山路，位于临沂市新规划的“临沂市人民广场”内。为不影响广场的建设，同时也为了节约投资、减少污染，经多方论证决定采用楼房整体平移技术将该办公楼平移至银雀山路以南（广场场地以外），如图 7-44 所示。由于周围场地所限，必须先将该建筑向西平移 96.9 m，再向南平移 74.5 m，总移动距离为 171.4 m。由于此前没有高层框架结构楼房平移的先例与经验可供借鉴，我们根据以往多层楼房平移的经验，充分考虑高层建筑的特点，在对该建筑现场鉴定的基础上，进行了全面计算分析，并在九层楼房模型平移、顶升试验的基础上，提出了设计方案。

图 7-43　建筑物全貌图

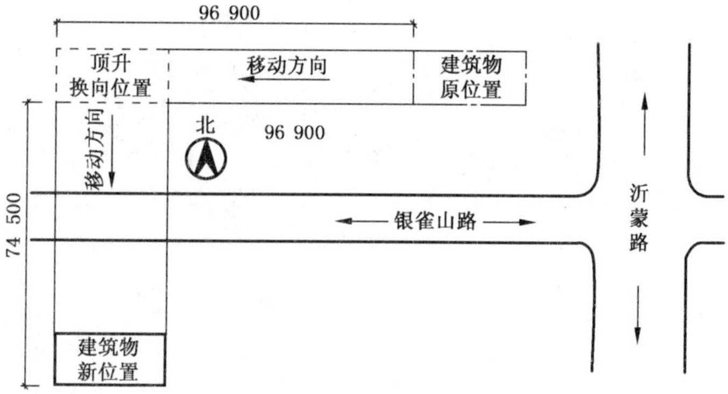

图 7-44　总平面图

二、结构内力分析

在进行上、下轨道梁和基础设计前，必须全面了解建筑物的内力状况，特别是底层框架柱的内力值。然后，根据每个柱子的内力值，对相应的上、下轨道梁和基础做出合理的设计。本工程中，我们利用建筑结构空间受力分析软件 TAT 对建筑物的总体重量、平面重心、自振频率（周期）、底层每个柱子的内力进行了详细的分析。分析结果表明，轴向力最大的柱子 N=5 300 kN，M=87 kN·m，建筑物的总重 W=52 243 kN，平面重心位置如图 7-45 所示。

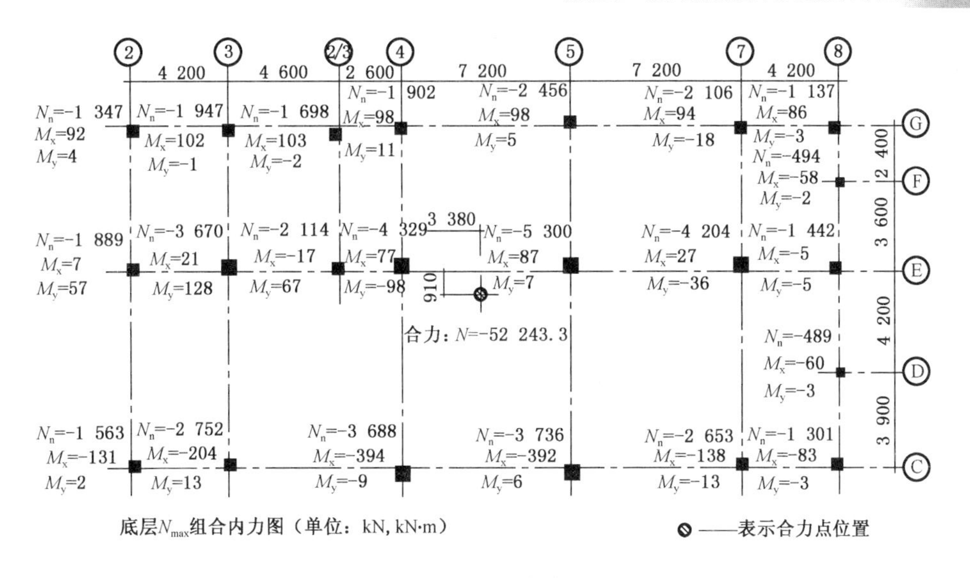

图 7-45　底层组合内力图

三、地基基础及下轨道梁的设计

建筑物原基础均以中等风化的岩石为持力层，地基承载力均在 2 200 kN/m² 以上，由于平移场地范围内岩石的埋深在－3.5 m～－5.2 m 之间，因此设计时直接将岩石层作为下轨道基础及新基础的持力层，下轨道基础及新基础均采用条形基础，最大基础宽度为 2 200 mm，底板厚度为 300 mm。针对岩石的不同埋深，则通过调整下轨道梁高度来满足设计标高的要求，这样虽然增加了一部分土方量，但可以避免楼房在平移过程中产生过大的不均匀沉降。由于上轨道梁采用柱下双梁的形式，下轨道梁亦对应采用条形基础上的双梁形式（图 7-46）。

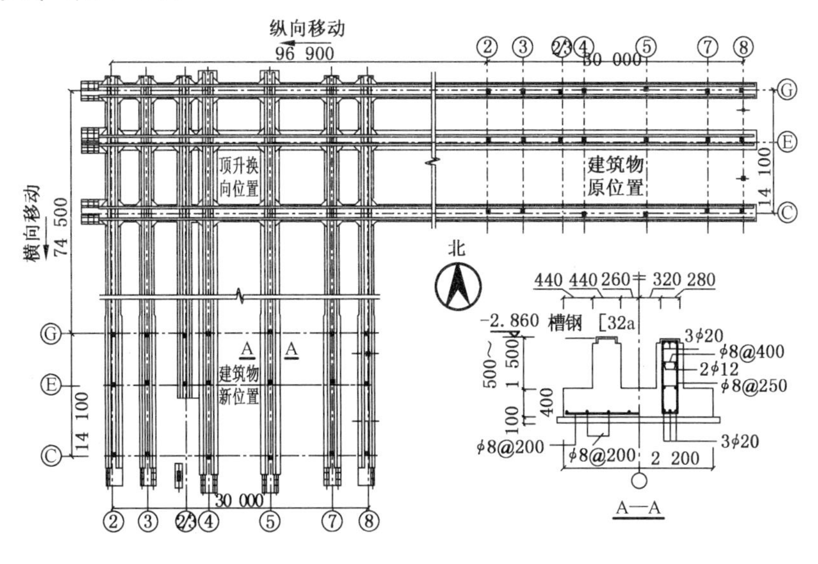

图 7-46　下轨道布置图

四、上轨道梁设计

在平移框架结构建筑物时，上轨道梁与框架柱的连接设计极为关键。因为在切断框架柱进行楼房平移过程中，上轨道梁除了要承担柱子传来的全部荷载以外，还要承受滚轴传来的摩擦力和上下轨道不平引起的附加内力，因此，上轨道梁截面设计的合理与否直接关系到上轨道梁能否安全、有效地工作，其截面设计主要应考虑以下几个方面的因素：

1. 上轨道梁的计算模型，应力求其受力明确、计算简单。可以按放置在下轨道梁上的弹性地基梁［见图 7-47a)］，也可以按倒置的牛腿［见图 7-47b)］，计算模型的确定直接关系到上轨道梁的安全性、经济性与合理性。本工程最大柱网尺寸为 8.1 m×7.2 m，柱子的最大轴力 N=5 300 kN。若按弹性地基梁来设计上轨道梁，其截面高度至少要 1 800 mm以上，且梁的配筋率很高。上轨道梁的竖向挠曲变形不仅会导致其下部的滚轴受力极不均匀，还会在框架柱（尤其是边柱）内产生较大的附加应力，这样不仅对框架柱的受力不利而且也不经济。经过分析对比，我们认为按倒置的牛腿设计上轨道梁既合理又经济，此时上轨道梁的受力比较明确。当设计中使得 $L \leqslant h$ 或 L 略大于 h 时，倒置牛腿的变形要远远小于相同情况下的弹性地基梁，而其配筋量却远远小于相同情况下的弹性地基梁，相应地上轨道梁下滚轴的受力相对比较均匀，相邻柱子之间的上轨道梁（牛腿）通过一个截面相对较小的连梁连接，连梁可以承担一定的水平力、保证每个柱子位移的同步，又可起到增加上轨道梁稳定性的作用；采用变截面的上轨道梁，人为地在变截面处设置了一个薄弱环节（类似人为设置的塑性铰）。当相邻柱产生竖向不均匀位移（如局部顶升、不均匀沉降、轨道不平）时，变截面处将首先产生变形，而与柱直接连接的上轨道梁（倒置牛腿部分）的变形可以相对减轻，进而减轻竖向不均匀位移对底层框架柱内力的影响。

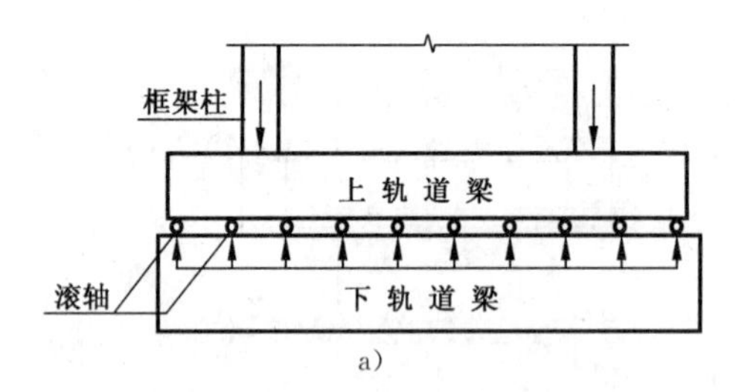

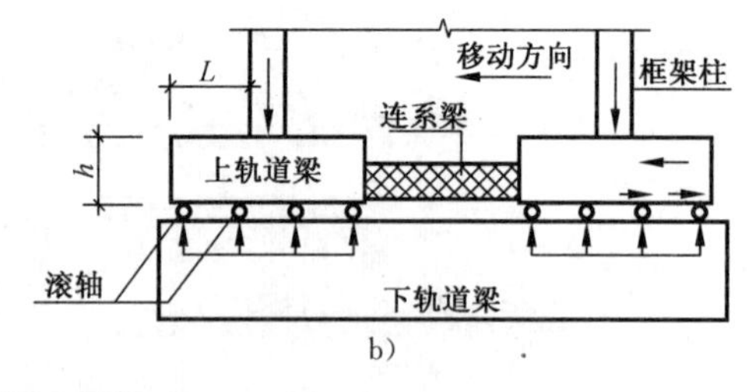

图 7-47　上轨道梁计算模型

2. 根据框架柱内力的大小不同，分别对上轨道梁进行抗剪强度和抗弯强度计算。

3. 柱内纵筋在上轨道梁中的锚固长度。这一点在有些移楼工程中没有引起重视，我们认为这一点应引起设计者足够的重视。因为楼房在平移过程中，上轨道梁就是上部结构的基础，它至少应起到与原楼房基础相同的作用。因为在平移过程中，上轨道梁除了承担楼房正常的荷载以外，还要承担楼房平移过程中的水平牵引力、摩擦力和因轨道不平而产生的附加力等。要保证上部结构的安全（这是楼房平移必须满足的），必须保证柱内纵筋在上轨道梁中有足够的锚固长度，而不能简单地认为平移过程中满足不满足柱内纵筋的锚固长度无所谓，只要平移到位后柱子与新基础有可靠的连接就行了。

4. 牵引力或平移过程中的摩擦力对上轨道梁受力的不利影响［见图 4-47b)］。

上轨道梁与柱子的连接，由于上轨道梁与柱子之间存在新旧混凝土的结合问题，为了保证上轨道梁能够安全、有效地承担柱子的荷载，结合面处新旧混凝土能否成为一个整体，也是一个很关键的因素。设计中，我们除了要求对柱子的结合面进行必要的凿毛，还须采用化学植筋的方法在柱子的每个结合面上植 2×ϕ12 连接钢筋，间距为 200 mm，以加强新旧混凝土的结合。

由于要沿两个方向平移，所以设置纵横双向的上轨道梁，在原址处一次施工完毕，在上轨道梁之间还加设了斜梁，使上轨道梁与斜梁形成一个水平放置的桁架（图 7-48），桁架本身具有非常大的水平刚度，平移过程中一旦出现位移不同步、牵引力不均匀的现象，作用于上轨道梁的不均匀水平牵引力就会消耗在水平桁架内，而不会对上部结构产生不利影响。

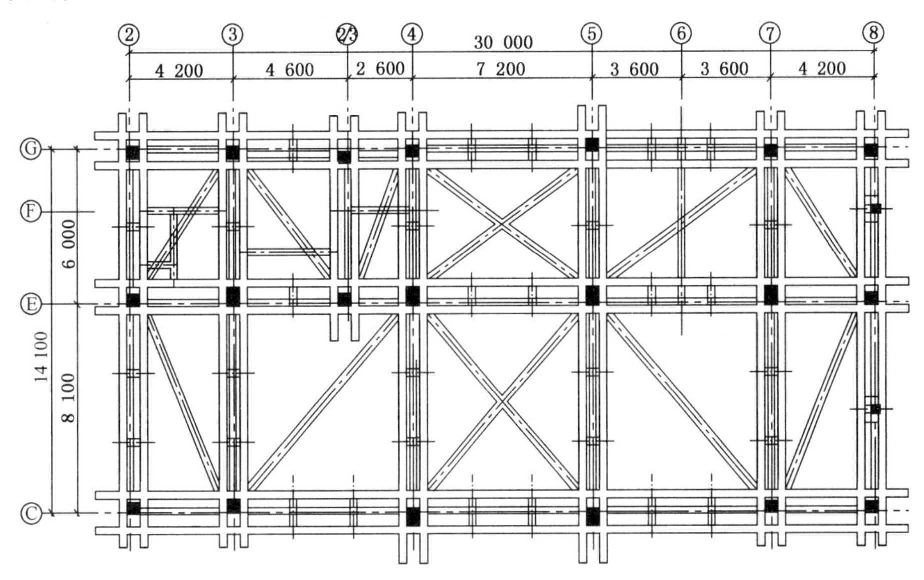

图 7-48　上轨道梁与斜梁形成桁架

五、顶升方案及顶升点的设计

由于该工程楼房平移方向有一个 90°的转角，即首先向西平移 96.9 m，再向南平移 74.5 m，转角处需要转换行走机构（滚轴）的方向，因此必须在转角处将楼房顶升，将向西行走的滚轴抽出，并在横向上轨道梁下放入向南（横向）行走的滚轴。在楼房顶升问题上，技术人员考虑了两个方案：

1. 第一个方案是将整座楼房一次顶起，其优点是：每个框架柱同时起升，可以避免过大的竖向变形差（相当于不均匀沉降差）。但其缺点有：楼房总体重量大、顶升点多，需要 50 个～60 个千斤顶。由于每个柱子的轴力大小不同，使得千斤顶和油压的配置方案极其复杂，若每个柱子下千斤顶的顶升力与其轴向力不协调，就不能保证每个柱子的同步起升，而一旦起升不同步，必然引起底层各柱间轴力的重分布。另外，整体顶升后，由于整个楼房均由千斤顶支撑，使楼房处于一个相对不稳定的状态，一旦出现倾斜可能导致不可想象的严重后果。

2. 第二个方案是一次顶起2～3个轴线，其优点是：一次的顶升点少，需要的千斤顶数量少（20个～26个），容易控制。顶升过程中楼房的一部分支撑在千斤顶上，一部分通过滚轴支撑在下轨道梁上，顶升时楼房的稳定性较好。其缺点是：由于不是一次顶升，顶升柱与相邻的非顶升柱间必然存在一个竖向位移差，相应地必然在上部结构中产生附加内力。根据《建筑地基基础设计规范》，对于框架结构相邻柱基的允许沉降差为0.002 1。当柱距为7 200 mm时，相应的允许沉降差为14.4 mm，该工程只需顶升3 mm～4 mm，即可更换滚轴的方向。经计算分析，当局部顶升量为4 mm时，由于相邻框架柱的竖向位移差（相当于不均匀沉降）而在上部结构中引起的附加内力不会对结构产生任何损害。该工程采用了分批局部顶升的方案，第一次顶升②、③两个轴线，第二次顶升⅔、④、⑤三个轴线，第三次顶升⑦、⑧两个轴线，顶升前根据每个柱子的竖向荷载合理布置千斤顶的数量，并根据计算严格控制每个高压泵站的油压。顶升用千斤顶均采用带自锁装置的200 t、100 t的油压千斤顶，顶升时每个柱子根部安装两个百分表，以控制每个柱子的顶升速度和最大顶升量。实际施工过程中只顶升起3.5 mm即实现了滚轴的更换过程，顶升中上部结构未发现异常，证明这种局部顶升方案是安全可行的。

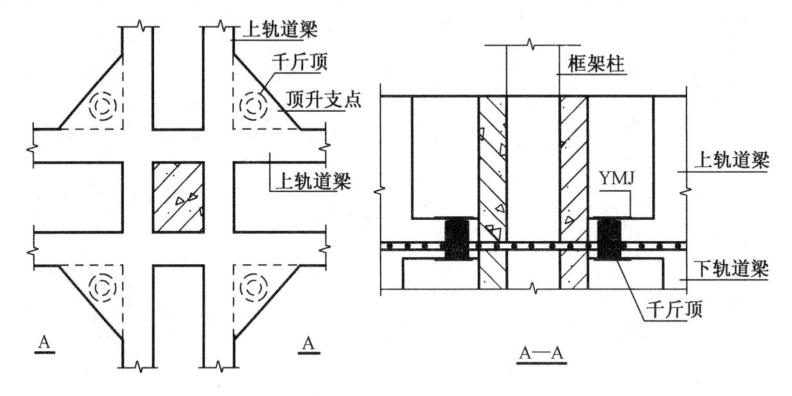

图 7-49　上下轨道梁的顶升点

为实现顶升转向，需专门在上、下轨道梁设置顶升点（图7-49），顶升点及千斤顶的布置必须保证柱底平衡受力，不能因受力不均在柱内产生附加内力。

六、牵引装置及行走机构的设计

牵引力的确定，根据楼房平移实验和以往的工程经验，牵引力与楼房的总重量、轨道板的平整度、滚轴的直径、轨道是否涂润滑油、单个滚轴承担的压力等因素有关。正常施工条件下，平移时牵引力一般是楼房总重量的1/25～1/14之间，第一次的启动力约是正常牵引力的1.5倍～2倍。该工程楼房与上轨道梁的总重约6 000 t，启动牵引力按总重的1/10计算约600 t，向西平移时设计12个100 t千斤顶，向南平移时设计11个100 t千斤顶，牵引能力完全满足牵引楼房的需要。

该工程移动距离远，总移动距离达171.4 m，且中间有一顶升换向的过程，若按以往一天平移4 m～5 m的移动速度，正常情况下仅平移施工就需要36 d～44 d的时间。加上顶升换向的时间，楼房从原位置平移至新位置需要50多天。为了缩短施工工期，经反复论证，设计时采用了穿心式张拉千斤顶，将预应力张拉技术巧妙地应用于楼房的平移牵引，为此专门设计定做了千斤顶与配套的锚具系统。在平移过程中，千斤顶处于相对不动的状态，牵引钢绞线穿过千斤顶后通过锚具固定于平移楼房的上轨道梁上（见图7-50）。在千斤顶的张拉过程中，千斤顶前端的一套锚具带动钢绞线牵引着楼房一起向前移动，而在千斤顶回油时，另有一套锚具起着限制钢绞线松弛的作用，使得钢绞线始终处于张紧状态。千斤顶二次供油时前端的锚具再次带动钢绞线牵引着楼房一起向前移动，这样千斤顶的每一个循环过程都是自动完成的。采用1 000 kN、200 mm行程的千斤顶，每完成一个行程，楼房可以前进约190 mm，千斤顶每完成一个循环过程需要5 min～6 min的时间，因此正常情况下，采用这种牵引方案，每小时楼房可以平移2 m左右。和以往的牵引（或顶推）方案相比，这种牵引方案的优点是：（1）千斤顶可以相对连续地工作，不需要人的干预，工作效率高，操作人员的劳动强度低；（2）千斤顶行程的有效利用率高；（3）平移速度快。该工程移动距离175.4 m用了20 d的时间，加上中间的顶升换向，总的移动施工工期共26 d。施工期间楼内工作人员一直在正常上班，基本感觉不到楼房的移动。

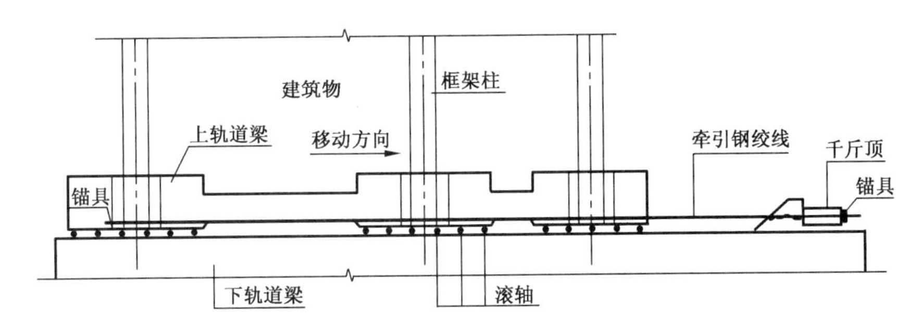

图7-50 牵引示意图

在行走机构（上、下轨道板、滚轴）方面，考虑到楼房层数多、高度大，柱底竖向荷载较大，且平移距离远。若行走机构在楼房平移过程中出现异常甚至破坏，轻者会引起上部结构的局部损坏，重者则会导致整个平移工程的失败。行走机构在楼房平移过程中要承受非常复杂的动态变化的荷载，而不是简单的静荷载。因此，在设计滚轴时不能简单地根据其静力试验数据、上部荷载、轨道板下混凝土的局部抗压强度确定滚轴的数量，必须考虑动载作用的影响。该工程上下轨道板均采用[32槽钢，其中上轨道板作为上轨道梁的底模并可代替梁内部分纵筋；下轨道板则采用分段铺设，两段间采用燕尾形接缝，可以减轻下轨道板接缝不齐对滚轴的影响，下轨道板可重复使用。

在牵引力的布置上，充分考虑每个轴线上平移摩阻力的大小与整栋楼房的水平重心的位置，纵向向西平移时布置12个千斤顶（见图7-51），由3个高压泵站交叉供油，通过调整每个泵站的供油压力，使得每个轴线上牵引力的合力与该轴线的平移摩阻力成正比，总的牵引力的合力位置与上部结构的水平重心重合。横向平移时用11个千斤顶，采用相同的布置方法。由于采用了千斤顶的交错布置，可以保证楼房平移过程中每个轴线位移的同步。

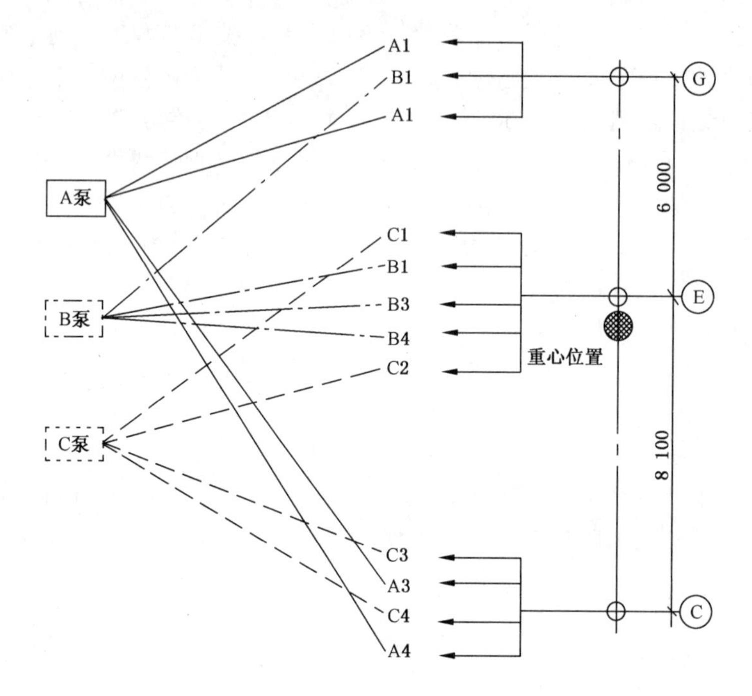

图 7-51　千斤顶布置示意图

七、框架柱与新基础的连接

该工程设计的上轨道梁高度在 1 400 mm～1 800 mm 之间，这一高度已满足柱内纵筋在基础中的锚固长度，其实上轨道梁已经相当于上部结构的基础，只不过此时的基础通过滚轴放置在钢筋混凝土下轨道梁（相当于地基）上，为了保证整座楼房在新基础上的稳定性和增加其抗震性能，设计中采用了如下的连接方式：

1. 在柱四侧的上轨道梁上设计有预埋件，楼房平移至新位置后，通过钢板与下轨道梁上的预埋件焊接连接；

2. 上、下轨道梁间的滚轴保留在内部，滚轴之间的孔隙用细石混凝土浇灌密实。这样既能保证上部结构与新基础连接在一起，也能在遇到地震作用时连接钢板的变形、滚轴与填充混凝土之间的挤压变形可以吸收一部分地震能量，从而减轻地震对上部结构的作用，达到减震的目的。

【工程实例 9】　山东省工商行政学校综合楼平移工程

工程地点：山东济南

工程类型：平移加层

设计及施工单位：山东建筑工程学院工程鉴定加固研究所

完成时间：2002 年 11 月

一、工程概况

山东省工商行政学校综合楼，为3层框架结构，总建筑面积2 300 m²，位于济南市经十路东端。该综合楼原设计5层，一期建了3层，1994年完工。由于经十路的拓宽，该综合楼需要拆除或平移。而拆除后重建一完全相同的建筑物约需250万元，且会影响学校的正常教学秩序。而平移约需150万元（含一层地下室），且二层以上可继续使用，经济效益明显。所以确定将该综合楼向北移动36 m（见图7-52）。由于建筑物新址处为一下陷式篮球场，其地面标高与该综合楼的地面标高差3 m左右。为有效利用空间和提高经济效益，决定在建筑物新址处增加1层地下室。同时，为了满足学校发展的需要，建筑物移位完成后，再增加三层，这样该综合楼即变成了地下1层、地上6层的结构。

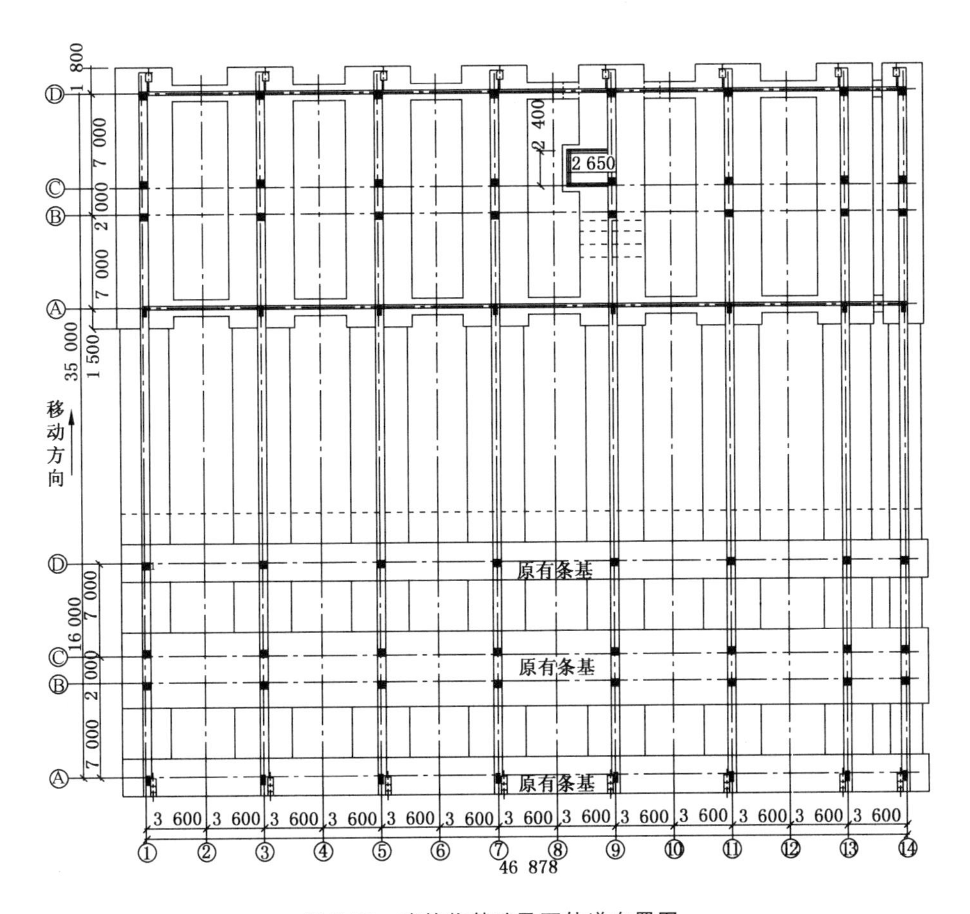

图 7-52　建筑物基础及下轨道布置图

平移设计前，首先用PKPM系列软件对原结构及加层后的结构进行了受力分析和复核验算，并对结构进行了检测鉴定，原结构符合设计要求，且无影响结构安全的裂缝等破坏现象存在。

二、基础及下轨道的设计

对于钢筋混凝土框架结构多采用包柱式梁托换结构，相对应地其上下轨道梁多为双梁式。而本工程需在建筑物新址处增加1层地下室，如采用双梁式轨道，建筑物到位后需切除；否则，将影响地下室的使用空间，而且会造成投资加大，工期延长。所以，该工程采用了单梁式上下轨道，即直接在框架柱下设置上下轨道。

1. 建筑物原址处的基础处理

该工程的原基础为钢筋混凝土柱下条形基础，但条基的方向与移动方向垂直，见图7-53。由于原建筑物基础按5层设计，原有条基承载力没有问题。只需在原条基的间隙里增设新基础，用下轨道梁将原条基和新增设的基础连起即可，新基础及基础梁按承担3层结构荷载的柱下条基设计。

由于该建筑物原有条基的方向与移动方向垂直，且一层层高较低，仅3.6 m。因此下轨道梁顶面标高不能过高，否则影响一层的使用要求。在下轨道梁满足设计高度的情况下，必然与原有基础梁交叉。设计时充分利用原基础的承载能力。在交叉部位，下轨道梁的上部钢筋连通（由于该工程柱下荷载较小，柱截面尺寸较大，通过在框架柱上开孔实现），下部钢筋则采用化学植筋植入原基础梁内，见图7-53。施工时，需将新旧混凝土结合面凿毛，形成叠合面。

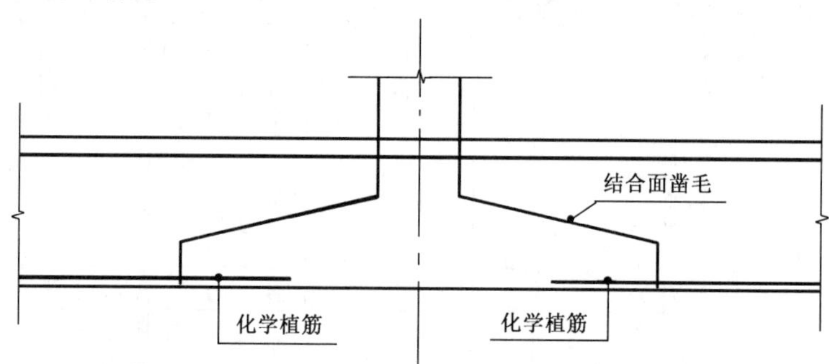

图7-53　节点处理构造图

2. 过渡段基础设计

在建筑物新址处和原址处的基础间有16 m的过渡段，在该过渡段内需完成基底标高的变化。基底标高改变按1∶2放台，分六步下降2.7 m。标高下降前，基础和基础梁按承担移动荷载的柱下条基设计。标高下降后，按剪力墙和墙下条基设计。考虑到建筑物在过渡段基础上仅为临时荷载，按移动速度10 m/d估算，过渡段基础的承荷时间不超过2 d，在设计过渡段基础时，建筑物荷载适当地降低，按3层结构的荷载标准值计算。

3. 建筑物新址处的基础设计

考虑到后期加层，该工程新址处的基础按地下1层、地上6层进行设计。建筑物基底标高下降后，下轨道处理为一道300 mm厚的剪力墙，基础按墙下条基设计。剪力墙在建筑物到位后的框架柱位置处，设置了端柱和暗柱，并预埋了预埋件与上部结构连接，见图7-54。根据建筑设计的要求，剪力墙上需开设洞口作为地下室的走廊，该走廊与上部结构的走廊宽度相同。洞口上连梁按建筑物到位后的荷载设计值及建筑物移动过程中的最不利荷载进行设计。建筑物移动过程中的荷载可适当降低，按标准值取用。

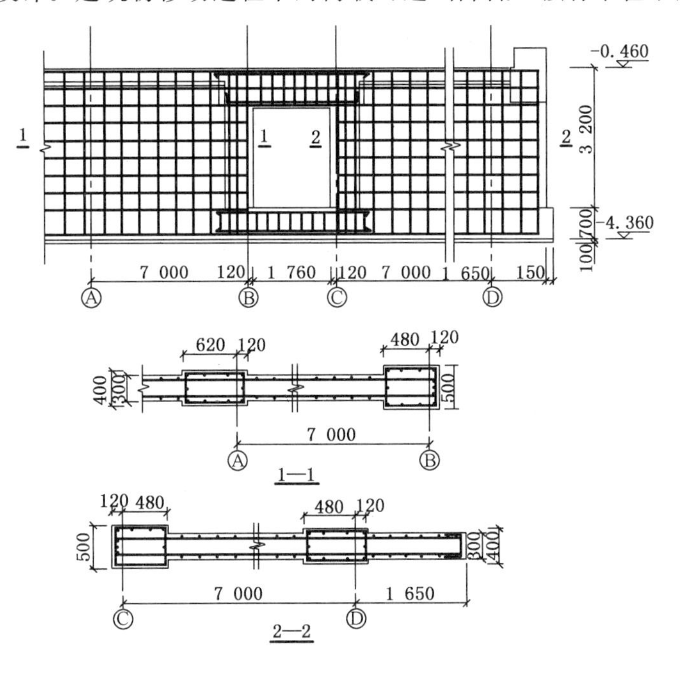

图7-54 建筑物新址处的下轨道

由于建筑物在平移时仅有3层，而建筑物到位后，上部结构变成了6层，荷载将增加一倍。建筑物新址处的基础与过渡段的基础间很可能会出现不均匀沉降，而下轨道的刚度很大，不均匀沉降将会造成建筑物的倾斜。为避免此种情况的发生，在建筑物新址处的基础与过渡段的基础间需设置沉降缝，而一般的通缝式沉降缝，若在建筑平移过程过渡段基础产生沉降，则必然会在过渡段基础和新址处基础间产生高差，给平移造成困难。因此，在建筑物新址处的基础与过渡段的基础间需设置Z字形沉降缝，见图7-55。这样，既可保证平移过程中两部分不产生高差，又可保证平移到位后新址基础的自由沉降，可有效地避免不均匀沉降对结构的影响。

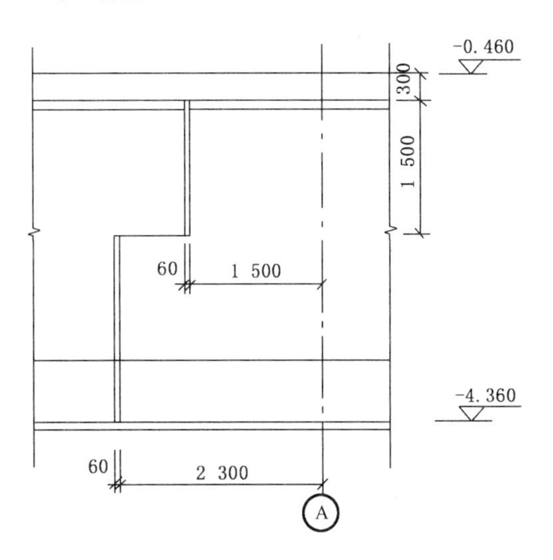

图7-55 沉降缝示意图

三、上轨道体系设计

上轨道体系的作用一是有效地实现对上部结构的托换，将上部结构的竖向荷载传递到上轨道梁上；二是有效地传递牵引设备提供水平推力，使建筑物平稳移动。

为了满足建筑物地下室的使用要求，该工程采用了单梁式的上轨道体系，见图 7-56。即在框架柱下直接设置托换梁，将柱上的荷载传递到托换梁上。托换梁的宽度与框架柱相同，见图 7-57。

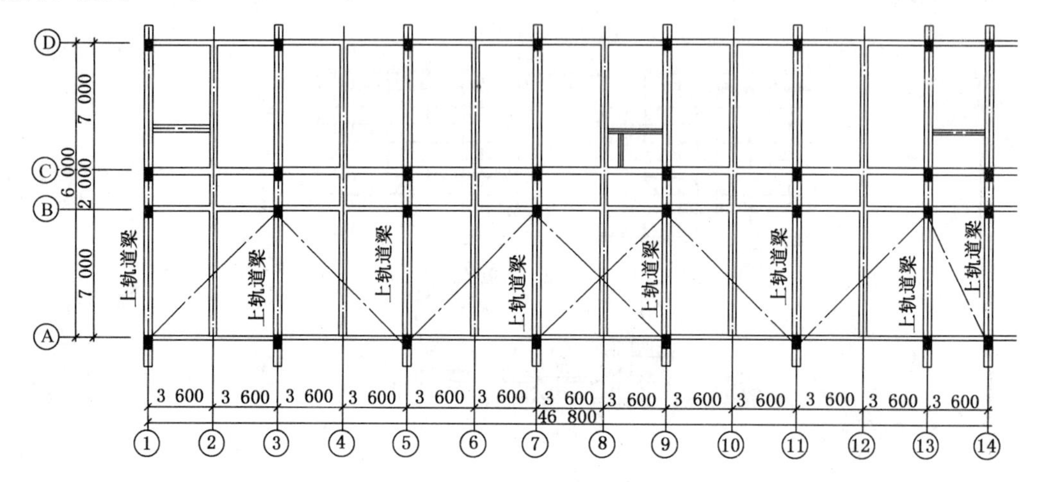

图 7-56　建筑物上轨道布置图

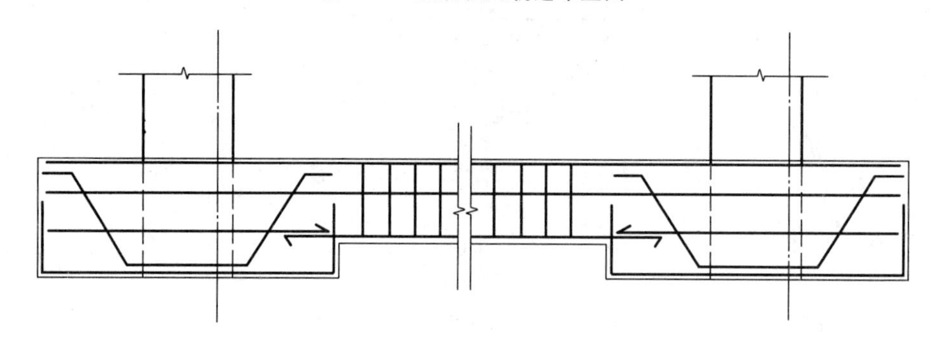

图 7-57　框架柱托换图

托换梁的配筋按倒置的牛腿或深悬臂梁计算，然后将相邻两个柱子间的托换梁用一个截面相对较小的连梁连接，此连梁可传递平移牵引力，保证每个柱子的位移同步，又可起到增加托换梁稳定性及承担建筑物到位后一层楼面荷载的作用。为保证托换梁与框架柱的有效连接和托换梁钢筋的有效受力，施工时首先在框架柱的设计标高处钻孔，采用化学植筋的方法将托换梁内的下部受力钢筋贯通或有效锚固在框架柱内。并且，为保证新旧混凝土的结合，在框架柱的前后两个侧面各植了 $2\times\phi12$ 的连接钢筋。同时，在上轨道梁内设置了预埋件，以便与下轨道连接。

四、连接设计

该工程设计的托换梁高度为 900 mm，这一高度已满足柱内纵筋在基础内的锚固长度，此时托换梁已相当于上部结构的基础。只不过此时的基础是通过滚轴放置在下轨道梁上的，为了保证建筑物上部结构的稳定性，将柱侧面的钢筋以及上轨道梁内预设的预

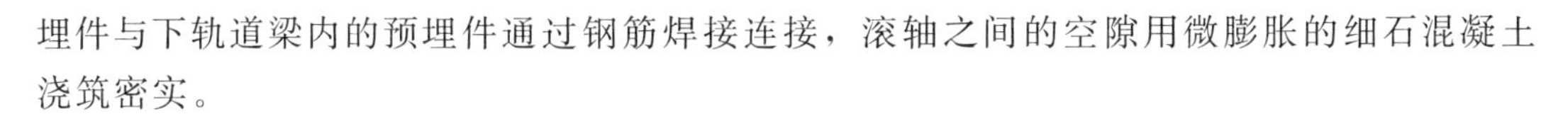

埋件与下轨道梁内的预埋件通过钢筋焊接连接，滚轴之间的空隙用微膨胀的细石混凝土浇筑密实。

五、地上结构加层设计

由于该工程原设计为5层，但1994年完工时仅建了3层，现在需要再增加3层。在设计上尽量采用了轻型建筑材料。经复核验算，原结构的框架柱能满足增层后的承载力要求，不需要进行加固处理。因此，地上加层只需将柱顶的预留钢筋调直接建造即可。

【工程实例10】　宁夏吴忠宾馆整体平移工程

工程地点：宁夏吴忠市裕民西街5号

工程类型：（平移、转向、旋转、升降）平移

工程设计单位：上海天演建筑物移位工程有限公司

工程施工单位：上海天演建筑物移位工程有限公司

工程完成时间：2006年8月

施工主要内容：整体向西平移82.5 m

一、工程概述

1. 地理位置及周边环境

吴忠宾馆（见图7-58）位于宁夏吴忠市裕民街，是一幢在建中的星级宾馆，由主楼和裙楼两部分组成，目前主体结构已经完成，外立面墙面砖已基本完成，5层以上内部装修已完成。由于此楼位于在建的中央大道上，所以房屋沿纵向向西整体平移82.5 m。

图7-58　吴忠宾馆正立面图

2. 建筑及结构概况

主楼长43.04 m，宽17.64 m，13层，最高点标高53.7 m。裙房3层，长50.84 m，宽17.7 m。整座建筑占地面积1 927 m^2，建筑总面积约13 850 m^2，移位总重量估算约200 000 kN。主楼为框架-剪力墙结构，6行8列共计42根柱，最大柱断面为1 050 mm×1 050 mm，平移时最大柱荷载约9 200 kN，见图7-59。

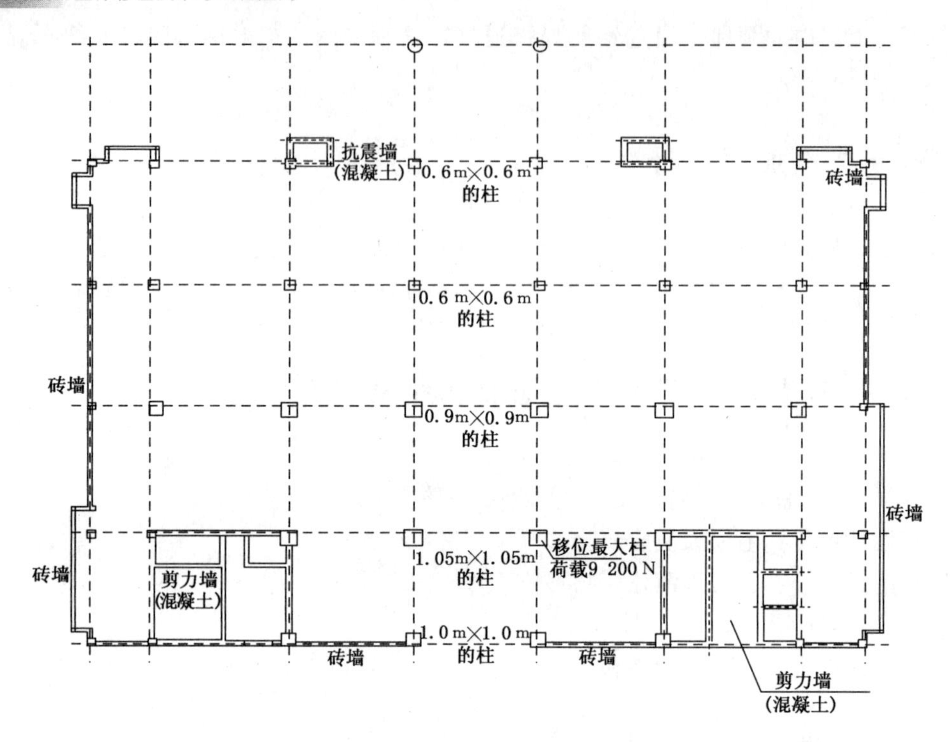

图 7-59　吴忠宾馆结构平面图

3. 原基础概况

柱下为钢筋混凝土承台，承台顶面标高为－2.35 m～－2.25 m，底面标高－3.35 m～－4.35 m。电梯井深 1.5 m，承台下为冲孔灌注群桩，桩径为 ϕ800、ϕ600 两种，桩长约为 4.8 m。承台基础埋深 3.35 m～4.35 m，桩基埋深 8.2 m～10 m。

4. 平移场地工程地质条件

地质情况自上而下分为 6 个土层，工程力学指标见表 7-3。

场地内地下水为孔隙潜水，本次勘察期间水位埋深 6.2 m 左右。地下水对混凝土结构具有弱腐蚀性。

表 7-3　土层、工程力学指标

序号	土层名称	土层埋深 m	承载力 kPa	内聚力 kPa	内摩擦角 (°)	备　注
①	杂填土	0.8～4				桩侧阻力 q_{sik}＝18 kPa
②	粉质黏土	0.8～4	110	26.0	17.14	$E_{sl\text{-}2}$＝4.86 MPa，q_{sik}＝64 kPa
③	细砂	2.5～5.7	160			$E_{sl\text{-}2}$＝13.4 MPa，q_{sik}＝22 kPa
④	卵石	4.9～6.4	400			桩端摩阻力 q_{sik}＝2 500 kPa $E_{sl\text{-}2}$＝34 MPa
⑤	粉质黏土	11.2～16.6	389	93.85	33.09	$E_{sl\text{-}2}$＝19.72 blPa
⑥	细砂	13.7～27.4	350			$E_{sl\text{-}2}$＝38 MPa

二、工程特点和难点

该工程与国内同类工程相比，具有如下特点：

1. 是目前平移领域内最高（53.7 m）、最重（200 000 kN）、建筑面积最大（13 850 m^2）的建筑，整个平移规模已达世界之最。

2. 由于整个建筑重量较重，采用传统的移位方式所需提供的动力系统将很难实现，因而在移位设计时怎样降低摩擦系数是工程能否平移的关键。

3. 由于建筑总体分主楼和裙楼两部分，建筑高度差别较大，沿平移方向各轴线荷载差别较大，分布很不对称：最大平移荷载达 69 000 kN（B 轴线），最小荷载仅为 16 000 kN（E 轴线）。

4. 建筑物最大单柱荷载达 9 200 kN，因而对托换设计、卸荷设计、滑道设计及地基处理提出了更高的要求。

三、总体设计原则

1. 符合既有建筑、结构规范；
2. 按照现场实际情况进行计算，托换时不考虑活荷载；
3. 在楼房施工期间和移位完成期间，确保房屋、附属设施及人员的绝对安全；
4. 不改变房屋的结构和使用功能，保持原有的室内净高；
5. 通过在移位后保留托盘梁，提高房屋的抗震安全性；
6. 托换体系和下滑道要安全可靠，有足够强度、刚度；
7. 推移的方向、距离和速度完全可控，可以随时调整，保证就位后误差不超过 2 cm；
8. 降低平移费用。

四、移位方式择选

这里的移动方式指的是上下轨道体系之间的接触方式，也可以简单看作上下轨道体系间连接装置的性质。

1. 方案一：滚动平移

即在上下滑道之间摆放滚轴，下滑梁上设置钢板，上滑梁设置槽钢或钢板，滚轴采用实心铸钢材料或钢管混凝土。

滚动的优点是：

（1）摩擦系数较小，摩擦系数为 0.04～0.1，需提供的移动动力较小；

（2）造价低。

其不足之处是：

（1）易产生平移偏位，移动过程中经常需人工调整钢管位置，从而增加了辅助工作时间，也不易达到要求精度；

（2）钢管由于滑道不平及上下滑梁不平行引起受力不均，个别钢管可能变形或压坏；当压坏时不易置换，从而引起荷载分布变化较大，甚至引起上部结构开裂或损坏；

（3）由于钢管受力较小，当房屋荷载大时，需要布置很多钢管或加大钢管直径及管壁厚度来承受上部荷载；

（4）平整度要求较高。

2. 方案二：支座式滑动平移

即在上下滑道之间摆放支座，支座采用钢构件，下滑梁上设置钢板，平移时在滑动面上涂抹黄油等润滑介质。

其优点是：

（1）平移时比较平稳；

（2）偏位时易于调整，便于纠偏，适用于高精度同步控制系统；

（3）平移过程中辅助工作少，平移速度快。

其不足之处是：

（1）摩擦系数较大，摩擦系数为 0.1～0.15，平移需提供很大的推动力；

（2）对施工时下滑道的标高、平整度要求非常高。

3. 方案三：低阻力液压悬浮式滑动平移

即在上下滑道之间摆放支座，支座采用液压千斤顶，千斤顶下垫德国进口的聚分子材料，下梁道上设置镜面不锈钢板。

其优点是：

（1）平移时比较平稳；

（2）偏位时易于调整，适用于高精度同步控制系统；

（3）平移过程中辅助工作少，平移速度快，可以缩短总体工期；

（4）摩擦系数很小，摩擦系数在 0.02～0.06 之间，需提供的移动动力很小；

（5）液压千斤顶在行走时能够自动调整滑脚高度及额定反力，对下滑道的平整度要求相对较低。

其不足之处是：

平移时对计算机控制系统要求较高，平移造价非常高。移位方式比较见图 7-60。

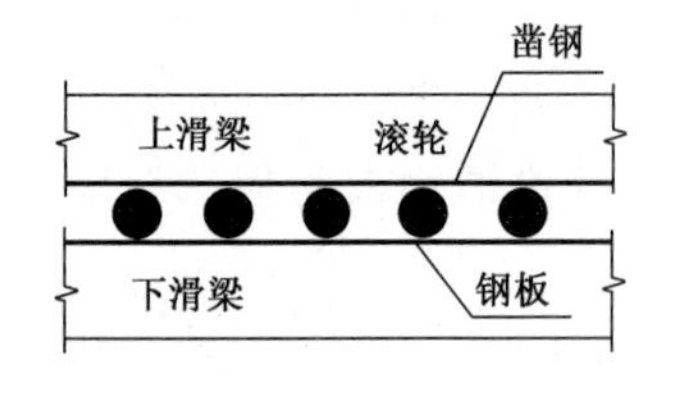

a）滚动平移

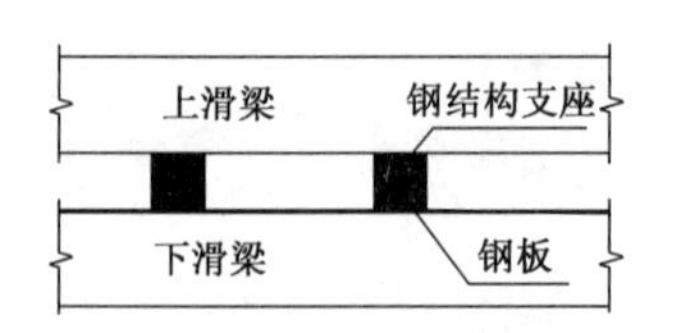

b）支座式滑动平移

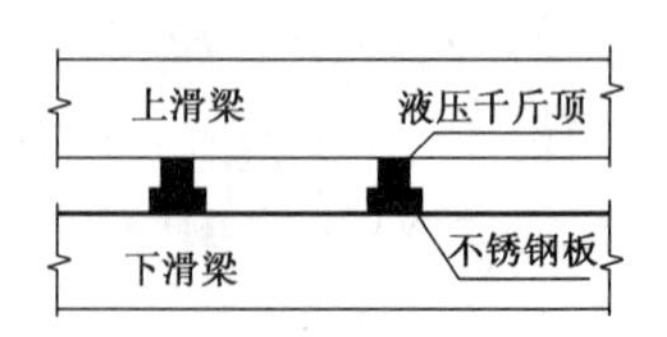

c）液压悬浮式滑动平移

图 7-60 移动方式比较图

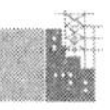

通过以上比较，液压悬浮式滑动平移最安全、可靠，但造价非常高。考虑到吴忠宾馆整体移位时的重量及特点、难点，我们采用低阻力液压悬浮式滑动平移。

五、下滑梁、基础及反力系统设计

下滑梁的设计分为三个部分：房屋现址基础范围内的、室外行走段的和新址基础的下滑道梁。下滑梁平面位置见图 7-61，沿 A、B、C、D、E 轴柱两侧边分别设置下滑梁，从现址至新址基础位置。

1. 房屋现址基础及下滑梁

原室内柱基础为锥形独立基础，仅承受柱下竖向荷载及弯矩，均作用在基础中心。平移时为移动荷载，作用于平移路线上的任意一点，显然原基础不能满足；若增加新基础，基础下需设原形式的钻孔灌注桩，而室内净空限制是不可能实现的，同时新旧桩因沉降不同，受力也不可能达到理想效果，因此采取两种方法：（1）在上托盘加卸荷柱使柱的集中荷载分散，在较长范围内分为数个较小的集中荷载（近似均布荷载）；（2）在原基础间做梁，其钢筋与原基础下部钢筋焊接，底部与原有承台凿毛后连接，上部加负弯矩钢筋，兼作顶推时受拉钢筋，形成带形基础，支承在原有桩基承台上。这样可以不需要补充新桩，同时也可减少上下滑梁中的弯矩、剪力及变形，以及行走段的桩基承载力。

2. 室外行走段和新址的基础及下滑道梁

为了减少室外及新址的地基总沉降量及不均匀沉降，我们根据地质情况，决定采用人工挖孔桩来取代当地习惯做法的冲孔灌注桩。主要的优点是清底干净，可以直观地了解桩端支承土情况，以尽量减少沉降，从而减少新旧基础的不均匀沉降，以免影响原有结构。

现址、室外及新址的下滑梁断面见图 7-62。

3. 新旧址交接处的处理

这里最不好解决的问题是新旧基础交接处的处理，一方面旧基础已沉降完毕，而新基础必然有一定沉降；另一方面原有边柱荷载较小，基础较小，下面桩的根数也较少，当荷载较大的柱子通过该处必然承受不了。为此，采取了三种办法：（1）如前面所述方法，改变荷载分布形式以减小集中荷载；（2）增加下滑梁中配筋以增加承载能力，减少不均匀沉降；（3）在室外不影响原桩承载力的范围外，紧靠原基础增加新的挖孔桩，以分担原承台的承载力。实践证明这些措施是有效的，在平移过程中未发现过大的沉降和结构的损坏，见图 7-63。

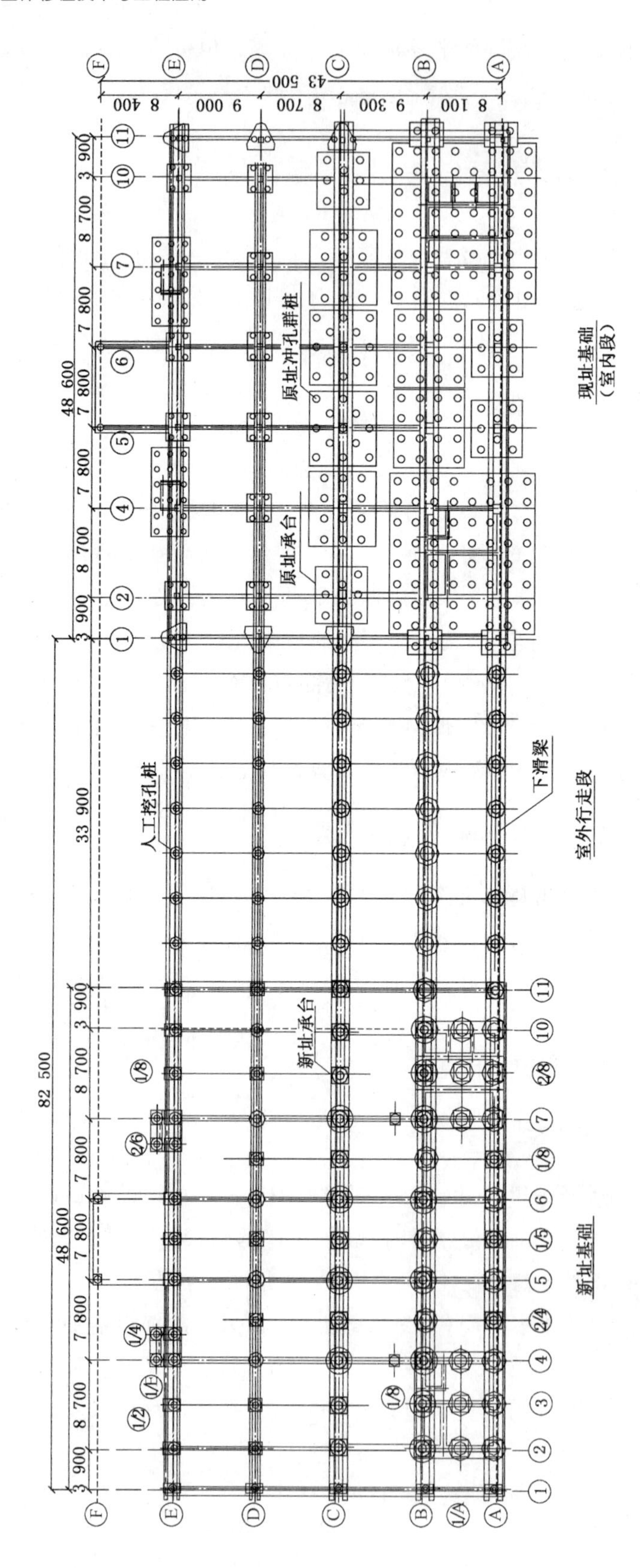

图 7-61 吴忠宾馆平移工程整体平面布置图

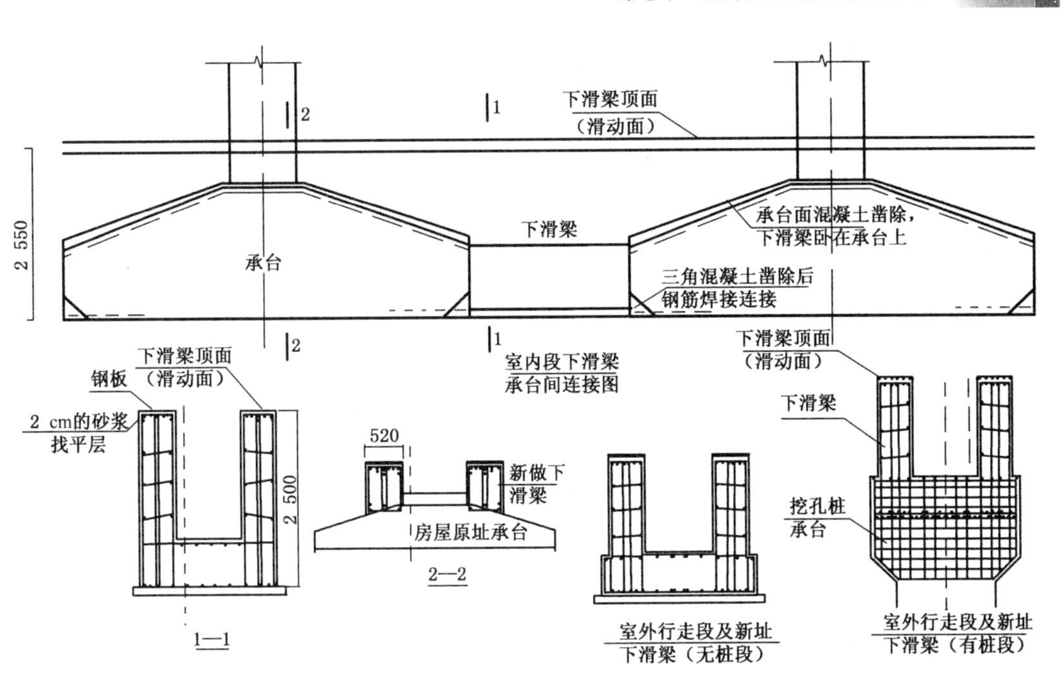

图 7-62　下滑梁断面图

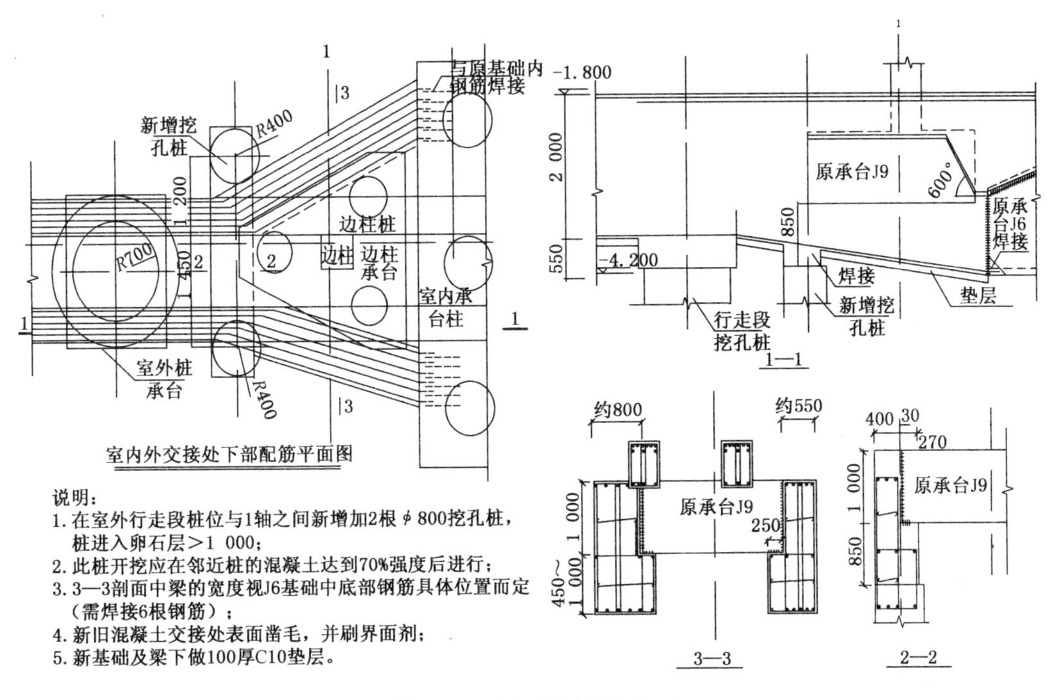

图 7-63　室内外基础处理图

4. 反力系统设计

建筑物在用千斤顶在其平移过程对千斤顶提供支承反力的部分，在原址位置设置混凝土固定反力系统。由于平移距离达 82.5 m，若采用一个固定反力系统将需要 82.5 m 的顶铁，这是不经济也是不现实的，因此在下滑梁每隔 20 m 左右设置活动反力系统（见图 7-64）。

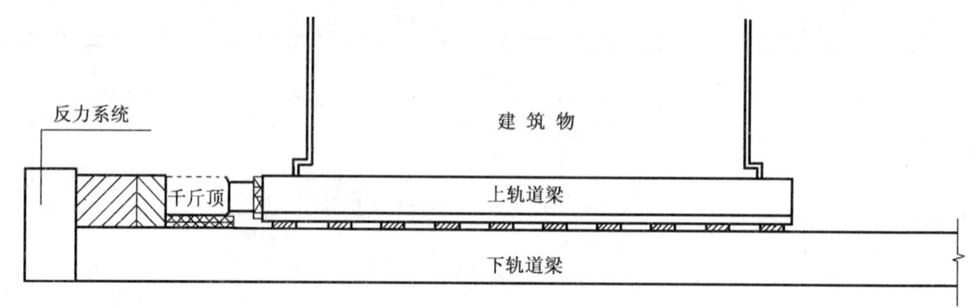

图 7-64　活动反力支承图

六、托盘梁系设计

1. 托盘梁系平面布置

托盘梁系在平移时与房屋成为一整体的部分，主要有上滑梁、夹墙梁、抱柱梁、卸荷梁、系梁等组成。上滑梁就是与下滑梁滑移对应的部分；夹墙梁就是夹在墙两侧的部分；抱柱梁就是为使房屋柱与托盘梁系成为一个整体而不致让柱产生向下滑的部分。

沿 A、B、C、D、E 轴柱两侧边分别设置上滑梁，分别与室内下滑梁相对应，除与室内下滑梁相对应的上滑梁外，在电梯井位置设置夹墙梁，其余有墙段两侧均需设置夹墙抬梁，每个柱均设置抱柱梁。托盘梁系平面布置见图 7-65。

2. 抱柱梁

对于钢筋混凝土抱柱托换，通常有在柱四周抱柱与双面抱柱，在抱柱梁与柱之间通常打眼设置锚固筋增加抗剪力。本处由于柱荷载较大，采用四面抱柱。根据广州鲁班建筑防水补强公司与华南理工大学合作试验而得到的设计公式：

$$V = 0.24 f_c A$$

式中：V——抱柱界面受剪承载力设计值；

f_c——新、旧混凝土轴心抗压强度设计值的较低值；

A——界面面积，$A=bh$。

按最大柱荷载 9 200 kN 考虑，柱四周抱柱，每面 P 取 9 200/4＝2 300 kN，混凝土最低强度为 C35，f_c 取 16.7 MPa，柱宽为 1 050 mm，抱柱在未加锚固筋的抱柱梁最低高度 $h \geqslant 550$ mm。考虑现场施工等不确定因素，实际选择抱柱梁高 1 200 mm，总体安全系数为 2.2。

抱柱梁见图 7-66。

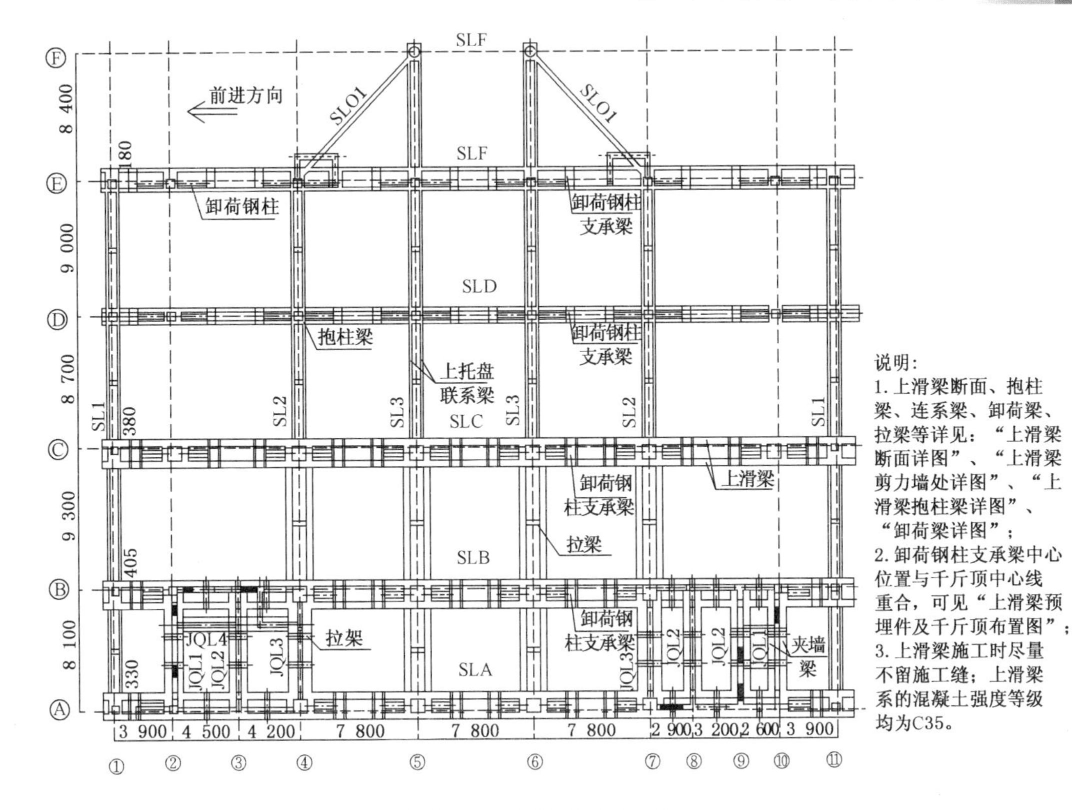

图 7-65　托盘梁系平面布置图

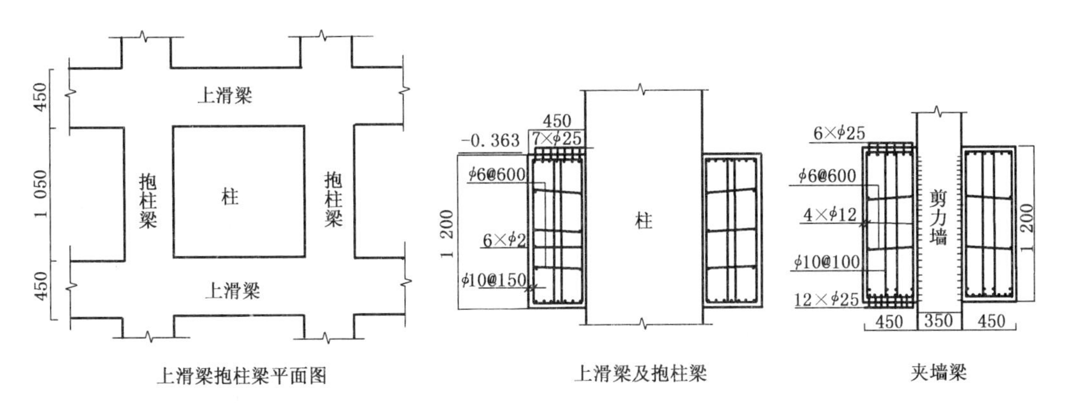

图 7-66　上滑梁、夹墙梁、抱柱梁截面图

3. 卸荷梁

吴忠宾馆平移时最大柱荷载达 9 200 kN，对于柱托换通常是采用抱柱对其进行托换，但如此重的柱仅通过抱柱是不够的，除托换抱柱外还需对其进行卸荷，即在柱两侧用钢桁架对柱进行卸荷，以减少柱荷载；同时，柱卸荷可以减少柱的集中荷载，使柱荷载分散为三个集中荷载，这样还可减少上下滑梁的弯矩。采用钢桁架对柱进行卸荷，通过液压设备在平移前将部分柱荷载转移至上滑梁上，并通过上滑梁、液压千斤顶转移到下滑梁上，卸荷设备采用千斤顶，卸去的荷载值通过压力表显示。对于 9 200 kN 最大柱每边

卸去 2 300 kN，这样抱柱荷载仅为 4 600 kN，极大地提高了抱柱梁的安全性。卸荷梁布置见图 7-67。

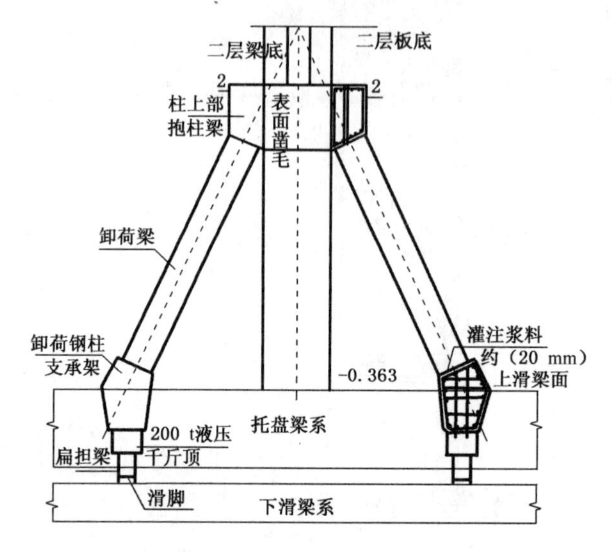

图 7-67　卸荷梁布置图

七、墙柱切割

1. 待滑动面以上所有的混凝土结构达到设计强度后，即可对滑动面上的柱和墙体进行切割，使建筑物的荷载全部转换到上托盘上。切割在平移前进行。

2. 砖墙切割采用风镐，混凝土墙、柱子切割采用瑞士设备——金钢链线切割机，该设备的特点是切割速度快、无振动、噪声低，切割见图 7-68。切割面在上下滑梁之间的部位，考虑到接柱的需要（上下滑梁的间距为 21.7 cm，接柱时，原有柱钢筋保留至少 5 d以上）和施工的可操作性，切割面高出下滑梁 5 cm 为最终切割面。

3. 图中的钻石钢线条锯柔性很好，只需要很小的空间就可以绕到柱子上，然后通过接头连成闭合环，缠绕在动力导向环上。通过动力导向轮的高速旋转，柱子即可很快切断。

4. 切割应间隔对称进行，切割时应密切观测抱柱梁与柱之间是否有位移，建筑物有无沉降、倾斜等情况，并密切监测基础梁及滑动支座的受力变形情况。

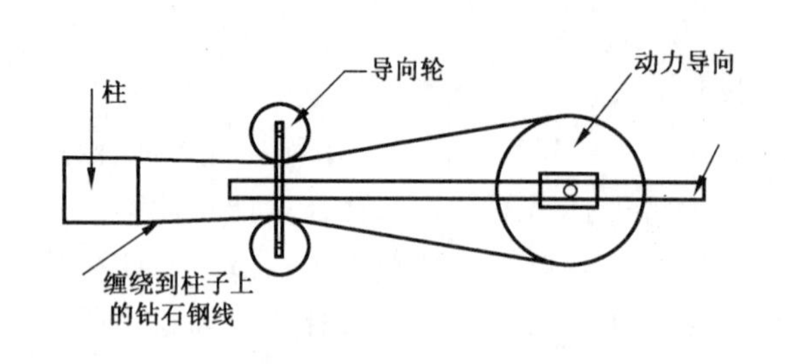

图 7-68　柱切割原理示意图

图 7-69　切割现场操作图

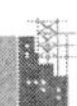

八、平移工程

推力计算及千斤顶选用：根据初步计算，房屋移位总重量约 200 000 kN，取启动时滑动摩擦系数为 0.045，所需总推力仅为 9 000 kN。

根据上述计算结果，横向平移时拟选用 6 台 1 000 kN 和 4 台 3 200 kN 的千斤顶，可提供 12 200 kN 的总推力，以上配置能够克服启动阻力。

表 7-4　滑道推力及千斤顶布置表

滑道编号	A	B	C	D	E	合计
滑道荷载/kN	45 000	69 000	50 000	20 000	16 000	200 000
所需推力/kN	2 025	3 105	2 250	900	720	9 000
千斤顶规格/kN	1 台 3 200 1 台 1 000	2 台 3 200	1 台 3 200 1 台 1 000	2 台 1 000	2 台 1 000	4 台 3 200 6 台 1 000
可提供推力/kN	2 660	3 760	2 660	1 560	1 560	12 200

九、工程监测

1. 监测工作的目的是监测房屋移位施工全过程的有关参数，合理评价结构受外力（基坑开挖、墙柱切割、平移等）作用的影响，及时、主动地采取措施降低或消除不利因素的影响，以确保结构的安全。

2. 监测的主要内容包括：

(1) 变形监测：即平移过程中对结构整体姿态的监测，包括结构的平动、转动和倾斜。

(2) 沉降监测：在基础、上下滑梁施工阶段，平移阶段，对基础、上下滑梁进行沉降监测。

(3) 应力监测：在托换及平移进程中，针对结构、抱柱梁、卸荷柱、上下滑梁及一些关键部位进行应力监测，预设报警值，保证房屋结构的绝对安全，见图 7-70。

十、PLC 液压同步控制技术

PLC 液压同步控制技术具有以下优点：

1. 该控制系统具有友好的 Windows 用户界面的计算机控制系统，这种控制系统通过计算机指令来控制液压千斤顶，系统再通过传感器把信号反馈给计算机，有较好的人机界面，对平移抬升过程中力、位移等各种数据能够作出直观的反应，见图 7-71。

2. 系统通过力的平衡自动调整各台千斤顶的压力，这样在平移过程中保持力的平衡性，各平移点的理论值与实际提供值能够相符，保证结构的绝对安全，对结构不会造成破坏。

3. 这种控制系统通过位移指令来控制液压千斤顶，这样保证了各台液压千斤顶平移的同步性，由于平移抬升过程中支点较多，若保证了各点的同步性，也即保证了平移的安全与精度。

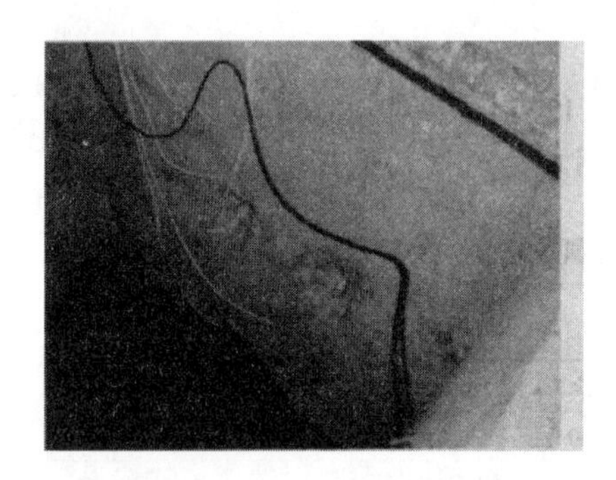

图 7-70　监测应变片布置图

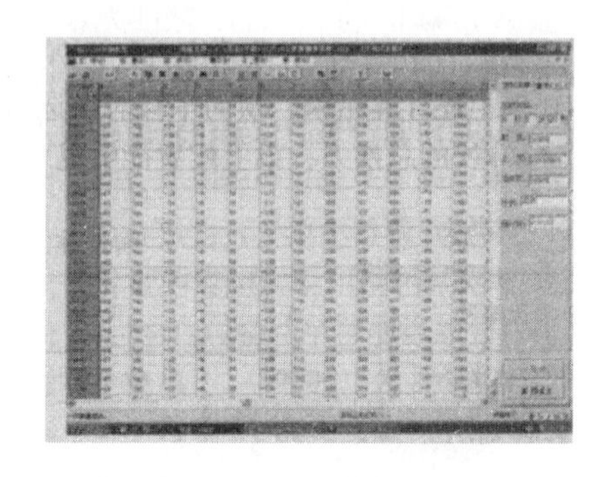

图 7-71　应力数据反馈图

以上优点成功地解决了由于吴忠宾馆平移方向各轴线荷载差别较大，分布很不对称的难点，见图 7-72。

a) PLC 液压同步控制控制系统人机界面

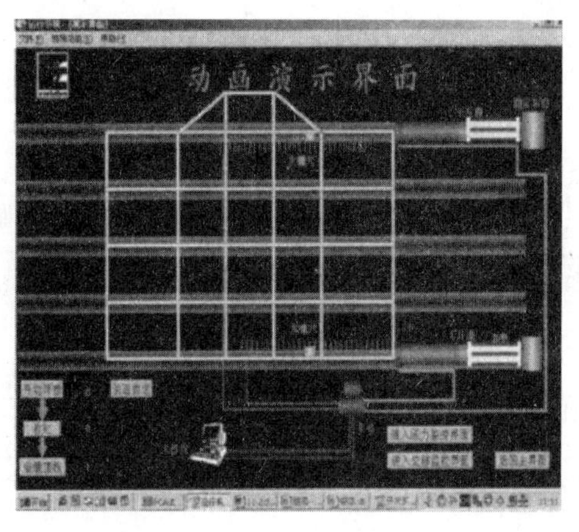

b) PLC 液压同步控制控制系统原理图

图 7-72

十一、到位连接

房屋平移到位的最终基础由承台、支承梁、托盘梁系共同组成。在平移未到位前，新址基础由承台、支承梁共同组成下部结构，托盘梁系与房屋上部结构连为一体成为上部结构。平移到位后，托盘梁系与支承梁、承台连为一体，共同组成一个最终基础。上部结构与下部结构通过以下方式进行连接：(1) 柱子钢筋与基础相连；(2) 抱柱梁（杯口）增加锚筋；(3) 上部结构与下部结构通过杯口基础相连。连接设计详见图 7-73。

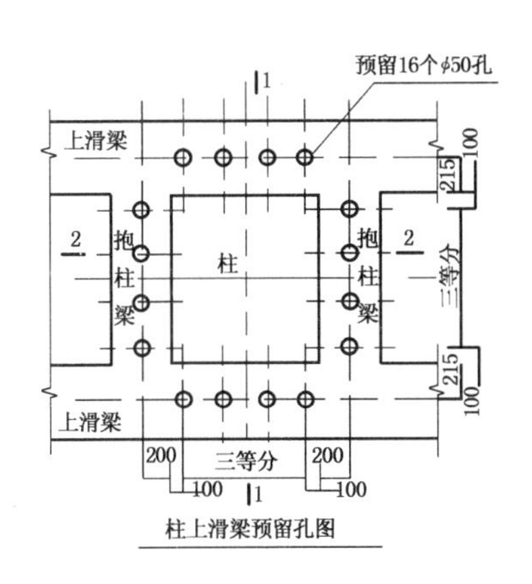

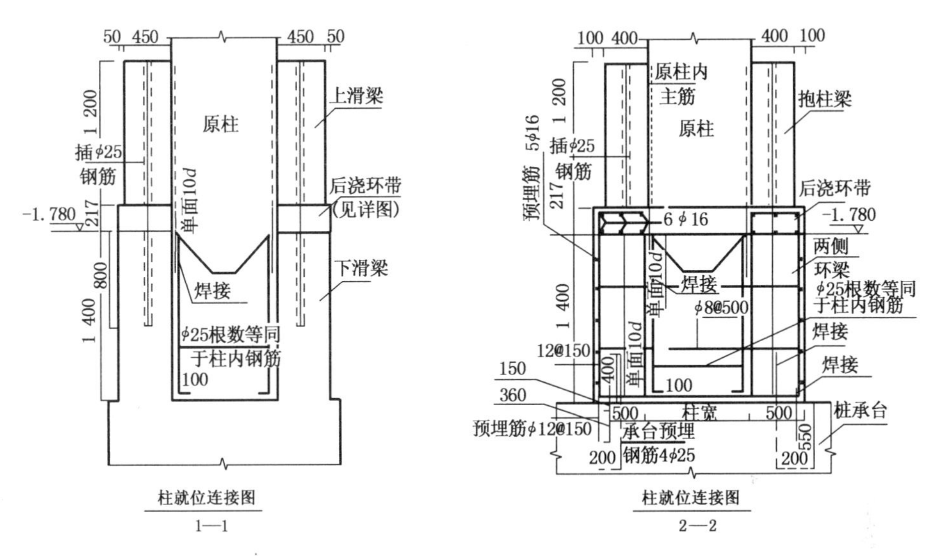

图 7-73　柱就位连接图

十二、工程实施情况

1. 实际使用中的摩擦系数情况

平移启动时的瞬间顶推力达 8 740 kN，计算摩擦系数约为 0.043 5；启动后的最低顶推力约为 8 160 kN，计算摩擦系数约为 0.041；但在此阶段整体顶推速度太慢，仅为 10 mm/min，与我们的设计速度相差较大。为此把顶推力加大到 10 450 kN，计算摩擦系数约为 0.052 3，此时顶推速度达到 30 mm/min，与理论设计速度基本相符。根据以上实际情况，为保证顶推力足够大，理论摩擦系数设计有所偏低，在以后类似工程理论摩擦系数需提高。

2. 液压悬浮使用情况

液压千斤顶在使用过程中，基本实现了液压悬浮功能，液压千斤顶能够根据下轨道的高低不平自动调整。但对于荷载较重的B轴，由于荷载较重，设计荷载时考虑的液压千斤顶数量不足，部分液压千斤顶在使用时已经超过了设定压力，对聚分子材料压缩变形过大。所以液压千斤顶就变成了一种铁滑脚，失去了液压悬浮的功能。

总体来说，低阻力液压悬浮式滑动技术，在吴忠宾馆平移工程中的应用是成功的。吴忠宾馆能够顺利平移的关键技术，为移位技术提供了一个新的参考，也为以后类似工程提供了一个成功的案例。同时，在以后的移位工程应用中需对使用中的情况进行进一步的改进。

十三、沉降问题

为了取得新基础的沉降情况，平移前在新基础的A、C、E行滑道上各设置了5个测点（5个测点距离较均匀地布置在滑道上），用精度为0.01mm的水平仪进行观测。采用了平均值以代表整个建筑物的状态，根据沉降数据表绘制出A、C、E行基础沉降与房屋状态的曲线图。

从平移就位到最近的测量数据提供的40天里，从绘制的曲线来看，当房屋荷载全部加上时基础沉降已达50%。而平移到位一个多月以后沉降量仅为0.01 mm/d。曲线接近水平说明沉降量已接近最终值，这为该地区今后采用挖孔桩提供了一个很好的借鉴。

在设计桩基时我们已按荷载大小确定桩径，但从沉降曲线来看和在较小的E轴线行和荷载较大的A、C行沉降虽然绝对值不大但比例相差近一倍，这也是我们今后应注意的。

表7-5　新址基础平均沉降累计表

轴线	状态							
	进入新址2 m（第1天）	进入新址40 m（第6天）	平移到位（第9天）	到位后第7天（第16天）	到位后第19天（第28天）	到位后第25天（第34天）	到位后第31天（第40天）	到位后第41天（第50天）
A行平均沉降/mm	0.67	2.86	3.93	5.03	7.42	7.65	7.87	7.96
C行平均沉降/mm	1.88	3.27	4.35	5.64	6.61	6.74	6.93	7.08
E行平均沉降/mm	0.77	1.44	2.15	2.47	3.53	3.67	3.86	3.95

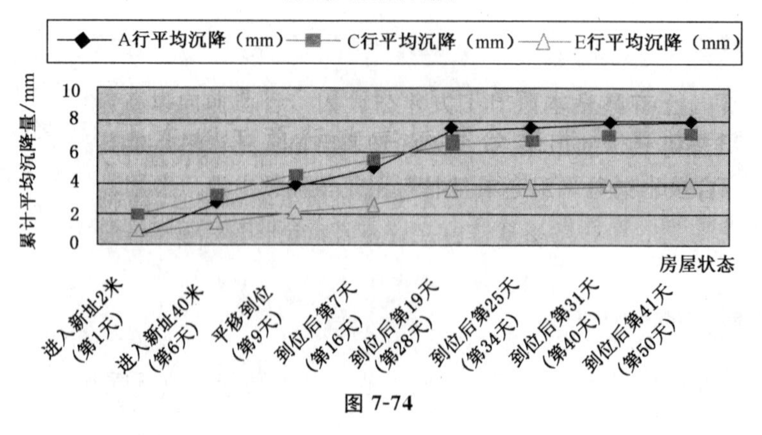

图7-74

十四、平移总经济效益及社会效益情况

经济效益：吴忠宾馆在移位之前除土地成本外，土建、装修等直接投资约 4 500 万元人民币。若拆除重建并建至移位前的状况，除土地成本外需如下直接费用：拆除及垃圾外运费用约 200 万元；重建费用约 4 500 万元；拆除重建比移位时间约多 2 年，按每年营业利润约 200 万元，2 年约 400 万元；这样总投资约 5 100 万元。平移投资费用 750 万元，直接节约资金 5 100－750＝4 350 万元。

社会效益：吴忠宾馆平移工程避免了资源浪费和环境污染，为地方政府树立了一个良好的形象，同时也为建设社会主义资源节约型社会树立了一个典型。吴忠宾馆平移工程为城市规划、改造提供了新的思路，避免了城市规划产生的遗憾和缺陷。吴忠宾馆平移工程促进了移位技术尤其是高层重型移位技术的发展，移位技术的发展反过来继续为城市规划、改造、文物保护发挥作用。

十五、结语

吴忠宾馆整体平移工程于 2004 年 11 月开工，于 2005 年 10 月 1 日开始平移，平移时基本正常，于 2005 年 11 月 4 日平移到位，2006 年 7 月完成所有恢复工作。我们总结有以下几点经验：

1. 从平移过程来看，上下滑梁施工的平正度影响甚为重要，它不仅关系到构件的设计的正确与否，而且也可能造成构件损坏，甚至危及安全，同时也影响平移是否顺利。

2. 抱柱结构的设计一定要留有强度富余。因为关系到整个托换工作的成功与否；万一失败后果不堪设想，其中尤以上滑梁的抱柱段受力复杂，应特别注意。

3. 利用液压千斤顶定量卸荷是一种化集中荷载为分散荷载，同时可以防止滑道不平，并简化计算的办法。

4. 对高大建筑，可以利用房屋本身刚度来减少新旧基础交接处房屋的不均匀沉降。

5. 滑动平移时应留有防侧向滑移装置，一方面可作为平移导向装置使平移能正确就位。同时亦可作为防地震的构造措施。

【工程实例 11】河南安阳三座古建筑慈源寺成功平移　创六项国内记录

我国迄今规模最大的古建筑平移工程——河南安阳慈源寺平移工程成功实施，这项工程创下了平移建筑年代最早、一次性平移数量最多、距离最长、转弯次数最多等六项国内记录。

一、概述

始建于唐代贞观年间的慈源寺始建于唐朝贞观年间，是目前林州市规模最大的古代建筑群。该寺内的天王殿、大雄宝殿是佛教建筑，祖师殿、关公殿是道教建筑，文昌阁则是儒教建筑，中轴线上的最后一座建筑为三教堂。慈源寺是一处融儒、道、佛三教于

一体的历史文化遗存，历经千年之后，现在古寺仅存了文昌阁、大雄宝殿和三教堂三座建筑。这个寺院规模不大，长 75 m，宽 30 m，但是建筑形式多样，既有庑殿顶，又有硬山、悬山结构，特别是大雄宝殿，保存许多早期建筑的特点，其中设有推山的做法是国内现存明清庑殿建筑中很少见的。寺院建筑由木、砖、石等材料建造，因地制宜，充分利用了当地的资源。所有建筑均以石材做台基，采用了糙砌的古朴砌筑手法，起到了防水害的作用。寺院整体布局规整、紧凑，主要建筑保存下来了许多极具价值的艺术构件，如大雄宝殿、三教堂斗拱上的龙、卷云等雕刻，屋顶的吻兽及脊饰的图案造型也极具地方特色（见图 7-75 和图 7-76）。

a）文昌阁大雄宝殿三教堂

b）祖师殿

c）关公殿

图 7-75

图 7-76　慈源寺

由于受地质条件限制，2004 年开工建设的安林高速公路只能从寺院的位置通过。经有关部门反复论证，最终决定整体平移慈源寺，完整保存它的原有风貌。三座古建筑完成平移后，还将在原地旋转 90°，它的周围将复建一部分配套建筑，恢复其鼎盛时期的模样。

二、工程复杂

选定的慈源寺新址位于原址西南侧，受现场地形及地质条件的影响，迁移轨道不能采用直线式，而是有两次较大的转向。限于条件，三座建筑还必须共用一组主轨道，这样，两侧的三教堂和文昌阁必须经过转向移动才能至主轨道上，加上到新址后建筑自身的转向定位，这三座建筑共进行 13 次大的转向（45°～90°不等），轨道总长度达 450 m，加上到达新址后的调向距离，三座建筑累计移动距离共 1256.02 m。新旧址之间最大高度差有 3 m 多，地形较为复杂，地势起伏不平，途中还要劈开 6.7 m 的丘坡，经调整后轨道仍保留有 0.5%～2%的坡度，实际上此次工程是一次降坡移动工程。因此，专家称慈源寺三座建筑的移动工程创下了迁移建筑年代最早、一次性移动建筑数量最多、首次使用降坡移动工艺、文物建筑迁移距离最长、建筑转向次数最多、新旧址之间地形高差起伏变化最大等六项国内同类工程之最。据资料显示：其中前五个方面也改写了世界陆上文物建筑迁移保护工程的纪录。

这次被整体平移的古建筑有三座——它们分别是文昌阁、大雄宝殿和三教堂（见图 7-76），“大雄宝殿”是慈源寺中个头最大的建筑，重量达到 1 600 多吨。按照行进顺序，走在最前面、个头最小的是“文昌阁”，紧跟其后、个头最大、分量最重的是平移工程的重点“大雄宝殿”，而走在最后的是“三教堂”，这三座建筑至少要转动 4 次才能按照原来的格局平移到 450 m 以外的新址。其中“大雄宝殿”在主轨道上的第一次转弯难度最大。古建筑平移转弯的过程与汽车转弯道理相似，缓慢的平移过程对轨道的承受力是个考验。

这次古建筑平移和现代建筑平移不一样，采用了在建筑周边挖槽，然后在古建筑地下筑轨，这样古建筑不用做任何抬升，就自然而然地放到了轨道上了。

三、平移质量称“优”

值得一提的是，如此高难度的工程，其工程质量达到了优良。工程结束后，三座建筑物总体布局结构保持了原貌，总体方向、水平、空间距离均保持未变。两座建筑之间几十米的空间距误差仅有 2 mm，精确度相当高。此外，三座建筑台基、墙体、屋面的垂脊、瓦垄及檐下的斗拱、枋木、殿内梁架都保持了原样，未见变形，证明移动时的稳定性相当好，工程非常成功。慈源寺移迁工程为文物建筑的保护提供新的实践和理论经验。

为了确保三座古建筑能够安全走过 450 m 的平移路程，平移前，工程人员先用钢板进行了整体加固，然后用混凝土浇注了坚实的基础。加固后每座古建筑的重量都超过了 1 000 t，3 座古建筑依次平移，相当于 1 000 多头大象 3 次从轨道上走过。每座建筑平均每小时移动的距离还不足 2 m，平移过程中，水泥轨道不断出现剥落险情。

轨道经过了三次非常重的碾压考验，而且三座建筑在路上经过了 10 次大的转弯，这些难题是以往的文物建筑平移设计没有遇到过的。

常规的做法是把建筑物抬起来再做轨道，此次的做法是在下面挖了坑，先把轨道做好，这样就可以正常行走。

四、千年古寺大平移

这是目前中国第一例古建筑群整体移动保护工程。自 2005 年 12 月初开始，历经 5 个月的时间，于 2006 年 6 月 3 日下午 5 时 18 分圆满完成整体移动，大雄宝殿、文昌阁、三教堂等三座文物建筑均经过了 400 m 左右的整体移动后，平安抵达新址，平移施工过程见图 7-77～图 7-87。

据专家评审时介绍，慈源寺的 3 座建筑的移动工程创下了迁移建筑年代最早、一次性移动建筑数量最多、首次使用降坡移动工艺、文物建筑迁移距离最长、建筑转向次数最多、新旧址之间地形高差起伏变化最大等 6 项国内同类工程之最，其中前 5 项改写了世界陆上文物建筑迁移保护工程的纪录。

图 7-77　准备上路的慈源寺旧址施工现场

图 7-78　铺设钢筋混凝土轨道

图 7-79　安装牵引钢缆

图 7-80　这根钢柱承受着 1 600 t 的牵引拉力

图 7-81　两台液压机协同用力，千吨大殿缓缓前行

图 7-82　文昌阁在前，大雄宝殿紧随其后

图 7-83　工程技术员正在精确测量，确保古寺安全前行

图 7-84

图 7-85　大雄宝殿离新家 20 m，前方的圆形轨道用于到位后旋转精确定位

图 7-86　三教堂内供奉的佛、道、儒法像，具有重要的历史、艺术、科学价值

图 7-87　千年古寺——慈源寺平移到新址外景图

千年古寺——慈源寺“乔迁”新址，它的身后是繁忙的安（阳）林（州）高速公路。

【工程实例 12】 山东莱芜高新区管委会综合楼移位工程

工程地点：山东莱芜

工程类型：平移

设计单位：山东建筑工程学院工程鉴定加固研究所

施工单位：山东建固特种工程有限公司

完成时间：2006 年 12 月

一、工程概况

莱芜高新管委会综合楼位于莱芜市高新区凤凰路，为框架剪力墙结构，由主楼和裙楼两部分组成，主楼地下 1 层，地上 15 层；裙楼地下 1 层，地上 3 层。基础采用筏形基础。该建筑物长 72.8 m，宽 41.3 m，占地面积 2 700 m^2，总建筑面积 24 000 m^2，总高度 67.6 m。该建筑物需沿纵向向西平移 72 m。建筑物上恒荷载重 31 980 t，活荷载 3 008 t。单柱下最大荷载 1 177 t（恒荷载 1 090 t，活荷载 87 t），最大柱截面为 1 200 m×1 200 m。基础埋深 7.05 m，筏板厚度 650 mm，基础梁高度 2 000 mm，如图 7-88。该建筑物新址处的场地土自上而下分为 6 层，见表 7-6。

图 7-88 建筑物全貌图

表 7-6 各层的力学性能指标一览表

土 层	层厚 m	承载力 kPa	c kPa	ϕ (°)	E_{s1-2} MPa	q_{sik} kPa	q_{pk} kPa
杂填土	1.0～7.2	—	—	—	—		
粉质黏土	1.0～3.5	150	37	23.6	6.13	60	
中细砂	1.1～2.8	160	—	—	20	70	
粗 砂	2.4～5.9	180	—	—	20	80	

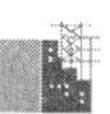

续表 7-6

土 层	层厚 m	承载力 kPa	c kPa	ϕ (°)	E_{s1-2} MPa	q_{sik} kPa	q_{pk} kPa
强风化泥岩	1.4～2.8	260	—	—	30	90	1 000
中风化泥岩	未钻透	700	—	—	200	95	2 500

场地地下水埋深 5.4 m 左右，对混凝土无腐蚀性。场地土类型为Ⅱ类。

二、基础及下轨道梁设计

1. 原基础处理

由于建筑物的原基础是筏形基础，设计时利用原有的基础，仅将纵向基础梁两侧各加宽 550 mm，既是对原基础进行加固，使其满足上部结构移动到最不利位置时的承载力要求，又可形成建筑物移动过程中的下轨道，如图 7-89 所示。基础梁的承载力设计时仅考虑了建筑物的恒荷载和活荷载的准永久值，其断面设计见图 7-90。

2. 新基础设计

根据地基承载力进行验算，新基础采用筏形基础即可满足要求，但其沉降量较大。建筑物移动过程中，新旧基础的沉降差会使上部结构内产生较大的附加内力，甚至导致上部结构破坏。所以为控制新旧基础的沉降差，新基础采用了桩筏基础，在主楼部分的下轨道梁即纵向基础梁下部增加了防沉桩。桩距 C、D 轴 1.5 m，B、E 轴 2 m，桩径 450 mm。下轨道梁（即纵向基础梁）必须满足建筑物到位以后及移动过程中的承载力要求，其断面设计见图 7-91。

3. 新旧基础连接处的设计

由于建筑物未能移出原基础，13 轴的四根柱部分落在原基础上，部分落在新基础上。而且建筑物的移动过程中新旧基础的结合处也是一薄弱环节，必须保证荷载最大的柱通过时，该部位不能发生破坏。设计时对其进行了特殊处理：(1) 将原横向基础加宽 1 150 mm；(2) 纵向基础梁即下轨道梁的上部钢筋贯穿；(3) 新基础边缘增加防沉桩，见图 7-92。实践证明这些措施是有效的，在建筑物平移工程中未发现过大的沉降和结构破坏。

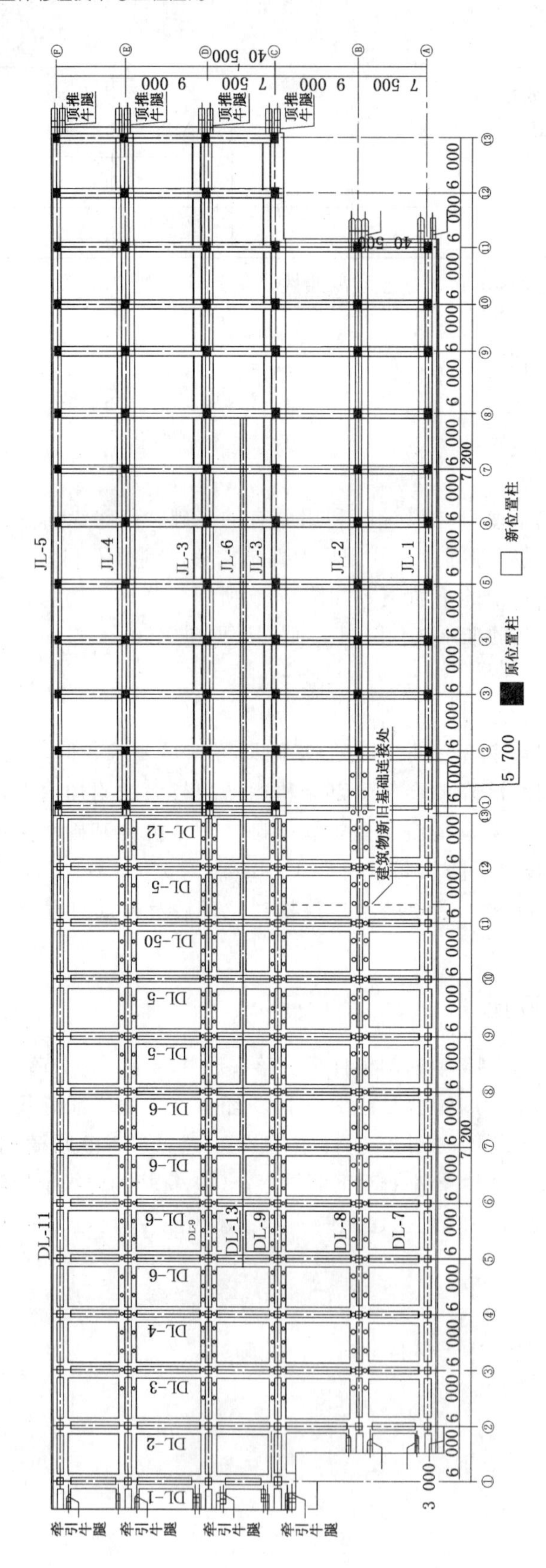

图 7-89　基础及下轨道平面布置图

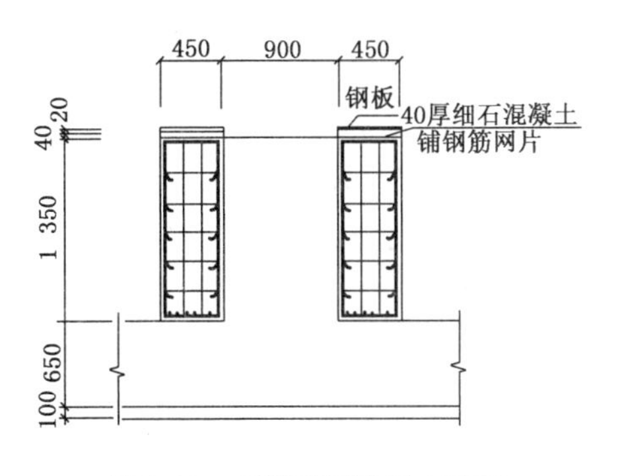

图 7-90　原基础下轨道剖面图

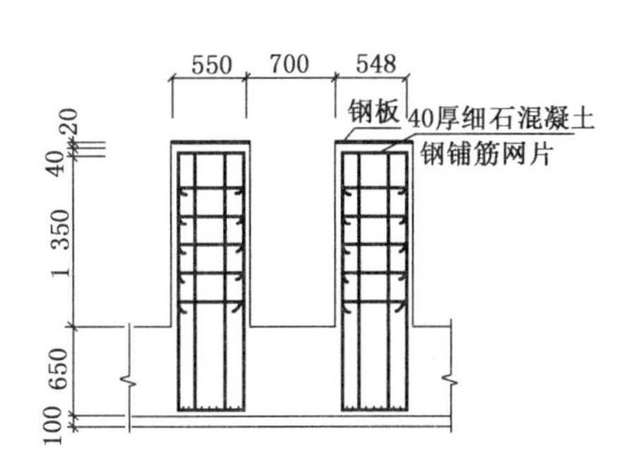

图 7-91　新基础下轨道剖面图

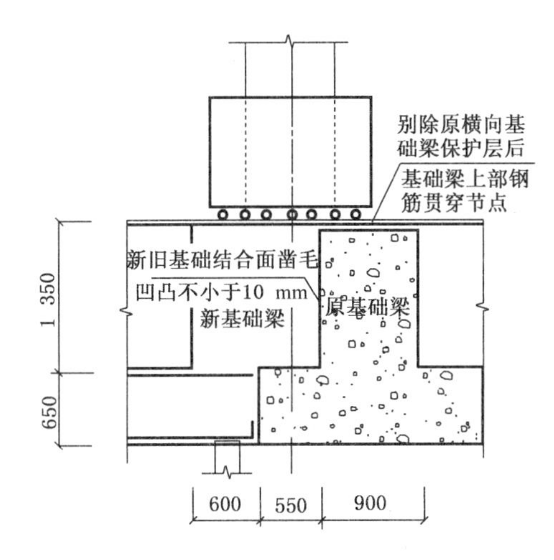

图 7-92　新旧基础连接剖面图

三、托换结构及上轨道梁设计

托换结构体系设计包括柱下托换节点、水平连梁和斜撑设计，该建筑物的托换结构布置图见图 7-93。

1. 柱下托换节点设计

柱下托换节点主要承受和传递框架柱上的上部荷载，以及平移过程中水平牵引力。本工程采用四边包裹式的托换方式，见图 7-94。

(1) 轨道梁外伸长度的确定：轨道梁的外伸长度主要由上下轨道的局部受压及滚轴的承载力确定。在满足上下轨道局部受压及滚轴承载力要求下，轨道梁外伸不宜过长。一是外伸段的刚度不宜满足要求，二是轨道梁外伸越大，在外伸段引起的内力就越大。本工程根据单个滚轴的平均压力不超过 300 kN 的原则，确定轨道梁从柱边的外伸长度为 900 mm。

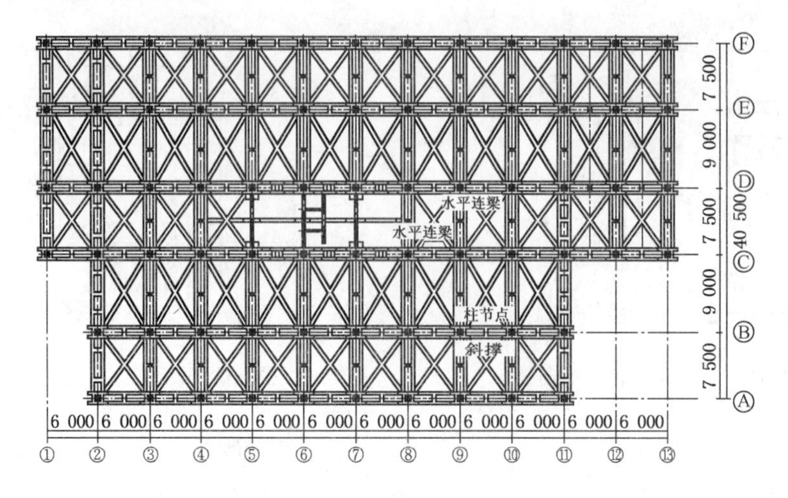

图 7-93　托换结构布置图

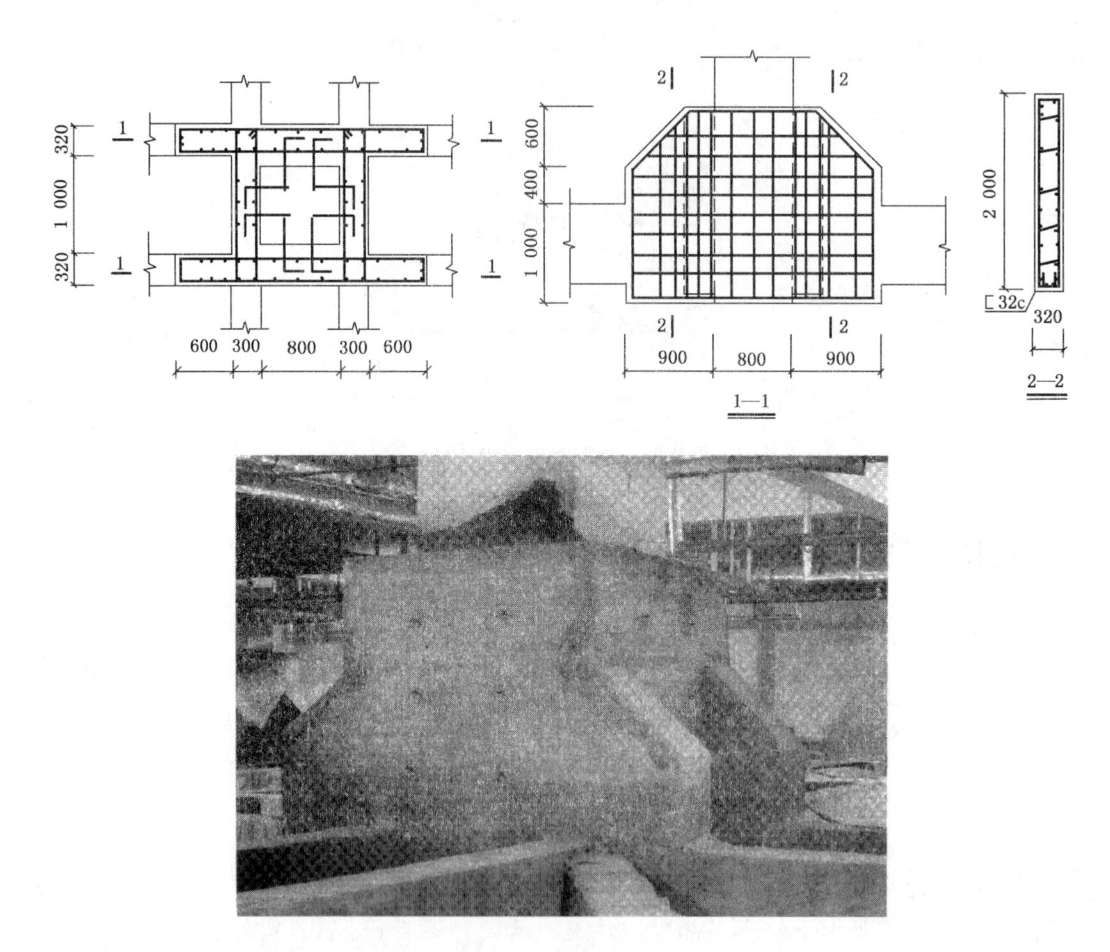

图 7-94　柱托换节点图

（2）托换梁截面尺寸的确定：托换梁主要受到柱侧面传来的摩擦力、柱下滚轴的支撑力及建筑物移动过程中水平牵引力的作用。本工程单柱最大荷载 11 770 kN，设计时考虑由于轨道的不平整及其他因素，可能造成的滚轴受力不均匀，在设计托换梁时乘了 1.5 的

放大系数。根据上部荷载进行按倒置牛腿计算，托换梁外伸部分根部的截面尺寸需要做到320 mm×2 000 mm，包柱部分根据广州鲁班建筑防水补强公司和华南理工大学合作试验得到的计算公式：$V=0.24f_cA$（式中V为通过框架柱一面所传递的剪力值，f_c为新旧混凝土轴心抗压强度的较小值，A为新旧混凝土的接触面积）进行计算，其截面高度只要不小于1 200 mm即可。所以，该工程荷载最大的柱节点托换梁的截面尺寸确定为320 mm×2 000 mm。

（3）托换梁的内力及配筋计算：托换梁外伸部分主要受到下部滚轴向上的支撑力，以及建筑物移动时与滚轴之间的摩擦力，按固定在柱上的倒置牛腿进行内力和配筋计算；包柱部分主要受到内侧摩擦力的作用，根据实际工程中的受力状况和截面特征，近似地按均布荷载作用下的简支深梁进行计算，深梁的跨度取柱两侧托换梁中心的距离。

2. 水平连梁和斜撑设计

水平连梁和斜撑，其所起的作用一方面是传递水平力，另一方面就是在托换节点受力不平衡，起协调和调整作用。其内力计算主要是按水平力作用下的桁架进行。考虑整个托换结构体系的刚度，本工程连梁的截面尺寸为320 mm×800 mm，斜撑的截面尺寸为300 mm×600 mm。

四、平移系统设计

1. 建筑物移动水平推力的确定

根据作者提出的滚动式平移的牵引力计算公式：$F=kfG$（式中F为建筑物的牵引力；k为综合调整系数，取值1.5～2.0，受滚轴压力、直径和轨道平整度的影响，由试验或施工经验确定。滚轴压力大，直径偏小，轨道平整度差时，k取偏大值；f为摩擦系数，取1/15；G为建筑物的重量）。本工程建筑物的总重约350 000 kN，综合调整系数取1.5，所以该建筑物所需的总的水平推力约为35 000 kN，共设置了28个100 t千斤顶、12个200 t千斤顶，各轴线的分布见表7-7。

表7-7　各轴线水平推力分布表

轴线号	A	B	C	D	E	F
水平推力/kN	1 720	5 710	8 740	9 610	6 880	2 250
千斤顶个数	4（100 t）	3（200 t） 4（100 t）	3（200 t） 6（100 t）	3（200 t） 6（100 t）	3（200 t） 4（100 t）	4（100 t）

2. 反力支座和牵引点的设计

由于该建筑物的重量较大，本工程采用了推拉结合的反力施加方式。在建筑物前后端分别设置了钢筋混凝土的反力支座，反力支座布置见图7-94。各个轴线上的牵引点按以下原则进行布置：（1）每个轴线上的阻力和动力平衡；（2）使托换结构构件在平移过程中受压，不产生拉应力；（3）牵引点的位置应尽量靠近上轨道梁，减小在托换结构中产生的弯矩。

反力支座和牵引点均按牛腿进行设计。

【工程实例 13】 江南大酒店八千多吨重大楼平移 26 m

经过 2 个多月的紧张准备，令人瞩目的南京“江南大酒店”平移工程 2001 年 5 月 20 日正式进行，截至 24 日，大楼已顺利平移了 16 m 多（最终平移达 26 m）。作为国内房屋整体平移体量最大的项目，其难度在国内也首屈一指。

江南大酒店建成于 1995 年，为主体六层、局部七层框架结构，占地面积约 700 m^2，总建筑面积 5 424 m^2。由于新模范马路拓宽改造，南京市建委为此多次召开方案论证会和专家评审会，最终确定了平移方案，江南大酒店从原址向南平移 26 m（见图 7-95），和拆除方案相比，可节省费用 1 000 余万元。该工程由东南大学特种基础公司承接。

图 7-95 南京江南大酒店平移前立面图

为使总重量 8 000 t 的江南大酒店平移后与新基础很好对接，此次采用了基础滑移隔震技术（见图 7-96），大楼的抗震性能不仅没有降低，反而得到较大的提高。

在现场，平移中的大楼采取了静动态实时监测，加速度传感器、电子倾角仪、土压力传感器等精密仪器，随时监测十分微小的变化，江南大酒店像长了脚似的在 15 个液压千斤顶推动下稳稳地向前“走”（图 7-97）。

图 7-96 平移时采用滑移隔震技术

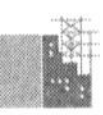

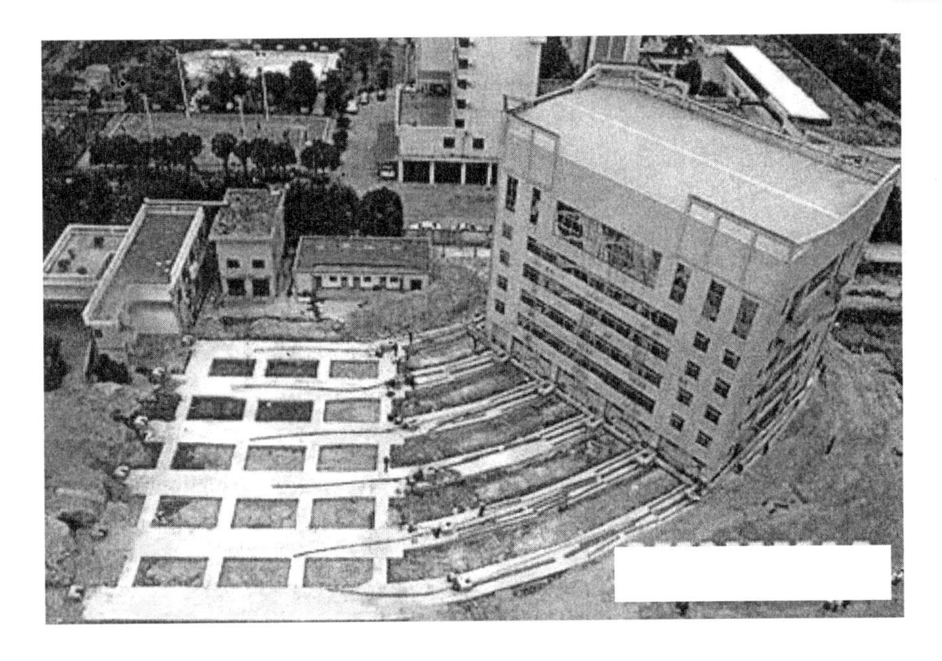

图 7-97　江南大酒店平移施工过程

1. 江南大酒店平移出四个“第一”

8 000 t 的大楼将在江苏人的努力下平移 26 m，江南大酒店平移工程创下四个历史“第一”，工程施工进展备受江苏省内外人士的高度关注。

江南大酒店位于南京市模范马路南侧，房屋结构为整体 6 层，局部 7 层框架，占地面积约 700 m^2，总建筑面积 5 424 m^2，大楼总重近 8 000 t。此次的近万吨大楼整体位移，由东南大学特种基础工程公司进行方案设计和工程施工，此工程创下江苏建筑工程史上四个历史“第一”，这四个历史“第一”分别为：江南大酒店的位移是第一座江苏人自己施工的“大楼搬家”；此次位移为了减小大楼在移动中的不均匀沉降，在下轨道梁中采用了预应力技术，这是世界上首次将预应力技术应用到平移工程中；江南大酒店的平移工程建筑面积是目前国内最大的，达 5 424 m^2。此外，为减少地震力，本工程的对接设计中，还考虑了一个隔震方案，将房屋隔震技术应用到楼房平移工程中，国内外尚属首次。

2. 公交总公司的“江南大酒店”，用液压平移了 26 米

东方网 5 月 27 日消息：备受瞩目的南京江南大酒店平移工程，经过 7 天的努力，于昨晚 8 时 35 分成功完成。此次平移的大楼高 6 层，局部为 7 层，总重约为 8 000 t 左右，是目前国内平移面积和总重最大的一个项目，隔震技术在平移中也是第一次使用。

负责该项目的东大特种基础工程公司总经理告诉记者：“平移总的来说就是将房屋托换到一个支架上，这个托架下部有滚轴，滚轴下部有轨道，然后将房屋与地基切断，房屋就变成一个可移动的物体。然后用千斤顶等设备推动房屋，到达预定位置后固定在新基础上就可以了。”

该栋大楼建筑面积为 5 400 多平方米，重约 8 000 多吨，再加上利用了隔震技术，使得工程的难度加大。从当天中午开始，大楼承重部分开始上隔离垫，整体移动速度由原

来的每 20 min 移 15 cm，降为每 20 min 移 3 至 5 cm，而隔离垫两层钢板因为摩擦系数小，一度出现被大楼挤跑现象，经过重新加工，江南大酒店终于在晚上 8 时 35 分成功移到了新位置。7 天走完 26 m（见图 7-98）。

该栋大楼原造价为 1 860 万元左右，此次平移费用约为 400 万元。大楼大酒店平移施工过程业主——南京市公交总公司一负责人说，“用不到造价 1/4 的钱保留了江南大酒店，而且节省了两年的工程时间，划算得很。”

图 7-98　大楼平移施工时千斤顶缓慢前进

3. 小结：我国大楼整体平移技术居世界领先地位

我国大楼整体平移技术居世界领先地位，到目前为止，全国已有 40 多座大楼被整体“搬家”，超过国外大楼平移的总和。

据专家介绍，建筑物“整体平移”就是将大楼托换到一个托架上，这个托架下部有滚轴，滚轴下部有轨道，然后将建筑物与地基切断，这样建筑物就形成了一个可移动体，然后用牵引设备将其移动到固定的新基础上。以南京江南大酒店为例，这座即将搬家的星级饭店位于南京市中心，总建筑面积约 5 424 m^2，总重量达到 8 000 多吨。这座7 层饭店之所以“搬家”，是为饭店前的马路拓宽让路，将平移 26 m。它的整体平移与拆除重建相比，可以减少费用 2/3，时间不会超过 3 个月。如果这座大酒店拆除重建，则至少需要 2 年的时间。

采用这一新技术，还可节省大量建筑材料，并减少许多建筑垃圾，是一项经济省时而能保护环境的好办法。

我国的建筑物平移技术从 20 世纪 60 年代就已经开始运用，最早在东北和武汉市应用，随后在全国各地普遍推广。1997 年，南京就曾在这次搬家的江南大酒店附近成功地将一座 4 层办公楼整体平移了 60 m 并转角 90°。在平移的过程中，由于采取一些特殊措施，这座办公楼水电供应正常，工作人员一天也没有停止过办公。

据了解，目前我国的工程界科技人员还新发明了气垫液垫平移技术，就是将建筑物底部绕上一圈皮管，向里填充气体或液体，形成气裙或液裙，再通过牵引力来完成平移。这种办法，已经为沪宁铁路线上 10 多个老木桥更换了钢筋混凝土桥，整个施工时间只需 1 个半小时，这一技术已经通过了专家评审，为世界的大楼整体平移增加了新办法。

第八章　移位工程总经济效益及社会效益

一、经济效益

根据 CECS 225：2007《建筑物移位纠倾增层改造技术规范》的要求对各类建筑物进行移位工程实践，经济效益明显，降低工程造价，降低幅度的多少，直接同建筑物自身的结构有关，见表 8-1。

表 8-1　各类结构移位建筑所占造价一览表

序号	建筑物结构型式	移位工程费/原有建筑造价
1	砖混结构	1/3～1/2
2	框架结构	1/4～1/3
3	钢结构	1/6～1/5
4	特种结构	1/4～1/2
5	古建筑	1/3

从表 8-1 可见各类建筑物移位所产生的移位工程费仅占 1/6～1/2，同时建设周期大大缩短，所以建筑物移位工程值得推广应用。

二、社会效益

建筑移位工程是实行建筑节能有代表性的项目，其具有显著的绿色建筑特点。

有资料显示，我国目前的建筑工程能耗占全社会总能耗的 30%左右，建筑工程在二氧化碳的排放总量中几乎占 50%以上，在建筑工程中节能已迫在眉睫。

中国是目前世界上年新建建筑工程量最大的国家，每年有 20 多亿平方米左右的新建建筑，消耗着世界上 40%左右的水泥和钢材。据悉，欧美国家（地区）建筑物的平均寿命在 80 年以上，而我国建筑物的平均寿命只有 50 年。在新的建设潮中，“短命建筑”层数不穷，大量的“青壮年”建筑被迫“英年早逝”。人们炫耀 GDP 的同时，意识到越来越多的建筑垃圾给社会、给子孙后代所留下的灾难。

可喜的是，发展绿色建筑已经明确写入“十二五”规划中。2012 年《政府工作报告》指出，促进结构升级要大力发展高端装备制造、节能环保、新材料等产业。扩大技改专项资金规模，促进传统产业改进。《政府工作报告》中提到，节能减排的关键是节约能源、提高能效、减少污染。要抓紧制定出台合理控制消费总量工作方案，加快理顺能源价格体系。综合运用经济、法律和必要的行政手段，突出抓好工业、交通、公共机构、民生活等重点领域和千家重点能耗企业节能减排进一步淘汰落后产能。

建筑行业是耗能大户，推行建筑物移位工程，避免了资源浪费和环境污染，为各地树立了良好的形象，同时也为国家建设树立了一个资源节约型的典型，符合当前低碳绿色建筑的要求，移位技术的发展，反过来继续为城市规划、改造、文物保护发挥作用。

三、今后建议

今后在建筑物移位工程中，应该考虑设置建筑物的隔震设施，防止地震造成的破坏。因为中国是世界上地震活动和地震灾害严重的国家之一。中国地震局地质研究所所长张培震在向全国人大常委会介绍时说："中国积极开展防震减灾，最大限度地减轻地震灾害应该是我国的基本国策之一。"

建筑物移位工程应用在位于我国地震区 7 级以上，在建筑物移位的同时考虑建筑物的隔震设置。隔震设计的目标：

（1）性能化设计的思路，就是推迟隔震房屋的屈服，减少罕遇地震下的隔震房屋的位移；

（2）设置隔震器的效果是在小震下隔震效果低，可充分发挥房屋结构抗震的作用，在罕遇地震下达到较好的隔震效果，在高裂度地震时保证建筑物的安全。建议在抗震设防 7 度时，就要对公共建筑（医院、学校、幼儿园）及重要的工业设施设计隔振器（见图 8-1）。

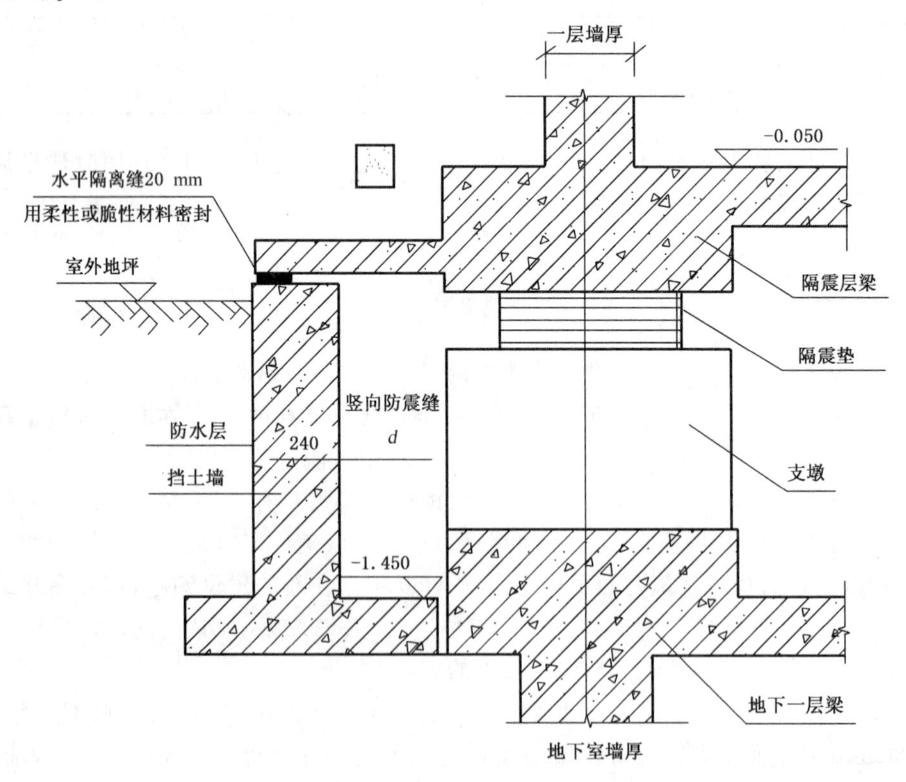

图 8-1　隔震设计在首层楼与地下室顶板之间

建议今后在建筑物移位工程中积极采用，达到"一箭双雕"的目的。

参考文献

[1] CECS 225：2007《建筑物移位纠倾增层改造技术规范》. 北京：中国计划出版社，2008.

[2] GB 50550—2010《建筑结构加固工程施工质量验收规范》. 北京：中国建筑工业出版社，2010.

[3] CJJ/T 53《民用房屋修缮工程施工规程》. 北京：中国建筑工业出版社.

[4] JGJ 79—2012《建筑地基处理技术规范》. 北京：中国建筑工业出版社，2013.

[5] 唐业清，林立岩，崔江余，等. 建筑物移位纠倾与增层改造. 北京：中国建筑工业出版社，2008.

[6] 徐至钧，易亚东，李景，等. 建（构）筑物移位、纠倾、增层改造加固实用手册. 北京：机械工业出版社，2008.

[7] 徐至钧，嵇转平，等. 建（构）筑物加固改造. 北京：化学工业出版社，2008.

[8] JGJ 116—2009《建筑抗震加固技术规程》. 北京：中国建筑工业出版社，2009.

[9] 徐至钧，李景，等. 建筑隔震技术与工程应用. 北京：中国质检出版社　中国标准出版社，2013.

[10] 徐至钧，汪国烈，曹名葆，崔江余，等. 建筑地基处理新技术与工程应用精选. 北京：中国水利水电出版社，2013.

[11] 徐至钧，李景，等. 建筑抗震设计与工程应用. 上海：同济大学出版社，2013.

[12] CECS 126：2001《叠层橡胶支座隔震技术规程》. 北京：中国标准出版社，2013.